"十三五"职业教育国家规划教材

高等职业技术教育机电类专业系列教材

电 工 技 术

第 2 版

主　编　常晓玲

副主编　苑振国　毛诗柱

参　编　王芳楷　颜学定　刘　鲁

主　审　宋书中

机械工业出版社

本书为"十三五"职业教育国家规划教材。书中通过对电路的基本概念与基本定律、电路的分析方法、电路计算方法和电路的过渡过程的介绍，构建了关于电路的知识结构；通过对磁路、变压器、异步电动机、直流电动机和控制电机的详细介绍构建了关于电磁感应和电动机的知识结构；又进一步通过低压电器和电动机控制、电工仪表与电工技能实验项目，构建了关于电工技术知识与技能的完整体系。

本书在内容选择上突出电工技术的新发展，在清晰表达电工技术中电路、磁路、变压器、电机及其控制的理论体系的同时，注意理论联系实践，利用大量图片，直观地描述了电力生产过程和各种电器元件应用，并简明扼要地介绍了变频器、交流伺服系统、光电检测装置等新型电机控制产品的综合应用，体现了国家劳动部电工职业技能鉴定领域的知识和技能要求。本书各章均有小结、例题、习题和参考答案，有利于学生巩固概念，掌握方法。

本书可作为高职高专机电类专业或其他非电类专业的电工技术教材，也可作为职业大学、中等专业学校电工技术教材，还可以供机电行业的工程技术人员用作参考书或培训教材。

为了便于教师教学，本书配有电子课件、习题解答和模拟试卷等，凡选用本书作为授课教材的学校，均可来电索取。电话：**010-88379375**；电子邮箱：**wangzongf@163.com**。

图书在版编目（CIP）数据

电工技术/常晓玲主编 . —2 版 . —北京：机械工业出版社，2019.9
（2021.12 重印）

高等职业技术教育机电类专业系列教材

ISBN 978-7-111-63926-8

Ⅰ. ①电… Ⅱ. ①常… Ⅲ. ①电工技术–高等职业教育–教材 Ⅳ. ①TM

中国版本图书馆 CIP 数据核字（2019）第 214570 号

机械工业出版社 （北京市百万庄大街 22 号　邮政编码 100037）
策划编辑：王宗锋　　　　　　责任编辑：王宗锋
责任校对：潘　蕊　张　薇　封面设计：鞠　扬
责任印制：常天培
天津翔远印刷有限公司印刷
2021 年 12 月第 2 版第 8 次印刷
184mm×260mm · 17.75 印张 · 434 千字
标准书号：ISBN 978-7-111-63926-8
定价：49.00 元

电话服务　　　　　　　网络服务
客服电话：010-88361066　　机　工　官　网：www.cmpbook.com
　　　　　010-88379833　　机　工　官　博：weibo.com/cmp1952
　　　　　010-68326294　　金　书　网：www.golden-book.com
封底无防伪标均为盗版　机工教育服务网：www.cmpedu.com

关于"十三五"职业教育国家规划教材的出版说明

2019 年 10 月，教育部职业教育与成人教育司颁布了《关于组织开展"十三五"职业教育国家规划教材建设工作的通知》（教职成司函〔2019〕94 号），正式启动"十三五"职业教育国家规划教材遴选、建设工作。我社按照通知要求，积极认真组织相关申报工作，对照申报原则和条件，组织专门力量对教材的思想性、科学性、适宜性进行全面审核把关，遴选了一批突出职业教育特色、反映新技术发展、满足行业需求的教材进行申报。经单位申报、形式审查、专家评审、面向社会公示等严格程序，2020 年 12 月教育部办公厅正式公布了"十三五"职业教育国家规划教材（以下简称"十三五"国规教材）书目，同时要求各教材编写单位、主编和出版单位要注重吸收产业升级和行业发展的新知识、新技术、新工艺、新方法，对入选的"十三五"国规教材内容进行每年动态更新完善，并不断丰富相应数字化教学资源，提供优质服务。

经过严格的遴选程序，机械工业出版社共有 227 种教材获评为"十三五"国规教材。按照教育部相关要求，机械工业出版社将坚持以习近平新时代中国特色社会主义思想为指导，积极贯彻党中央、国务院关于加强和改进新形势下大中小学教材建设的意见，严格落实《国家职业教育改革实施方案》《职业院校教材管理办法》的具体要求，秉承机械工业出版社传播工业技术、工匠技能、工业文化的使命担当，配备业务水平过硬的编审力量，加强与编写团队的沟通，持续加强"十三五"国规教材的建设工作，扎实推进习近平新时代中国特色社会主义思想进课程教材，全面落实立德树人根本任务。同时突显职业教育类型特征，遵循技术技能人才成长规律和学生身心发展规律，落实根据行业发展和教学需求及时对教材内容进行更新的要求；充分发挥信息技术的作用，不断丰富完善数字化教学资源，不断提升教材质量，确保优质教材进课堂；通过线上线下多种方式组织教师培训，为广大专业教师提供教材及教学资源的使用方法培训及交流平台。

教材建设需要各方面的共同努力，也欢迎相关使用院校的师生反馈教材使用意见和建议，我们将组织力量进行认真研究，在后续重印及再版时吸收改进，联系电话：010 - 88379375，联系邮箱：cmpgaozhi@ sina. com。

机械工业出版社

电工技术是机电类专业重要的专业基础课程。近年来，随着现代制造技术、计算机技术及自动控制技术的迅速发展，电工技术中信息控制的含量越来越大，为了适应新技术发展对高职高专机电类专业电工技术课程的教学需要，本着高职高专理论以够用为度，内容为应用服务的原则编写本书。本书选材广泛、深度适宜、基础知识层次清楚、技术应用注重图片和实例，在保持电工技术从电路、磁路、电动机到电气控制的完整理论体系的前提下，增加了更多现代电器元件和电机控制的新技术内容，更新了电路、电机的控制实例，简明扼要地介绍了编码器、变频器和交流伺服电动机产品的技术应用，力图符合现代技术发展方向，以加强与机电类后续专业课程的衔接。

全书共分 11 章，第一章介绍电路的基本概念与基本定律；第二章介绍电路的分析方法；第三章讲述正弦交流电路，为方便学生理解正弦交流电的基本概念，增加了对电力生产过程和交流供电配电的直观描述；第四章讲述三相交流电路，在三相电路分析应用的基础上增加了更多的照明电路知识和安全用电技能论述；第五章讲述电路的过渡过程，对 RC 电路的过渡过程分析，采用了更适合现代电力电子产品的应用举例；第六章讲述磁路与变压器，从电路学习内容过渡到磁路、电磁感应与变压器，为学习电机理论奠定基础；第七章至第九章讲述异步电动机、直流电动机及各种控制电机的基本理论与应用，实例中突出了编码器、变频器、交流伺服电动机产品的综合技术应用；第十章介绍电动机的继电-接触器控制，包括常用低压电器和电动机的基本控制单元电路，培养学生的电气读图与接线能力，为后续课程中用计算机程序控制电动机（如 PLC）打好基础；第十一章介绍电工仪表与电工技能实验。

与第 1 版相比，第 2 版主要改动和更新的内容如下：

1）通过修订第一章和第二章，增加了电路基本概念的解释性描述，使教材更能适应近年来职业教育招生生源的多样化。

2）通过挖掘本课程的思政元素，体现专业知识、职业技能与道德品质、岗位责任的有机结合。如在介绍正弦交流电路有关功率因数知识的基础上，补充节能环保方面的内容；在电动机相关内容介绍中体现电工产品的绿色化与生命周期理念等。将价值引领与知识传授相结合，将思政教育理念融入电工技术课程的教学过程，培养精益求精的工匠精神和爱岗敬业的劳动态度。

3）在第四章三相交流电路中增加安全用电的内容，融入电工岗位职责与素质要求。

4）为更好地体现理论实践一体化的教学方式，增加了第十一章电工仪表与电工技能训练，也参照了经典的国家电工技能鉴定及当前的"1 + X"技能证书考核内容，更新了第十章中部分电动机控制电路。

本书由广东轻工职业技术学院常晓玲教授任主编，苑振国、毛诗柱任副主编。参加编写的人员有苑振国（第一章、第二章、第三章第一节和第二节，第六章第二节），颜学定（第三章第三节~第七节、第五章），毛诗柱（第四章、第十一章），王芳楷（第六章第一节和第三节、第十章），刘鲁（第七章、第八章），常晓玲（第九章）。

全书由河南科技大学宋书中教授审定，审阅中提出了许多宝贵意见，特此致谢。在本书的编写过程中还参阅了多种同类教材和著作，在此向其编、著者致谢。

由于编者水平有限，书中的错误和不妥之处恳请使用本书的广大师生与读者批评指正。

编　者

目　录

第一章

电路的基本概念与基本定律

第一节　电路与电路模型

一、电路

电路是为了实现生产、生活的需求，把各种电气设备按一定方式连接起来的导电回路。

电路的结构形式与技术功能多种多样。电路分为电源、负载和中间环节三个部分，最典型的例子是电力系统电路结构，其示意图如图1-1所示。

电源是把其他形式的能量转换成电能的装置，如蓄电池、发电机、信号发生器等。在图1-1中，发电机是电源，把机械能、热能、核能等转换为电能，提供给用电设备。负载是用电设备，它把电能转换成其他形式的能量，例如电灯将电能转换成光能，电风

图1-1　电力系统电路示意图

扇、电动机将电能转换成机械能，电炉将电能转换成热能。中间环节是指连接电源和负载的部分，例如输电线、开关和变压器等。

图1-2是一个由干电池、电灯泡、开关和导线组成的简单电路。此电路中，干电池是电源，灯泡是负载，开关、导线是中间环节。

电路的作用体现在两个方面：一是进行能量的转换、传输和分配。如电力系统，首先利用发电机组将其他形式的能量转换成电能，再经由输电线、变压器等将电能传输到用户，用户通过用电设备（负载）把电能转换成其他所需形式的能量。二是实现信号的处理和传递。电路的运算和传递等功能经常应用在弱电

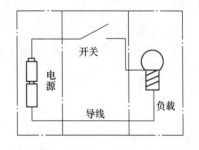

图1-2　简单电路示意图

信号处理、自动控制运算和通信等领域。以电视机为例，首先利用接收天线将含有声音、图像信息的电磁波接收并转换成电信号，然后利用电路对信号进行传递、调谐、变频、滤波和放大等一系列处理，最终将音像信息通过显像管、扬声器呈现出来。

在电路中，电源或者信号源向电路输入电压或电流，推动电路工作，称之为激励。在激励的作用下，电路中的各个元件上产生的输出电压和输出电流，被称为响应。

二、电路模型

实际电路是由不同功能的电路元件组成的，如发电机、变压器、电动机和晶体管等。

在工作的过程中，实际电路元件的电磁性质往往比较复杂，不便于进行电路分析。在分析具体的电路时，一般根据该元件所起主要作用的性质，用可以反映这个主要作用的理想元件来替代，这个理想元件被称之为理想电路元件。例如一个白炽灯，电流通过时其消耗电能的过程主要体现的是电阻特性；电流流过时产生电磁场的过程体现的是电感特性，但这个特性十分微弱，可以忽略不计；因此，在分析电路时，用一个电阻元件替代白炽灯。在电路分析时，对于主要消耗电能的元件用"电阻"来替代；对于主要用于储存磁场或电场能量的元件，用"电感""电容"来替代；对于提供电能的元件，如电池、发电机和信号源等用"电压源"来替代。

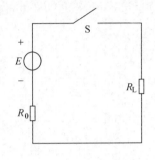

由理想电路元件替代实际电路元件所组成的电路，称为电路模型（理想电路模型）。例如，图1-3所示电路是图1-2所示实际电路的电路模型，图中 E、R_0 分别为电源电动势和电源内阻，R_L 为负载电阻。

图 1-3　电路模型

第二节　电路的主要物理量

电路的基本物理量包含电流、电压、电位、电动势和电功率等，本节将对这些物理量作简单的介绍。

一、电流

1. 电流的定义
带电粒子的定向移动形成电流，电流可以表达单位时间内所流过的带电粒子的数量和流动方向。

2. 电流的大小
电流的大小可以用电流强度来衡量。电流强度定义为单位时间内通过导体横截面的电荷量，用 i 表示。

$$i = \frac{\mathrm{d}q}{\mathrm{d}t} \tag{1-1}$$

式中，q 为电荷，单位是库仑（C）。流动方向不随时间变化的电流称为直流电流（DC）。如果电流的大小和方向都不随时间变化，则称为恒定电流。相对于直流电流，方向与大小随时间变化的电流称为交流电流。

对于直流电流，式(1-1) 写为

$$I = \frac{Q}{t} \tag{1-2}$$

国际单位制中，电流的基本单位为安培（A）。计量不同大小的电流时，还有千安（kA）、毫安（mA）、微安（μA）等单位，它们的换算关系为

$$1kA = 1 \times 10^3 A$$

$$1A = 1 \times 10^3 mA$$

$$1mA = 1 \times 10^3 \mu A$$

人体可以感知的电流在 1mA 左右，一般情况下，10mA 以下的电流对人来说是安全的。

3. 电流的实际方向

依据电流的定义，我们规定，正电荷运动的方向或负电荷运动的相反方向为电流的实际方向。电流的方向可以用带箭头的线段（→）来表示，也可以用双下标来表示。例如，一个以 a、b 为两个端点的二端元件电流标注为 I_{ab}，表示电流的方向是由 a 流向 b；I_{ba} 则表示电流的方向由 b 流向 a，显然 $I_{ab} = -I_{ba}$。

4. 电流的参考方向

在简单电路中，电流的实际方向容易确定。而在复杂的电路中，实际的电流方向难以确定。因此，需假定一个方向作为电流的正方向，称其为电流的参考方向。参考方向是人为选定的，方向是任意的，与电流的实际方向无关。

选定了参考方向后，对电路进行分析计算。计算出来的结果若 $i > 0$，则表示电流的实际方向与参考方向一致；若 $i < 0$，则表示电流的实际方向与参考方向相反。电流的正负值可以反映出实际的电流方向。如图 1-4 所示。

图 1-4 电流的实际方向与参考方向

二、电压

1. 电压的定义

电场力把单位正电荷从 a 点移到 b 点所做的功称为 a、b 两点间的电压，用 u_{ab}（U_{ab}）来表示。电场力把 dq 的正电荷从 a 点移到 b 点所做的功用 dw_{ab} 表示，单位为焦耳（J）。

$$u_{ab} = \frac{dw_{ab}}{dq} \tag{1-3}$$

2. 电压的大小

在国际单位制中，规定电场力把 1 库仑（C）的正电荷从电场内一点移动到另一点所做的功为 1 焦耳（J）时，该两点间的电压为 1 伏特（V）。也就是说，电场力把 1 库仑的正电荷从电场中的一点移动到另一点做多少焦耳的功则这两点间的电压就为多少伏特。电压的单位是伏特（V）。计量不同大小的电压，有时也用千伏（kV）、毫伏（mV）、微伏（μV）等单位，它们的换算关系为

$$1kV = 1 \times 10^3 V$$
$$1V = 1 \times 10^3 mV$$
$$1mV = 1 \times 10^3 \mu V$$

3. 电压的实际方向

电压的实际方向是电场力移动正电荷的方向。

4. 电压的参考方向

当电路复杂时，难以判断电路中两点间电压的实际方向；在交流电路中，电压的实

际方向是随时间改变的。因此，可以任意选定两点间的电压的正方向，作为电压的参考方向。

电压，是指两点之间的电压，例如，u_{ab} 的前一个下标 a 代表起点，后一个下标 b 代表终点。在电路图中，电压的参考方向可以用从选定的起点指向选定的终点的箭头来表示，也可以用选定的起点、终点作为双下标来表示，还可以将选定的起点标注正号、终点标注负号来表示。如图 1-5 所示。

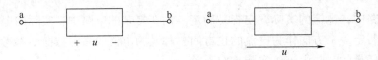

图 1-5　电压参考方向的表示

选定了电压的参考方向后，对电路进行分析计算。计算出来的结果若 $u > 0$，则表示电压的实际方向与参考方向一致；若 $u < 0$，则表示电压的实际方向与参考方向相反。电压的正负值可以反映出实际的电压方向。

5. 关联参考方向

一段电路或者某个元件 N 上的电压和电流选取一致的参考方向，称为关联参考方向。如图 1-6 所示。

如果电压与电流参考方向不一致，则称为非关联参考方向。如图 1-7 所示。

图 1-6　电压、电流的关联参考方向　　　　图 1-7　电压、电流的非关联参考方向

采用关联参考方向时，两个参考方向中只需标出任意一个即可。

虽然电压、电流的参考方向可以任意选定，互不相关，但为了分析电路的方便，常常采用关联参考方向。例如，我们熟知的欧姆定律，其表达式

$$I = \frac{U}{R} \qquad \text{或 } U = IR \tag{1-4}$$

则是以 U、I 为关联参考方向为前提得到的结论。

如果 U、I 为非关联参考方向，则欧姆定律的表达式为：

$$I = -\frac{U}{R} \qquad \text{或 } U = -IR \tag{1-5}$$

本书在后面的叙述中，如无特殊说明，均指关联参考方向。一般情况下，只需标出电流、电压中的一个参考方向，另一个电量的方向则是与之关联的参考方向。

三、电位

1. 电位的定义

电位又称电势，是指单位电荷在静电场中的某一点所具有的电势能。在电路中选定一个参考点（注意每次计算只能选一个相对的参考点），取该参考点的电位为零，这一点也称为零电位点。电路中某一点与参考点之间的电压就被称为这一点的电位。电位的大小取决于参考点的选取，其数值只具有相对的意义。例如，在一个向四周发散的电场中，研究某一点的电位，可选取无穷远处为参考点，这时，该点的电位数值就等于单位电荷从该处经过任意路径移动到无穷远处电场力所做的功（人为假定无穷远处的电势能为零）。

电位的单位与电压相同，用伏特（V）来表示。在计算中，一个电路只能选择一个参考点（具体位置选择以方便分析问题而定），用符号"⊥"表示。

如在图 1-8 电路中，选择 O 为参考点，可以求出电路中 A 点电位为

$$V_A = U_{AO} = 1V$$

B 点电位为

$$V_B = U_{BO} = -2V$$

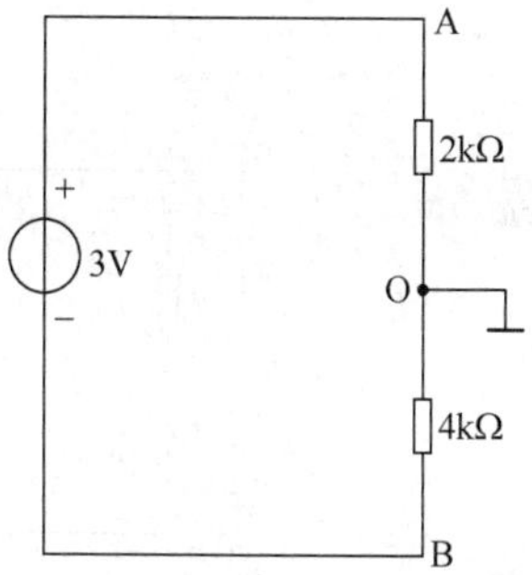

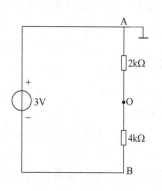

图 1-8 以 O 为参考点的电路

2. 关于电位和电压的结论

1）两点间的电压等于这两点的电位之差。设 A、B 两点的电压为 U_{AB}，两点的电位各为 V_A、V_B。那么 U_{AB} 是电场力把单位电荷从 A 点移动到 B 点所做的功；也可以理解为，电场力把单位电荷从 A 点移动到参考点，再从参考点移动到 B 点所做的功。

$$U_{AB} = U_{AO} + U_{OB} = U_{AO} - U_{BO} = V_A - V_B$$

图 1-8 中，电压 $U_{AB} = V_A - V_B = 1V - (-2)V = 3V$。

可见，电压的方向是电位降低的方向，电压就是电位差。

2）两点间的电压不随着参考点的变化而改变。电路的参考点是可以任意选择的，但是无论如何选取参考点，这两点之间的电压是固定不变的。

比如，在图 1-8 的电路中，如果选择 A 为参考点，如图 1-9 所示，A 点、B 点电位分别为

$$V_A = 0V$$

$$V_B = U_{BA} = -3V$$

$$U_{AB} = V_A - V_B = 0V - (-3)V = 3V$$

可见，A 点与 B 点之间的电压 U_{ab} 仍然为 3V，并未因参考点的变化而改变。

3. 电位概念在电子电路中的应用

利用电位的概念，可以简化电子电路的作图。在一个直流电路中，习惯于选择直流电源的一端为参考点，这样电源另一端的电位就是一个确定值，作图时可以不画电源，只在

图 1-9 以 A 为参考点的电路

简化电路中标出参考点和已经确定的电位值即可。图 1-10 给出了两个电子电路及其习惯画法。

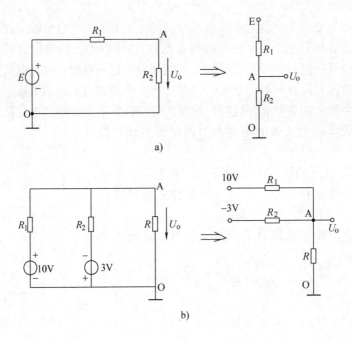

a)

b)

图 1-10 电子电路及其习惯画法

四、电动势

如图 1-11 所示，a、b 两个电极带等量的正、负电荷。a 电极的电位高于 b 电极的电位。用导线将 a、b 连接起来，则导线内由于上高下低的电势差，促使正电荷从 a 电极向 b 电极进行定向移动，造成 a 电极正电荷与 b 电极负电荷的复合，但如果电荷全部复合，a 电极的电位就与 b 电极的电位相等，电位差消失，导线中的电流也就变为零了。要想维持可持续的

电流流动，则电源内部必须要有一种外力把正电荷从 b 电极向 a 电极移动，来维持 a、b 两个电极之间的电势差，从而保证外电路能持续不断地输出电流。这个动力就是电源力，电源内部这种由其他形式的能量所产生的外力（非电场力）被称为电源力。在电源内部，由电源力克服电场力，把正电荷从电源的负极源源不断地移动到电源的正极，外电路中才形成了从正极到负极的持续电流输出。

电动势是衡量电源力做功能力的物理量，电动势越大，电源力的做功能力越强。电源力克服电场力把单位正电荷从电源的负极（b 点）搬运到正极（a 点）所做的功，称为 a 与 b 两点间的

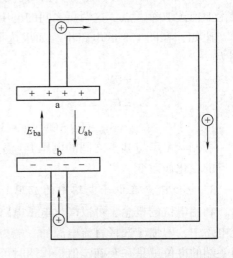

图 1-11 电动势与电压的方向

电动势，用 e（E）表示，那么把 dq 电荷从电源负极移动到电源正极所做的功是 dw_{ba}，即

$$e = \frac{dw_{ba}}{dq}$$

得到电动势的方法多种多样。例如，在发电机中，通过外力（由原动机如内燃机、水轮机、气轮机提供）推动发电机转子切割磁力线产生电动势；在电池中，由电极与电解液接触处的化学反应而产生电动势。在电源中，电源力克服电场力做功，把非电能转化为电荷的电势能，电荷在电源中得到能量，电荷在通过外电路时将电能提供给负载。

在电源内部，电动势的实际方向是正电荷所受电源力的方向，因此是从低电位指向高电位的。而电压的实际方向是正电荷所受电场力的方向，是从高电位指向低电位的。也就是说，在电源内部，电动势与电压方向相反。电动势的单位与电压相同，也用伏特（V）表示。

电源电动势与电压的方向如图 1-11 所示。

五、电能和电功率

正电荷在一段电路内移动，如果是从高电位点移动到低电位点，电场力对正电荷做了功，这段电路就（作为用电的负载）吸收电能；反之，正电荷从低电位点移动到高电位点，是电源力克服电场力做功，这段电路就（作为供电的电源）释放了电能。在单位时间内这段电路吸收或释放的电能定义为功率，用 p 来表示。那么在时间 dt 内转换电能 dw，则功率 p 可以表示为

$$p = \frac{dw}{dt} \tag{1-7}$$

其中，电能 w 的国际单位为焦耳（J），功率的国际单位为瓦特（W）。常用的功率单位还有千瓦（kW）、毫瓦（mW）等。将式（1-1）和式（1-3）代入到式（1-7），可得

$$p = \frac{dw}{dt} = \frac{dw}{dq}\frac{dq}{dt} = ui \tag{1-8}$$

上式表明，一段电路的功率等于该段电路电压、电流之积。对于直流电路则有

$$P = UI \tag{1-9}$$

在关联参考方向下，电路中的功率有以下几种情况：

1）$p > 0$，说明该段电路的实际电压与实际电流方向是一致的，电流从高电位点流向低电位点，这段电路消耗或吸收功率 p。

2）$p = 0$，说明该段电路不消耗功率。

3）$p < 0$，说明该段电路的实际电压与实际电流方向是不一致的，电流从低电位点流向高电位点，该段电路提供或发出功率 p。

式（1-7）可以写为 $dw = pdt$，那么在 t_0 到 t_1 这段时间内，电路消耗的电能为

$$W = \int_{t_0}^{t_1} p\,dt \tag{1-10}$$

直流情况下，p 是一个常量，写作 P，于是

$$W = P(t_1 - t_0) \tag{1-11}$$

直流时，若为电阻电路，功率的计算公式变为

$$P = UI = I^2 R = \frac{U^2}{R} \tag{1-12}$$

$$W = UIt = I^2 Rt = \frac{U^2}{R}t \tag{1-13}$$

在日常生活中，人们常说用了多少"度"电，"度"也是电能的单位，叫"千瓦·时"，与焦耳的换算关系为：1 度电 = $1\text{kW} \times 1\text{h} = 3.6 \times 10^6 \text{J}$。

以上分析是在电路的电压与电流是关联参考方向下，电路消耗或吸收功率的计算；若电路的电压与电流是非关联的参考方向，如图 1-12 中的 u' 和 i 所示，这时由于 $u' = -u$，电路消耗的功率为 $p = ui = -u'i$。

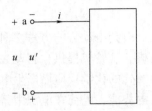

图 1-12　关联或不关联参考方向的功率计算

【例 1-1】　试求图 1-13 中元件的功率。

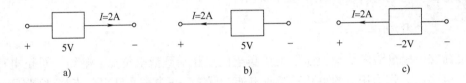

图 1-13　例 1-1 的电路

【解】　a）因为电流和电压的方向为关联参考方向，所以元件吸收的功率为

$$P = UI = 5\text{V} \times 2\text{A} = 10\text{W}$$

即元件消耗功率 10W。

b）因为电流和电压的方向为非关联参考方向，所以元件吸收的功率为

$$P = -UI = (-5)\text{V} \times 2\text{A} = -10\text{W}$$

即元件发出功率 10W。

c）因为电流和电压的方向为非关联参考方向，所以元件吸收的功率为

$$P = -UI = -(-2)\text{V} \times 2\text{A} = 4\text{W}$$

即元件消耗功率 4W。

电能与功率的计算在电路的分析中是十分重要的，第一，电路在工作状态下总伴随有电能与其他形式能量的相互转换；第二，电气设备、电路部件本身都有功率的限制，在使用时要注意其电流值或电压值是否超过额定值，超载运行不但会使设备或部件不能正常工作，甚至造成设备或部件损坏，而且也会因电气设备或电路部件急剧发热导致绝缘损坏或引起电气火灾发生。

第三节　电路的三种状态

依据电源与负载连接的情况，电路有三种工作状态：空载状态、短路状态和有载（通路）工作状态。

一、空载状态

空载状态是指电源没有与负载连接的状态，也称为断路或开路状态。如图 1-14 所示，当开关 S 断开时，电路处于空载（断路）状态。在实际电路中，负载可能是由多种电气元件组成的串、并联电路，图中 R_L 表示负载的等效电阻，U 是电源的端电压，I 是负载电流。此时，电源的端电压称为开路电压，常用 U_{oc} 来表示。

空载（断路）状态下，外电路电阻为无穷大，电源内阻可以忽略不计，电路中的负载电流为零，开路电压与电源电动势相等。断路状态下电路的特征为：

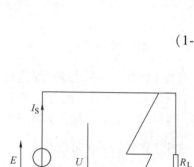

图 1-14　电路的空载状态

负载电阻、电流　　$R_L = \infty, I = 0$

电源内阻消耗功率　$I^2 R_0 = 0$

负载消耗功率　　　$P_L = I^2 R_L = 0$

电源端电压　　　　$U = U_{oc} = E$

电源吸收功率：为非关联参考方向，电源的吸收功率为 $-UI = 0$。

在断路状态下，电源对负载发出的功率为0W。

在电路计算中，对电源，通常直接计算发出功率：

$$P_E = UI = EI \tag{1-14}$$

二、短路状态

所谓短路，是指电源两端未经过任何负载，直接短接在一起的情况，如图 1-15 所示。图中折线是指明短路位置的符号。

短路状态下，外电路电阻接近为零（负载电阻与 0 电阻并联），电流直接通过导线流通，不再经过负载，电源端电压为零，不对负载输出功率。短路时电源的电流称为短路电流，常用 I_{sc} 来表示。短路状态下电路的特征为

图 1-15　电路的短路状态

短路电流：　　　　　　$I_{sc} = \dfrac{E}{R_0}$

负载总电阻、电压：　　$R_L = 0, U = 0$

负载消耗功率：　　　　$P_L = I_{sc}^2 R_L = 0$

电源内阻消耗功率：　　$I_{sc}^2 R_0 = \dfrac{E^2}{R_0}$

电源发出功率：　　　　$P_E = EI_{sc} = \dfrac{E^2}{R_0}$

短路故障可能发生在电路的任何一个环节，由于电源内阻 R_0 一般都很小，所以短路电流 I_{sc} 很大。这时，电源发出的功率全部消耗在内阻上，电源发热严重。如果电源短路事故未迅速排除，将会烧毁电源、导线及电气设备。所以，电源短路是一种严重事故，应严加防止。

为了防止发生短路事故，常在电路中串联熔断器或自动断路器，将故障电路迅速切除。熔断器中装有熔丝，熔丝是由低熔点的铅锡合金丝或铅锡合金片做成。一旦短路，串联在电路中的熔丝将因发热而熔断，从而保护电源及电路元件。FU 为熔断器，如图 1-16 所示。

一般来说，断路或短路都属于电路的故障状态，但有时为了测量元件的参数，会主动造成事先设计好的断路或短路，进行某种电路试验，例如为了测量电源、变压器、电动机的电动势、内阻等参数而进行的开路试验、短路试验。在测量电源电动势和内阻的试验中，通常先串接一个已知阻值的电阻（防止短路电流过大），分别测量开路电压和短路电流，然后再进行相关的目标参数测量及计算。

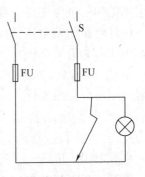

图 1-16 用熔断器防止短路（做短路保护）

【例 1-2】 若电源的开路电压为 $U_{oc}=12V$、短路电流 $I_{sc}=30A$，求电源的电动势 E 及其内阻。

【解】 a）开路状态下，电源的电动势

$$E = U_{oc} = 12V$$

b）电源内阻

$$R_0 = \frac{E}{I_{sc}} = \frac{U_{oc}}{I_{sc}} = \frac{12V}{30A} = 0.4\Omega$$

三、有载工作状态

有载工作状态是指电源正常连接负载的状态，如图 1-17 所示。当开关 S 闭合，电源与负载组成闭合回路，电路处于有载（通路）工作状态。

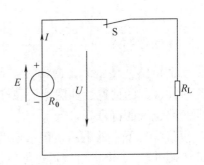

图 1-17 电路的有载工作状态

有载工作状态下，负载电流 $I = \dfrac{E}{R_0 + R_L}$

电源的端电压 $U = IR_L = \dfrac{E}{R_0 + R_L} \cdot R_L$

负载消耗的功率 $P_L = UI = \dfrac{E^2}{(R_0 + R_L)^2} \cdot R_L$

电源内阻消耗功率 $I^2 R_0 = \dfrac{E^2}{(R_0 + R_L)^2} \cdot R_0$

电源发出功率 $P_E = EI = \dfrac{E^2}{(R_0 + R_L)}$ (1-15)

显然，电源发出的功率等于负载和电源内阻消耗的功率之和，符合能量守恒定律。

有载工作状态下，电源的端电压 U 随负载电流 I 的变化关系 $U = f(I)$ 称为电源的外特性，外特性方程为

$$U = E - IR_0$$ (1-16)

外特性曲线如图 1-18 所示。电源的端电压随负载电流的增大而下降，端电压下降的快慢与电源的内阻大小有关。

由于负载电流 $I = \dfrac{E}{R_0 + R_L}$，式中电源电动势 E 和电源内阻 R_0 通常为比较固定的数值，所以负载电流 I 取决于负载电阻 R_L 的大小。电路中负载的使用情况是经常变化的，当负载电阻 R_L 减小时，电源输出的负载电流会增大，当负载电阻 R_L 增大时，电源输出的负载电流会减小。

关于电路中负载大小的概念：电路中负载的大小是指用电器（负载 R_L）消耗功率的大小。负载增大或负载减小，是指负载输出功率的增大或减小。在忽略内阻、输出电压 U 几乎为定值的供电电路中，负载电阻 R_L 越小，负载电流 I 越大，负载消耗功率 UI 也越大；负载电阻 R_L 越大，负载电流 I 越小，负载消耗功率 UI 也越小，这时可以认为电路中负载的大小取决于负载电流的大小。在电路应用中，不能把负载增大或负载减小，理解为负载电阻的增大或减小。

在图 1-18 中，曲线右端电流很大时，电路处于短路状态；曲线左端无输出电流时，电路处于空载（开路）状态；在开路和短路之间，电路处于有载（通路）工作状态。

为了使电气设备能安全、可靠、经济地运行，引入电气设备额定值的概念，额定值就是电气设备在电路的正常运行状态下，所能承受的最大电压、最大电流以及允许功率，额定电压、额定电流、额定功率分别用 U_N、I_N、P_N 来表示。当一个灯泡上标明"220V、40W"，这说明这个灯泡的额定电压为220V，在此额定电压下消耗功率为40W。

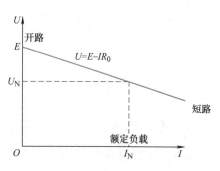

图 1-18　电源的外特性曲线

根据负载大小，电路在通路时有三种工作状态。当电气设备的实际电流等于额定电流时，电路处于满载工作状态；当电气设备的实际电流小于额定电流时，电路处于轻载工作状态；当电气设备的实际电流大于额定电流时，电路处于过载工作状态。电气设备运行时的电流、电压和功率一般均不允许超过额定值，满载工作状态为最佳运行状态。

第四节　电压源和电流源及其等效变换

电源是将其他形式的能量转化为电能的装置，是提供能量的元件。电源可以用不同的电路模型来表示，本书介绍电压源与电流源两种电路模型。

一、电压源

电源一般都含有电动势 E 与内阻 R_0。对于实际的电源，在分析和计算时，常把电动势与内阻分开，用一个电动势 E 与一个内阻 R_0 串联的电路模型来表示，称为电压源，如图 1-19a 所示。其中 U 是电压源的输出端电压，R_L 是负载电阻，I 是负载电流。电压源的外特性曲线也如图 1-18 所示。

当电压源开路时，$I = 0$，$U = E$。当电压源处于有载状态时，端电压随着负载电流的增大而降低，电源内阻 R_0 决定了端电压的下降速度。如果内阻 $R_0 = 0$，外特性曲线则是一条与横轴平行的直线。

在实际电路中，电源内阻 $R_0 = 0$ 的情况是不存在的。但是，当电源内阻 R_0 远小于负载电阻 R_L，即 $R_0 \ll R_L$ 时，通常近似认为 $R_0 = 0$，于是电压源的外特性变为

$$U = E \tag{1-17}$$

这样的电压源称为恒压源或理想电压源，如图 1-19b 所示。电压源和理想电压源的伏安特性曲线如图 1-20 所示，图中的 I_{sc} 为电压源的短路电流。

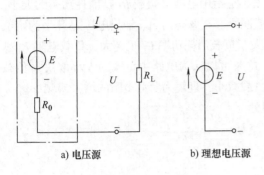

a) 电压源

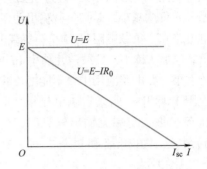

b) 理想电压源

图 1-19　电压源和理想电压源

图 1-20　电压源和理想电压源的伏安特性曲线

二、电流源

将电压源的外特性的电压方程 $U = E - IR_0$ 变形为电流方程，即

$$I = \frac{E}{R_0} - \frac{U}{R_0} = I_S - \frac{U}{R_0} \tag{1-18}$$

可以发现，负载电流等于一个恒定电流 $\frac{E}{R_0}$ 与一个可变电流 $\frac{U}{R_0}$ 的差，恒定电流 I_S 的数值为 $\frac{E}{R_0}$，即是电压源的短路电流 I_{sc}；可变电流 $\frac{U}{R_0}$ 可以理解为端电压在内阻上引起的电流。因此，一个实际电源可以用一个恒定电流 I_S 并联内阻 R_0 的电路模型来表示，称为电流源。电流源与负载的连接如图 1-21a 所示。

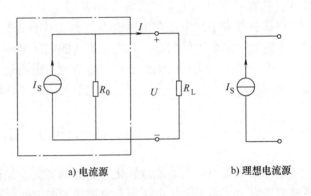

a) 电流源

b) 理想电流源

图 1-21　电流源与理想电流源

由电流源的外特性方程 $I = I_S - \frac{U}{R_0}$ 可知，电流源的负载电流 I 是小于 I_S 的。电流源的内阻越大，分流 $\frac{U}{R_0}$ 越小，负载电流 I 就越大，在 $R_0 = \infty$ 的理想情况下，电流源的外特性是一条与纵轴平行的直线。

$R_0 = \infty$ 的理想情况是不存在的，实际电源都会有一定内阻，但如果电源内阻 R_0 远大于负载电阻 R_L（$R_0 \ll R_L$），在电路运算时，通常近似认为 $R_0 = \infty$（开路），于是电流源的外特性变为

$$I = I_S \tag{1-19}$$

这时的电流源称为恒流源或理想电流源，如图 1-21b 所示。

电流源和理想电流源的伏安特性曲线如图 1-22 所示。

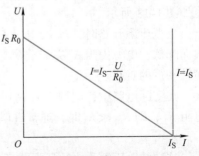

图 1-22　电流源和理想电流源
的伏安特性曲线

图中的 $I_S R_0$ 为电流源的开路电压。

三、电压源与电流源的等效变换

一个实际的电源，既可以用理想电压源与内阻串联的电压源模型来表示，也可以用理想电流源与内阻并联的电流源模型来表示。当电压源模型的外特性与电流源模型的外特性一致时，两种电源模型之间可以进行等效变换。这种等效关系仅针对外电路而言，对于电源内部是不等效的。

对于外电路而言，如果这两种电源模型的外特性相同，无论采用电压源模型还是电流源模型来计算外电路的电流、电压，结果都会相同。

两种模型的参数对比见表 1-1。

表 1-1　电流源模型与电压源模型的参数对比

电压源模型	电流源模型
$U = E - IR_0$	$U = (I_S - I)R_0$
$I = \dfrac{E - U}{R_0}$	$I = I_S - \dfrac{U}{R_0}$

由表可知，等效变换条件为：R_0 内阻不变，电流源变电压源时，$E = I_S R_0$；电压源变电流源时 $I_S = \dfrac{E}{R_0}$。

利用电压源和电流源之间的等效变换，可以方便地化简和求解电路。使用这两种电源模型进行等效变换时，需要注意以下几个问题：

1）把电压源变换为电流源时，电流源中 I_S 的大小等于原电压源的短路电流 $\dfrac{E}{R_0}$，电流方向与原电压源的电动势方向相同（低电位指向高电位），电路形式由串联改为并联，内阻大小不变。

2）把电流源变换为电压源时，电压源中 E 的大小等于原电流源的开路电压 $I_S R_0$，电动势的方向与原电流源中 I_S 方向相同，电路形式由并联改为串联，内阻大小不变。

3）电压源与电流源的等效变换只对外电路等效，对电源内部并不等效。例如，当电流源开路时，其内阻上有电流流过，内阻两端有电压，内阻上有功率损耗；而当电压源开路时，其内阻上没有电流流过，内阻两端也没有电压，内阻上没有功率损耗。可见，电源间的等效变换对电源内电阻上的电流、电压及功率计算都不等效。同样，电压源中的电动势 E 和电流源中的 I_S 也没有电流、电压或功率的对应关系。

4）理想电压源（恒压源 E）与理想电流源（恒流源 I_S）之间不能进行等效变换。

【例 1-3】　如图 1-23 所示，已知两个电压源，$E_1 = 24\text{V}$、$R_{01} = 5\Omega$、$E_2 = 30\text{V}$、$R_{02} = 6\Omega$，将它们并联，试求其等效电压源的电动势 E 和内电阻 R_0。

【解】　第一步，将两个电压源分别等效变换为电流源：

$$I_{S1} = \frac{E_1}{R_{01}} = \frac{24\text{V}}{5\Omega} = 4.8\text{A}$$

$$I_{S2} = \frac{E_2}{R_{02}} = \frac{30\text{V}}{6\Omega} = 5\text{A}$$

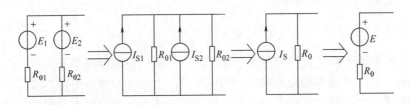

图 1-23　例 1-3 电路图

第二步，将两个电流源合并为一个等效电流源：

$$I_S = I_{S1} + I_{S2} = 4.8A + 5A = 9.8A$$

$$R_0 = \frac{R_{01} \times R_{02}}{R_{01} + R_{02}} = 2.73\Omega$$

第三步，将电流源变成电压源：

$$E = I_S R_0 = 9.8A \times 2.73\Omega = 26.75V$$

$$R_0 = 2.73\Omega$$

第五节　基尔霍夫定律

基尔霍夫电流定律和基尔霍夫电压定律是分析电路的基本定律。在介绍基尔霍夫定律之前，先学习几个常用的关于电路的名词：

1. 支路：电路中任一段不分叉的分支，称为支路，图 1-24 中共有三条支路，BAFE、BCDE 和 BE 都是支路。I_1、I_2 和 I_3 分别为这三条支路的支路电流。

2. 节点：三条或三条以上支路的连接点称为节点。图 1-24 中有 B、E 两个节点。

3. 回路：电路中任一闭合路径称为回路。图 1-24 中 ABEFA、BCDEB 和 ABCDEFA 都是回路。

4. 网孔：内部不包含支路的回路称为网孔，网孔也可以理解为只有一个圈的回路。图 1-24 有 ABE-FA、BCDEB 两个网孔。

如果一个电路的支路数目为 n，节点数目为 m，数学上可以证明，电路的网孔数目为 $(n-m+1)$ 个。应用基尔霍夫定律求解电路时，应先查清楚支路、节点和网孔的数目，有助于列出正确的电路方程。图 1-24 中，$n=3$，$m=2$，网孔数目为 $(n-m+1)=2$ 个。

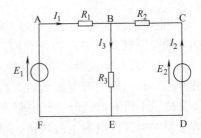

图 1-24　支路、节点、回路和网孔

一、基尔霍夫电流定律（KCL）

基尔霍夫电流定律描述了同一节点上各个支路电流之间的关系，简称为 KCL。由于电流具有连续性，电路中不存在电荷的堆积，因此，任意时刻，流入电路中任一节点的电流之和恒等于流出该节点的电流之和，即

$$\sum I_入 = \sum I_出 \tag{1-20}$$

如果将流入节点的电流前方取正号，流出节点的电流前方取负号，基尔霍夫电流定律也可写成

$$\sum I = 0 \qquad (1\text{-}21)$$

应用上式时，也可以约定流出为正、流入为负，等式依然成立。

基尔霍夫电流定律的物理意义是：在电路中，任意时刻，任一节点上电流的代数和恒等于零。

对图1-24中的节点B运用KCL，有

$$I_1 + I_2 = I_3 \qquad (\text{或} I_1 + I_2 - I_3 = 0)$$

对图1-24中的节点E运用KCL，也有：

$$I_3 = I_1 + I_2 \qquad (\text{或} I_3 - I_1 - I_2 = 0)$$

对节点E和B所列的KCL方程式是重复的。可见，具有两个节点的电路只能列出一个独立的电流方程。实际上，一个具有 m 个节点的电路，只能列出 $(m-1)$ 个独立的KCL方程。

此外，基尔霍夫电流定律不仅适用于节点，还可以推广应用于包围几个节点的封闭面（可理解为广义上的节点）。根据电流的连续原理，电路中流入一个封闭面的电流等于流出这个封闭面的电流，即在电路中通过一个封闭面的电流代数和等于零。例如在图1-25所示电路中，将节点1、2、3包围在一个封闭面内，对该封闭面有 $\sum I = 0$，即

$$I_1 + I_3 - I_2 = 0$$

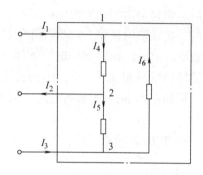

图1-25　基尔霍夫电流定律的推广

用KCL可以证明这个结论。

对节点1有 $\qquad\qquad\qquad I_1 + I_6 - I_4 = 0$

对节点2有 $\qquad\qquad\qquad I_4 - I_2 - I_5 = 0$

对节点3有 $\qquad\qquad\qquad I_5 + I_3 - I_6 = 0$

将以上三式相加，可得 $I_1 - I_2 + I_3 = 0$。

【例1-4】　在图1-26所示电路中，已知 $R_1 = 2\Omega$、$R_2 = 4\Omega$、$U_S = 8V$。求各支路电流。

【解】　首先设定各支路电流的参考方向如图中所示，由于 $U_{ab} = U_S = 8V$，根据欧姆定律，有

$$I_1 = \frac{U_{ab}}{R_1} = \frac{8V}{2\Omega} = 4A$$

$$I_2 = -\frac{U_{ab}}{R_2} = -\frac{8V}{4\Omega} = -2A$$

对节点a列KCL方程，有

$$I_2 + I_3 - I_1 = 0$$

于是，$I_3 = I_1 - I_2 = 4A - (-2)A = 6A$。

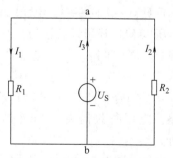

图1-26　例1-4的电路

二、基尔霍夫电压定律（KVL）

基尔霍夫电压定律反映了回路上各段电压之间的相互关系，简称 KVL。由于电压是反映单位电荷在电路中做功的物理量，根据能量守恒定律，当电荷沿着电路流过电气元件时，如果某些元件得到的能量有所增加，则流过其他元件的能量必然有所减少，如正电荷在回路中移动一周，流过电源内部时势能升高，流过电源外部时势能降低，经历一个完整回路后，势能总变化应该为零。KVL 的基本内容是：在任一时刻，沿任一回路绕行一周，回路中所有电源电动势（电压升）的代数和等于所有电阻电压降的代数和，即

$$\sum E = \sum IR \tag{1-22}$$

应用 KVL 定律时，先假定绕行方向为顺时针或逆时针，当电动势的方向与绕行方向一致时，电动势沿回路方向电位升高，该电动势取正号；反之，当电动势的方向与绕行方向相反时，电动势沿回路方向电位降低，该电动势取负号；当电阻上的电流方向与回路绕行方向一致时，电阻沿回路方向电位下降，该电阻上的电压取正号；反之，当电阻上的电流方向与回路绕行方向相反时，电阻沿回路方向电位上升，该电阻上的电压取负号。

例如，图 1-24 所示的电路，沿 ABEFA 回路绕行，有

$$E_1 = I_1 R_1 + I_3 R_3$$

沿 BCDEB 回路绕行，有

$$-E_2 = -I_2 R_2 - I_3 R_3$$

沿 ABCDEFA 绕行，有

$$E_1 - E_2 = I_1 R_1 - I_2 R_2$$

上述三个回路电压方程中，显然前两个方程相加可以得到第三个方程。因此，这三个回路中只有两个独立的回路电压方程。实际上，对一个 n 条支路的电路，可以列出 $(n - m + 1)$ 个独立的 KVL 方程。一般情况下以网孔作为回路列写 KVL 方程即可，因为电路的网孔数目恰好等于 $(n - m + 1)$ 个。

上述三个方程还可分别改写为：

$$E_1 - I_1 R_1 - I_3 R_3 = 0$$
$$-E_2 + I_2 R_2 + I_3 R_3 = 0$$
$$E_1 - I_1 R_1 + I_2 R_2 - E_2 = 0$$

可见，三个回路中，电压的总和均等于零。

所以 KVL 还可以表述为：在任一时刻，沿任一回路绕行一周，回路中各段电压的代数和恒等于零。即

$$\sum U = 0 \tag{1-23}$$

除了闭合回路之外，KVL 还可推广应用于开口电路，应用时只需将开口处的电压列入回路方程即可。

例如，图 1-27 的开口电路，可以假想有 abca 回路，设顺时针方向绕行。根据 KVL，有

$$U_1 + U_2 + U_{ca} = 0$$

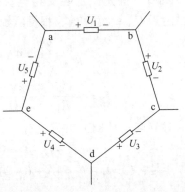

图 1-27　开口电路的电压

由此可得
$$U_{ca} = -U_1 - U_2$$
$$U_{ac} = -U_{ca} = U_1 + U_2$$

KCL 指出了电路中任一节点处的支路电流之间的约束关系，而 KVL 则指出了电路中任一回路上的各段电压之间的约束关系。这两条定律仅与元件的连接方式有关，而与元件性质无关。

【例 1-5】 有一闭合回路如图 1-28 所示，各支路的元件是任意的，已知 $U_{AB} = 8V$，$U_{BC} = -5V$，$U_{DA} = -4V$。试求（1）U_{CD}；（2）U_{CA}。

【解】 （1）由基尔霍夫电压定律可列出方程：
$$U_{AB} + U_{BC} + U_{CD} + U_{DA} = 0$$
即：$8V + (-5)V + U_{CD} + (-4)V = 0$
可求得：$U_{CD} = 1V$。

（2）ABCA 不是闭合回路，也可应用基尔霍夫电压定律列出
$$U_{AB} + U_{BC} + U_{CA} = 0$$
即：$8V + (-5)V + U_{CA} = 0$
可求得：$U_{CA} = -3V$。

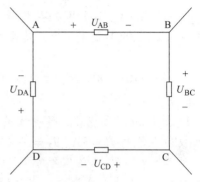

图 1-28 例 1-5 的电路

本 章 小 结

1. 电流、电压、功率和电位

电流和电压是电路中的基本物理量，其参考方向和关联参考方向是两个很重要的概念。分析计算电路时，必须首先设定电流和电压的参考方向，这样计算的结果才有实际意义。在关联参考方向下，功率 $P = UI$；在非关联参考方向下，功率 $P = -UI$。无论采用关联参考方向或者非关联参考方向，$P > 0$，表示电路消耗功率；$P < 0$，表示电路发出功率。电路中某一点与参考点之间的电压就是该点的电位，电位随参考点的选择不同而不同，但两点间的电压（电位差）不变。

2. 电压源、电流源和电阻

电压源、电流源和电阻是基本二端元件，电压源由恒压源和电阻串联组成；电流源由恒流源和电阻并联组成。电压源和电流源都是分析实际电源的电路模型，两者进行合理的等效变换后，可以方便地求解电路。但要特别注意等效变换只对外电路等效，对电源内部并不等效。恒压源和恒流源不能相互变换。电阻元件是电路的主要元件，其伏安关系虽然简单，但其分析思路和方法是分析其他动态元件的基础。

3. 欧姆定律和基尔霍夫定律

欧姆定律和基尔霍夫定律都是电路理论中的重要定律，欧姆定律确定了电阻元件上电压和电流之间的约束关系，通常称为特性约束。KCL 定律确定了电路中各支路电流之间的约束关系，其内容为：对电路中任一节点在任一时刻，有 $\sum I = 0$，体现了电流的连续性；KVL 确定了回路中各电压之间的约束关系，其内容为：对电路中任意回路，在任一时刻，有 $\sum U = 0$，体

现了能量守恒。基尔霍夫定律表达的约束关系通常被称为拓扑约束。这两个定律是分析电路的基础。

思考题与习题

1. 一个 220V、1000W 的电热器，若将它接到 220V 的电源上，其吸收的功率为多少？若把它误接到 380V 的电源上，其吸收的功率又为多少？是否能安全使用？

（1000W，2983W，会烧坏）

2. 一只 110V、8W 的指示灯，现在要接在 220V 的电源上，问要串多大阻值的电阻？该电阻选用多大功率？

（1512.5Ω，8W）

3. 图 1-29 所示电路，各电流的参考方向已设定。已知 $I_1 = 1A$，$I_2 = -2A$，$I_3 = 4A$。试确定 I_1、I_2、I_3 的实际方向。（I_1 由 a 点流向 b 点，I_2 由 b 点流向 c 点，I_3 由 b 点流向 d 点。）

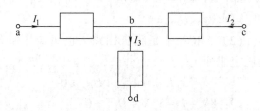

图 1-29 习题 3 的电路

4. 有人说欧姆定律写成 $U = -RI$，说明此时的电阻是负值。这种说法对吗？为什么？

5. 某楼内有 220V、100W 的灯泡 50 只，平均每天使用 5h，每月（一个月按 30 天计算）消耗多少 kW·h？

（750kW·h）

6. 求图 1-29 中二端网络的功率。

（a）发出功率 10W，b）消耗功率 10W，c）消耗功率 10W）

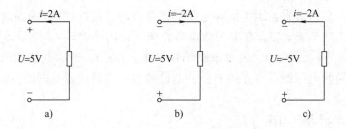

图 1-30 习题 6 的电路

7. A 与 C 点的电位已知，求图 1-31 电路中 B 点的电位。 （$V_B = 1V$）

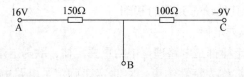

图 1-31 习题 7 的电路

8. 电路如图 1-32 所示，试求在开关 S 断开和闭合的两种情况下 A 点的电位。(6V, 8V)

9. 电路如图 1-33 所示，求 $R = 8\Omega$ 和 $R = 12\Omega$ 时的 I 和电压源的功率。

$$(1.5A, 18W; 1A, 12W)$$

10. 电路如图 1-34 所示，求 $R = 8\Omega$ 和 $R = 12\Omega$ 时的 I 和电流源的功率。

$$(0.5A, 2W; 0.5A, 3W)$$

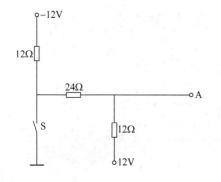

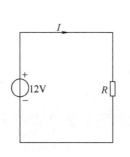

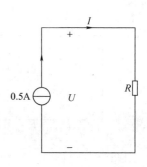

图 1-32　习题 8 的电路　　　　　图 1-33　习题 9 的电路　　　　　图 1-34　习题 10 的电路

11. 根据理想电压源和理想电流源的性质，把图 1-35 电路化简成理想电源。

（a）$E = 10V$ 理想电压源；b）$I = 5A$ 理想电流源)

12. 简化图 1-36 的各网络为电压源。（a）$E = 6.67V, R_0 = 5.3\Omega$；b）$E = 3V, R_0 = 3\Omega$)

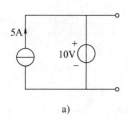

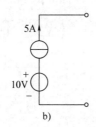

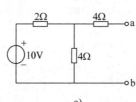

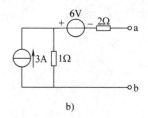

a)　　　　　　　　　b)　　　　　　　　a)　　　　　　　　　b)

图 1-35　习题 11 的电路　　　　　　　　　图 1-36　习题 12 的电路

13. 如图 1-37 所示，已知 $I_1 = 4A$、$I_2 = -5A$、$I_3 = -6A$，试求 I_4。　　　　($I_4 = 3A$)

14. 求图 1-38 电路中电流 I_3。　　　　($I_3 = 7A$)

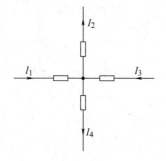

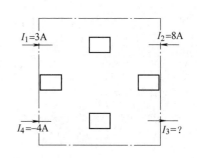

图 1-37　习题 13 的电路　　　　　　　图 1-38　习题 14 的电路

15. 在图 1-39 所示电路中，已知 $R_1 = 8\Omega$、$R_2 = 4\Omega$、$U_S = 9V$。求各支路电流。

$(I_1 = 1.125A, \ I_2 = 2.25A, \ I_3 = 3.375A)$

16. 图 1-40 所示电路，求 I_1、I_2、I_3 和 U_1、U_2、U_3。

$(I_1 = -2A、I_2 = 2A、I_3 = -4A, \ U_1 = 2V、U_2 = 8V、U_3 = 6V)$

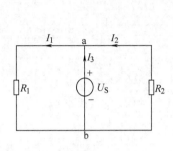

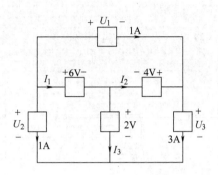

图 1-39　习题 15 的电路　　　　　　　　　图 1-40　习题 16 的电路

17. 求图 1-41 电路中各支路的电流。　　　　　$(I_1 = 0.5A, \ I_2 = 1A, \ I_3 = 1.5A)$

18. 求图 1-42 电路中的 I 和 U。　　　　　　　　　　$(I = 4A, \ U = 6V)$

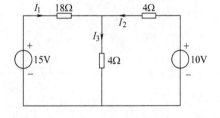

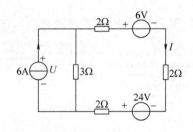

图 1-41　习题 17 的电路

图 1-42　习题 18 的电路

19. 电路如图 1-43 所示，已知 $U_{AB} = 80V$，求 I 和 R。　　　$(1A, \ 50\Omega)$

20. 求图 1-44 所示两个电路中的 U_{ab} 和 I。　　　$(0V, \ 1.1A; \ 0V, \ 0A)$

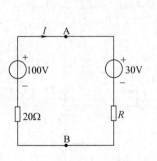

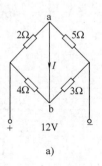

a)　　　　　　　　　b)

图 1-43　习题 19 的电路　　　　　　　　图 1-44　习题 20 的电路

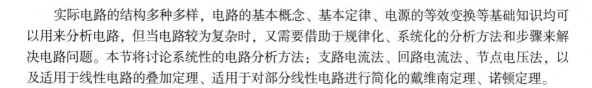

第二章

电路的分析方法

实际电路的结构多种多样，电路的基本概念、基本定律、电源的等效变换等基础知识均可以用来分析电路，但当电路较为复杂时，又需要借助于规律化、系统化的分析方法和步骤来解决电路问题。本节将讨论系统性的电路分析方法：支路电流法、回路电流法、节点电压法，以及适用于线性电路的叠加定理、适用于对部分线性电路进行简化的戴维南定理、诺顿定理。

第一节　支路电流法

支路电流法是以各条支路的电流作为变量，使用基尔霍夫定律，对电路中的节点和回路分别列出 KCL、KVL 方程。支路电流法是分析电路的一个最基本的方法。

由第一章所描述的 KCL、KVL 方程相关内容，可知，一个含有 m 个节点、n 条支路的电路，可以选取其中的 $m-1$ 个独立节点列写 $m-1$ 个 KCL 方程；可以选取一组独立回路列写出 $n-(m-1)$ 个 KVL 方程。因此，如果使用 n 个支路电流作为变量，依据 KVL 和 KCL 定律正好列出了一个含有 n 个方程的方程组。对这个方程组进行求解，正好求得每一条支路的电流数值。利用所得到的各个支路电流数值，就可以进一步分析每一个元件的电压和功率，因此，就完成了对整个电路的电流、电压分布的全面的分析和求解。

用支路电流法进行电路分析的步骤如下：

1）对各条支路电流选定参考方向，并以支路电流作为变量。

2）对独立节点列写 $m-1$ 个 KCL 方程。

3）对独立回路列写 $n-(m-1)$ 个 KVL 方程。

4）联立这 n 个方程组求解各支路电流。

5）根据已求得的支路电流，计算其他电量，比如元件的电压和功率等。

【例 2-1】　如图 2-1 电路所示，$E_1=12V$、$R_1=6\Omega$、$E_2=24V$、$R_2=12\Omega$、$R_3=4\Omega$，求各支路电流和各元件的功率。

分析图 2-1 的电路，其共有 2 个节点，3 条支路。以 3 个支路电流 I_1、I_2、I_3 作为变量，可以列出 3 个独立的方程，包括 1 个 KCL 方程和 2 个 KVL 方程。

【解】　图 2-1 中，首先选定各条支路的电流参考方向、电源电压参考方向，选定顺时针方向作为回路的绕行方向。

根据基尔霍夫电流定律（KCL），对节点 A 列出电流方程

$$I_1 + I_2 = I_3$$

根据基尔霍夫电压定律（KVL），对回路 I 列写回路

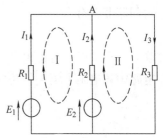

图 2-1　例 2-1 的电路

电压方程

$$E_1 - E_2 = I_1R_1 - I_2R_2$$

对回路Ⅱ列写回路电压方程

$$E_2 = I_2R_2 + I_3R_3$$

联立求解以上3个方程，得

$$I_1 = 0.667\text{A}, I_2 = 1.333\text{A}, I_3 = 2\text{A}$$

可见，各支路电流均为正值，说明各支路电流的实际方向与其参考方向一致。3个电阻上消耗的功率分别为

$$P_{R_1} = I_1{}^2 R_1 = 0.667^2 \times 6\text{W} \approx 2.7\text{W}$$

$$P_{R_2} = I_2{}^2 R_2 = 1.333^2 \times 12\text{W} \approx 21.3\text{W}$$

$$P_{R_3} = I_3{}^2 R_3 = 2^2 \times 4\text{W} = 16\text{W}$$

两个恒压源发出的功率分别为

$$P_{E_1} = E_1 I_1 = 12\text{V} \times 0.667\text{A} \approx 8.0\text{W}$$

$$P_{E_2} = E_2 I_2 = 24\text{V} \times 1.333\text{A} \approx 32.0\text{W}$$

显然，本例中的两个恒压源均发出功率，发出的功率之和等于3个电阻吸收的功率，满足能量守恒定律。

本题如果改变参数为 $E_1 = 50\text{V}$，$R_1 = 10\Omega$，$E_2 = 20\text{V}$，$R_2 = 10\Omega$，$R_3 = 30\Omega$，会出现两个电源并联运行时，其中一个电源发出功率，另一个电源吸收功率的情况，请自行证明。

【例2-2】 如图2-2所示电路，已知 $E_1 = 2\text{V}$、$R_1 = 2\Omega$、$E_2 = 2\text{V}$、$R_2 = 3\Omega$、$R = 1\Omega$、$I_S = 2\text{A}$，求电路中各元件的功率。

【解】 假定各支路电流的参考方向如图所示，3个支路中，由于电流源所在的支路电流 I_S 已知，无法作为变量列写方程，所以设电流源的电压为 U_S（上正下负），使得未知量仍为3个，即 I_1、I_2 和 U_S。

根据基尔霍夫电流定律（KCL），对节点A有

$$I_1 + I_S = I_2$$

设两个闭合回路的绕行方向均为顺时针方向，根据基尔霍夫电压定律（KVL），对回路Ⅰ，有

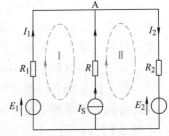

图2-2 例2-2的电路

$$E_1 = I_1R_1 - I_SR + U_S$$

对回路Ⅱ，有

$$-E_2 = I_2R_2 + I_SR - U_S$$

联立方程求解，可得出：$I_1 = -1.2\text{A}$，$I_2 = 0.8\text{A}$，$U_S = 6.4\text{V}$

电路中各电阻上消耗的功率分别为

$$P_{R_1} = I_1{}^2 R_1 = 1.2^2 \times 2\text{W} = 2.88\text{W}$$

$$P_{R_2} = I_2{}^2 R_2 = 0.8^2 \times 3\text{W} = 1.92\text{W}$$

$$P_R = I_S{}^2 R = 2^2 \times 1\text{W} = 4\text{W}$$

恒压源 E_1 吸收的功率为（电压电流非关联方向）

$$P_{E_1} = -E_1 I_1 = -2 \times (-1.2)\text{W} = 2.4\text{W}$$

恒压源 E_2 吸收的功率为

$$P_{E_2} = E_2 I_2 = 2 \times 0.8\text{W} = 1.6\text{W}$$

恒流源的 I_S 功率为（电压电流非关联方向）：

$$P_{I_S} = -U_S I_S = -6.4 \times 2\text{W} = -12.8\text{W}$$

显然，该电路中恒流源在发出功率，2 个恒压源和 3 个电阻均在吸收功率，所有元件发出和吸收功率之和等于零。

第二节 回路电流法

支路电流法是以支路电流作为变量列写方程并求解的分析方法。如果一个电路有 n 条支路，则须列写出一个含有 n 个方程的方程组，然后联立求解变量。随着支路数量的增多，计算量将变得非常庞大。回路电流法是依据一组独立回路，以回路电流作为变量，列写 KVL 方程，从而减少方程的个数，简化求解过程。

【例 2-3】 以图 2-3 所示电路为例，来说明回路电流法的应用。图中，已知 $U_{S1} = 20\text{V}$，$U_{S2} = 30\text{V}$，$U_{S3} = 10\text{V}$，$R_1 = 10\Omega$，$R_2 = 20\Omega$，$R_3 = 10\Omega$，$R_4 = 50\Omega$。用回路电流法求支路电流。

选取两个网孔作为回路，以顺时针为参考方向，标出回路电流 I_{l1}、I_{l2} 以及各支路电流 I_1、I_2 和 I_3。

观察图 2-3，可以发现每条支路的支路电流都可以采用回路电流来描述

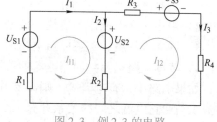

图 2-3 例 2-3 的电路

$$I_1 = I_{l1}$$
$$I_2 = I_{l1} - I_{l2}$$
$$I_3 = I_{l2}$$

对两个网孔的回路，列写 KVL 方程如下：

回路 I $\qquad\qquad R_1 I_1 + R I_2 - U_{S1} + U_{S2} = 0$

回路 II $\qquad\qquad -R_2 I_2 + R_3 I_3 + R_4 I_3 - U_{S2} + U_{S3} = 0$

将上述方程中的支路电流 I_1、I_2、I_3 用回路电流 I_{l1}、I_{l2} 替代，可得

$$R_1 I_{l1} + R_2 (I_{l1} - I_{l2}) - U_{S1} + U_{S2} = 0$$

$$R_2 (I_{l2} - I_{l1}) + R_3 I_{l2} + R_4 I_{l2} - U_{S2} + U_{S3} = 0$$

整理后可得

$$(R_1 + R_2) I_{l1} - R_2 I_{l2} = U_{S1} - U_{S2}$$

$$-R_2 I_{l1} + (R_2 + R_3 + R_4) I_{l2} = U_{S2} - U_{S3}$$
（回路电流方程）

在回路电流方程的第一个式子中（对应回路 I），$(R_1 + R_2) I_{l1}$ 是第一个回路电流 I_{l1} 在回路 I 的两个电阻上所引起的电压降，与回路 I 的绕行方向一致，为正号；$R_2 I_{l2}$ 是第二个回路电流 I_{l2} 在电阻 R_2 上所产生的电压，该电压沿着回路 I 的绕行方向来看是上升的，为负号。电压源 U_{S1} 的电动势方向与回路绕行方向一致，为正号，电压源 U_{S2} 的电动势方向与回

路绕行方向相反，为负号。

在回路电流方程的第二个式子中（对应回路Ⅱ），$R_2 I_{11}$ 是第一个回路电流 I_{11} 在电阻 R_2 上产生的电压，该电压沿着回路Ⅱ的绕行方向来看是上升的，为负号；$(R_2 + R_3 + R_4) I_{12}$ 是第二个回路电流 I_{12} 在回路Ⅱ的3个电阻上产生的电压，与回路Ⅱ的绕行方向一致，为正号。电压源 U_{S2} 的电动势方向与回路绕行方向一致，为正号，电压源 U_{S3} 的电动势方向与回路绕行方向相反，为负号。

代入各项数据求解

$$(10\Omega + 20\Omega) I_{11} - 20\Omega I_{12} = 20V - 30V$$

$$-20\Omega I_{11} + (20\Omega + 10\Omega + 50\Omega) I_{12} = 30V - 10V$$

得：

$$I_{11} = -0.2A$$

$$I_{12} = 0.2A$$

根据支路电流和回路电流的关系可得

$$I_1 = I_{11} = -0.2A$$

$$I_2 = I_{11} - I_{12} = -0.4A$$

$$I_3 = I_{12} = 0.2A$$

采用回路电流法分析电路的步骤如下：

1）选取独立回路的电流作为变量，并选定参考方向，标出回路电流方向与回路的绕行方向。

2）采用回路电流作为变量，依据上述的规律列写 KVL 方程。

3）联立方程组，求解回路电流。

4）依据支路电流与回路电流的关系，求解各支路电流和其他电量。

如果电路中含有电流源，则需要考虑电流源的端电压（额外设定一个变量），然后依据电流源与回路电流之间的关系补充一个方程。

【例2-4】 如图2-4所示电路，已知 $U_{S1} = 10V$、$U_{S2} = 2V$、$I_S = 5A$、$R_1 = 1\Omega$、$R_2 = R_3 = R_4 = 2\Omega$。用回路电流法求支路电流。

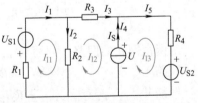

图2-4 例2-4的电路（1）

【解】 方法一：选取3个独立回路，以顺时针为参考方向，标出回路电流 I_{11}、I_{12}、I_{13} 以及各支路电流 I_1、I_2、I_3、I_4 和 I_5，注意标出电流源端电压 U，列写方程

$$(R_1 + R_2) I_{11} - R_2 I_{12} = -U_{S1}$$

$$-R_2 I_{11} + (R_2 + R_3) I_{12} + U = 0$$

$$R_4 I_{13} - U = -U_{S2}$$

补充方程： $$I_{13} - I_{12} = I_S$$

代入数据（略），解得

$$I_{11} = -6A$$

$$I_{12} = -4A$$

$$I_{13} = 1A$$

$$U = 4V$$

$$I_1 = I_{l1} = -6A$$

$$I_2 = I_{l1} - I_{l2} = -2A$$

各支路电流为　$I_3 = I_{l2} = -4A$

$$I_4 = I_S = 5A$$

$$I_5 = I_{l3} = 1A$$

方法二：对于例2-3，因为电流源的电流是已知的，如果选择独立回路，使该回路电流单独流过电流源 I_S，就能减少一个待求变量，如图2-5所示。

图 2-5　例 2-4 的电路（2）

此时，I_{l3} 单独流过电流源支路，可列写回路电流方程如下：

$$(R_1 + R_2)I_{l1} - R_2 I_{l2} = -U_{S1}$$

$$-R_2 I_{l1} + (R_2 + R_3 + R_4)I_{l2} + R_4 I_{l3} = -U_{S2}$$

$$I_{l3} = I_S$$

代入数据（略），解得

$$I_{l1} = -6A$$

$$I_{l2} = -4A$$

$$I_{l3} = 5A$$

各支路电流为

$$I_1 = I_{l1} = -6A$$

$$I_2 = I_{l1} - I_{l2} = -2A$$

$$I_3 = I_{l2} = -4A$$

$$I_4 = I_S = 5A$$

$$I_5 = I_{l2} + I_{l3} = 1A$$

第三节　节点电压法

节点电压法首先选取一个节点作为参考点，该参考点为零电位点，其他各独立节点对于参考点的电压被称为节点电压。一个电路有 n 个节点，取一个做参考点，以其余 $n-1$ 个节点的节点电压作为变量，可列写 $(n-1)$ 个 KCL 方程，求取出各个节点电压后，就可以求出电路中的支路电流、元件压降等参数了。

图 2-6 所示电路中有 3 个节点，已知 $U_{S1} = 10V$、$U_{S2} = 70V$、$U_{S3} = 5V$、$U_{S4} = 15V$、$R_1 = 5\Omega$、$R_2 = 3\Omega$、$R_3 = 5\Omega$、$R_4 = 10\Omega$、$R_5 = 10\Omega$，分析节点电压与支路电流的关系，列写独立的节点电压方程，并求出各支路电流。

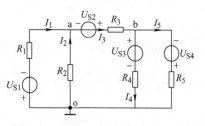

图 2-6　节点电压法示例电路（1）

选取 o 点为参考点，独立节点 a、b 的节点电压分别为 U_{ao}、U_{bo}。选取各支路电流的参考方向后，由电路的基本定律，可得到各节点电压与支路电流之间的关系。

$$U_{ao} = -I_1R_1 - U_{S1}$$

$$U_{ao} = -I_2R_2$$

$$U_{ao} - U_{bo} = -U_{S2} + I_3R_3$$

$$U_{bo} = U_{S3} + I_4R_4$$

$$U_{bo} = -U_{S4} + I_5R_5$$

$$\Rightarrow$$

$$I_1 = \frac{-U_{S1} - U_{ao}}{R_1}$$

$$I_2 = \frac{-U_{ao}}{R_2}$$

$$I_3 = \frac{U_{ao} - U_{bo} + U_{S2}}{R_3}$$

$$I_4 = \frac{-U_{S3} + U_{bo}}{R_4}$$

$$I_5 = \frac{U_{S4} + U_{bo}}{R_5}$$

对节点 a、b 分别列写 KCL 方程，有

节点 a 的 KCL 方程为 $\qquad I_1 + I_2 - I_3 = 0$

将支路电流用节点电压来进行表示，则有

$$\frac{-U_{S1} - U_{ao}}{R_1} + \frac{-U_{ao}}{R_2} - \frac{U_{ao} - U_{bo} + U_{S2}}{R_3} = 0$$

节点 b 的 KCL 方程为 $\qquad I_3 - I_4 - I_5 = 0$

将支路电流用节点电压来进行表示，则有

$$\frac{U_{ao} - U_{bo} + U_{S2}}{R_3} - \frac{-U_{S3} + U_{bo}}{R_4} - \frac{U_{S4} + U_{bo}}{R_5} - = 0$$

整理上述方程，将含有节点电压的项写在等式左侧，含有电压源的项写在等式右侧，可得节点电压方程如下：

1）a 点的节点电压方程为 $\quad \left(\dfrac{1}{R_1} + \dfrac{1}{R_2} + \dfrac{1}{R_3}\right)U_{ao} - \dfrac{1}{R_3}U_{bo} = -\dfrac{U_{S1}}{R_1} - \dfrac{U_{S2}}{R_3}$

2）b 点的节点电压方程为 $\quad \left(\dfrac{1}{R_3} + \dfrac{1}{R_4} + \dfrac{1}{R_5}\right)U_{bo} - \dfrac{1}{R_3}U_{ao} = \dfrac{U_{S2}}{R_3} + \dfrac{U_{S3}}{R_4} - \dfrac{U_{S4}}{R_5}$

在 a 点的节点电压方程中，$\left(\dfrac{1}{R_1} + \dfrac{1}{R_2} + \dfrac{1}{R_2}\right)$ 为 a 节点自身所连接的各支路电阻的倒数和（即 a 节点所连接各支路的电导之和）；$-\dfrac{1}{R_3}$ 为 a 节点与相邻节点 b 之间的电阻的倒数的负值（即相邻节点电导的负值）。等式右侧为流入节点 a 的两个电流源的电流代数和（电压源按照等效为电流源后的电流来计算代数和），流入该节点的电流取正号，流出该节点的电流取负号；对 a 点来说，U_{S1} 与 R_1、U_{S2} 与 R_3 可等效为两个电流源，两个电流源的电流 $\dfrac{U_{S1}}{R_1}$、$\dfrac{U_{S2}}{R_3}$ 的方向均从 a 节点流出，故取负值。

在 b 点的节点电压方程中，$\left(\dfrac{1}{R_3} + \dfrac{1}{R_4} + \dfrac{1}{R_5}\right)$ 为 b 节点自身所连接的各支路电阻的倒数和（即 b 节点所连接各支路的电导之和）；$-\dfrac{1}{R_3}$ 为 b 节点与相邻节点 a 之间的电阻的倒数的负

值（即相邻节点电导的负值）。等式右侧为流入节点 b 的 3 个电流源的电流代数和（电压源按照等效为电流源后的电流来计算代数和），流入该节点的电流取正号，流出该节点的电流取负号；对 b 点来说，U_{S2} 与 R_3、U_{S3} 与 R_4 可等效为流入电流的电流源，U_{S4} 与 R_5 可等效为流出电流的电流源，因此等效电流源的电流 $\dfrac{U_{S2}}{R_3}$ 与 $\dfrac{U_{S3}}{R_4}$ 取正值，而电流 $\dfrac{U_{S4}}{R_5}$ 取负值。

列写节点电压方程的一般规律：（节点自身所连接的各支路的电导之和）×（该节点电压）−（该节点与相邻节点电导的负值）×（相邻节点电压）= 流入该节点的全部电流源（恒流源与电阻并联）的电流代数和，以流入为正。

将上述两个节点电压方程，代入数据，有：

$$\begin{cases} \left(\dfrac{1}{5}+\dfrac{1}{3}+\dfrac{1}{5}\right)U_{ao}-\dfrac{1}{5}U_{bo}=-\dfrac{10}{5}-\dfrac{70}{5} \\[2mm] \left(\dfrac{1}{5}+\dfrac{1}{10}+\dfrac{1}{10}\right)U_{bo}-\dfrac{1}{5}U_{ao}=\dfrac{70}{5}+\dfrac{5}{10}-\dfrac{15}{10} \end{cases}$$

解得：$U_{ao}=-15\text{V}$　　　$U_{bo}=25\text{V}$

$$I_1=\frac{-U_{S1}-U_{ao}}{R_1}$$

$$I_2=\frac{-U_{ao}}{R_2}$$

代入电流方程：
$$I_3=\frac{U_{ao}-U_{bo}+U_{S2}}{R_3}$$

$$I_4=\frac{-U_{S3}+U_{bo}}{R_4}$$

$$I_5=\frac{U_{S4}+U_{bo}}{R_5}$$

解得：
$$\begin{cases} I_1=1\text{A} \\ I_2=5\text{A} \\ I_3=6\text{A} \\ I_4=2\text{A} \\ I_5=4\text{A} \end{cases}$$

采用节点电压法分析电路的步骤如下：

1）把电压源（恒流源与阻抗的串联）转化为电流源（恒流源与阻抗的串联）。

2）选取参考节点，标注"⊥"符号，以其余独立节点的电压作为变量。

3）按照列写节点电压方程的一般规律，写出各独立节点的节点电压方程。

4）联立方程组，求各个节点电压。

5）依据各支路电流与节点电压的关系，求解各支路电流等其他物理量。

又如，图 2-7 所示电路中有 5 个节点，用节点电压

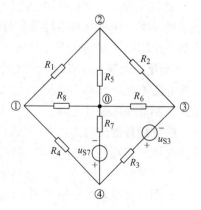

图 2-7　节点电压法示例电路（2）

法可列出 4 个独立的节点电压方程。

首先指定 0 号节点为参考节点，设节点①、②、③、④的节点电压分别为 U_{n1}、U_{n2}、U_{n3}、U_{n4}。可列写节点电压方程如下：

节点①的节点电压方程 $\left(\dfrac{1}{R_1}+\dfrac{1}{R_4}+\dfrac{1}{R_8}\right)u_{n1}-\dfrac{1}{R_1}u_{n2}-\dfrac{1}{R_4}u_{n4}=0$

节点②的节点电压方程 $-\dfrac{1}{R_1}u_{n1}+\left(\dfrac{1}{R_1}+\dfrac{1}{R_2}+\dfrac{1}{R_5}\right)u_{n2}-\dfrac{1}{R_2}u_{n3}=0$

节点③的节点电压方程 $-\dfrac{1}{R_2}u_{n2}+\left(\dfrac{1}{R_2}+\dfrac{1}{R_3}+\dfrac{1}{R_6}\right)u_{n3}-\dfrac{1}{R_3}u_{n4}=-\dfrac{u_{S3}}{R_3}$

节点④的节点电压方程 $-\dfrac{1}{R_4}u_{n1}-\dfrac{1}{R_3}u_{n3}+\left(\dfrac{1}{R_3}+\dfrac{1}{R_4}+\dfrac{1}{R_7}\right)u_{n4}=\dfrac{u_{S7}}{R_7}+\dfrac{u_{S3}}{R_3}$

【例 2-5】 如图 2-8 所示电路，用节点电压法求电流源的功率。

【解】 选取 o 点为参考点，独立节点 a、b 的电位分别为 U_{ao}、U_{bo}，电路中有两个不能继续化简的恒流源，只考虑其电流，无并联电阻（或并联电阻为 ∞）。列写方程如下：

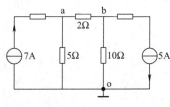

图 2-8 例 2-5 的电路

对节点 a 的方程 $\left(\dfrac{1}{2}+\dfrac{1}{5}\right)U_{ao}-\dfrac{1}{2}U_{bo}=7$

对节点 b 的方程 $\left(\dfrac{1}{2}+\dfrac{1}{10}\right)U_{bo}-\dfrac{1}{2}U_{ao}=-5$

解得：$U_{ao}=10\text{V}$，$U_{bo}=0\text{V}$。

U_{ao}、U_{bo} 分别是两电流源的端电压，它们的吸收的功率分别为。

$P_1=-7\text{A}\times10\text{V}=-70\text{W}$（7A 的恒流源分支，发出功率）；

$P_2=0\text{V}\times5\text{A}=0\text{W}$（5A 的恒流源分支，无功率）。

第四节　叠加定理

叠加定理是一个只适用于线性电路的基本定理。线性电路是能够用线性微分方程（组）表示的一类电路，其基本特征是各电路元件的参数不随其端电压和流过电流的变化而变化。比如一个阻值不变的电阻元件 R，电压电流特性符合欧姆定律 $U=RI$，其元件参数 R 不受 U、I 变化的影响，这样的电阻电路是线性电路。如果电路中出现了非线性元件，例如电阻 R 随电流 I 的大小或时间等变化，元件的电压电流特性不是线性方程，则所在电路不是线性电路，不能使用叠加定理。

叠加定理的内容为：在线性电路中，当有多个独立电源同时作用时，在任何一条支路产生的电流（或电压），等于电路中各个独立电源单独作用时对该支路所产生的电流（或电压）的代数和。

在用叠加原理求解电路时，需要将多个独立电源同时作用的电路分解为各个独立电源单独作用的电路。当考虑某个电源单独作用时，将其他独立源的作用除去，被称为"除源"：

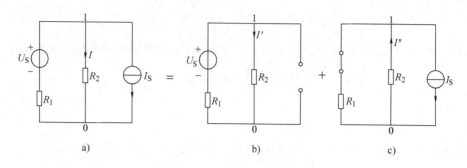

图 2-9 叠加原理的应用

使恒压源失去作用的基本方法是将令其端电压即电动势 $E = 0$，相当于"短路"；而使恒流源失去作用的基本方法是令其电源电流 I_S 为零，相当于"开路"。

以图 2-9a 所示电路为例，如应用叠加定理计算流过 R_2 的电流 I，首先要作出恒压源 U_S、恒流源 I_S 单独作用下的电路。

图 2-9b 是恒压源 U_S 单独作用下的电路。此情况下电流源的作用为零，相当于开路。在 U_S 单独作用下 R_2 支路电流为

$$I' = \frac{U_S}{R_1 + R_2}$$

图 2-9c 是电流源 I_S 单独作用下的电路。此情况下电压源的作用为零，零电压源相当于短路。在 I_S 单独作用下 R_2 支路电流为

$$I'' = \frac{R_1}{R_1 + R_2} I_S$$

两个独立电源共同作用下在 R_2 支路上引起的总电流为

$$I = I' - I'' = \frac{U_S}{R_1 + R_2} - \frac{R_1}{R_1 + R_2} I_S$$

式中对 I' 取正号，是因为它的参考方向与原电路中 I 的参考方向一致；对 I'' 取负号，是因为它的参考方向与原电路中 I 的参考方向相反。

采用支路电流法对图 2-9a 的电路列方程来求解电流 I，也可以得出相同的结果，可自行证明。

【例 2-6】 用叠加定理求图 2-10a 所示电路中的电流 I_L。若电流源的电流由 1A 增加到 3A，求 ΔI_L。

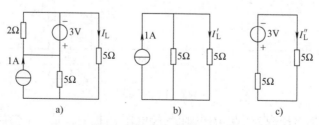

图 2-10 例 2-6 的电路

【解】 图 2-10 所示电路由两个独立电源共同作用。当电流源单独作用时，电压源的作用为零，看成短路，此时的电路如图 2-10b 所示，可得

$$I'_L = 1 \times \frac{5}{5+5}A = 0.5A$$

当电压源单独作用时，电流源的作用看做零，看成断路，此时的电路如图2-10c所示，可得

$$I''_L = \frac{-3}{5+5}A = -0.3A$$

叠加后可得

$$I_L = I'_L + I''_L = (0.5 - 0.3)A = 0.2A$$

当电流源由1A增加到3A时，由电流源单独作用所产生的电流将线性增长，为：

$$I'_L = 3 \times \frac{5}{5+5}A = 1.5A$$

可见，电流源的电流增加为原来的3倍，由它所产生的激励也增加为原来的3倍。电压源未变化，因此由电压源所产生的激励也不变化，新的 I''_L 仍为 $I''_L = -0.3A$。

当电流源由1A增加到3A时，新的总电流 $I_L = 1.5A - 0.3A = 1.2A$。

电流增量为：$\Delta I_L = 1.2A - 0.2A = 1A$

由于 ΔI_L 是由于电流源的增加而产生的，直接计算电流源引起的电流增量也可以得到

$$\Delta I_L = 1.5A - 0.5A = 1A$$

应用叠加原理的注意事项归纳如下：

1）叠加原理只适用于线性电路。

2）在"除源"时将不作用的恒压源短路，不作用的恒流源开路，不可改变电路的结构。

3）各电源的单独作用结果相互叠加时，要注意电流或电压的方向，若各分电流或电压的参考方向与原电路中电流或电压的参考方向一致时取正，否则取负。

4）计算功率不能使用叠加原理。如5Ω输出电阻上的功率为

$$I_L^2 \times 5\Omega = (0.2A)^2 \times 5\Omega = 0.2W \neq (I'_L)^2 \times 5\Omega + (I''_L)^2 \times 5\Omega$$

【例2-7】 某含有受控源的电路如图2-11a所示，求电路中的电压 U_1 以及4Ω电阻上消耗的功率。

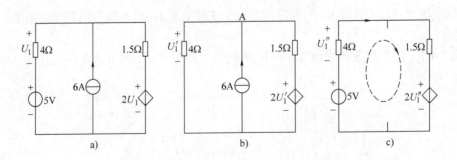

图2-11 例2-7的电路

【解】 该题中的电压源 $2U_1$ 受4Ω电阻的端电压 U_1 控制，是一个受控电压源，而不是一个独立电源，因此，电路中只有6A恒流源和5V恒压源两个独立电源。图2-11b为6A恒流源单独作用时的电路图，图2-11c为5V恒压源单独作用时的电路图。

图2-11b中，对A节点的KCL方程为：

$$\frac{U_1'}{4} + \frac{U_1' - 2U_1'}{1.5} = 6$$

可求出 6A 恒流源单独作用时的电压 $U_1' = -14.4\text{V}$。

图 2-11c 中，5V 恒压源单独作用时在回路中引起的电流为 $-\dfrac{U_1''}{4}$，故 KVL 方程为

$$5 = -U_1'' + \left(-\frac{U_1''}{4}\right) \times 1.5 + 2U_1''$$

可求出 $U_1'' = 8\text{V}$。

因此，两个独立电源共同作用时在图 2-11a 中产生的电压为

$$U_1 = U_1' + U_1'' = -14.4\text{V} + 8\text{V} = -6.4\text{V}$$

图 2-11a 电路中，4Ω 电阻上消耗的功率为 $\dfrac{U_1^2}{4\Omega} = 10.24\text{W}$。

第五节　等效电源定理

任何一个具有两个端点且与外部相连接的电路，均可称为二端网络。如果二端网络中不含独立电源，则可称为无源二端网络，如图 2-12a 所示；如果二端网络中含有独立电压源或电流源，则可称为有源二端网络，如图 2-12b 所示。

只含有一个电阻的二端网络是最简单的无源二端网络，无源二端网络的端电压与端口输入电流之间的关系符合欧姆定律，也就是说任何一个无源二端网络都可以用一个电阻来等效，这个等效电阻称为该无源二端网络的入端电阻。

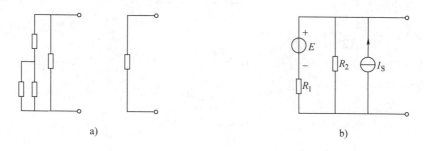

a)　　　　　　　　　　　　　　　　　　b)

图 2-12　无源二端网络和有源二端网络

等效电源定理是阐明线性有源二端网络外部性能的重要定理，适用于对复杂线性电路中的某一支路电流或电压进行计算。等效电源定理包含两个定理：戴维南定理（等效电压源定理，也被称为等效发电机定理）和诺顿定理（等效电流源定理）。

一、戴维南定理

戴维南定理的内容：对外电路而言，任何一个线性有源二端网络，都可以等效成一个恒压源（电动势）与电阻相串联的电路模型。该恒压源的电压等于线性有源二端网络的开路电压 U_0，电阻等于该有源二端网络"除源"后所形成的无源二端网络的等效电阻 R_0。戴维南定理的等效电路如图 2-13 所示。

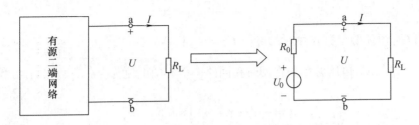

图 2-13　戴维南定理的等效电路图

用戴维南定理求解未知电量的步骤如下：

1）将待求电流或电压的支路从电路中抽出作为负载，将剩余的电路作为一个有源二端网络。

2）求取该有源二端网络的两端点间的开路电压 U_0，作为等效电压源的电动势。

3）将有源二端网络中的恒压源短路、恒流源开路，进行"除源"。"除源"后得到一个无源二端网络，求其等效电阻 R_0。

4）用有源二端网络的等效电路（即恒压源与等效电阻的串联电路）代替该有源二端网络，与负载支路相连接，形成闭合回路，再对该电路使用全电路欧姆定律求取电流或电压。

【例2-8】　用戴维南定理求图 2-14a 所示电路的电流 I。

【解】　（1）抽出待求支路，将剩余的电路看做一个有源二端网络，如图 2-14b 所示。可求得该有源二端网络的开路电压 U_0

$$U_0 = 2 \times 3V + \frac{24}{12+12} \times 12V$$

$$= 6V + 12V = 18V$$

（2）将图 2-14b 中 24V 的恒压源短路、2A 的恒流源开路，除源后的无源二端网络如图 2-14c 所示，可求得其等效电阻 R_0

$$R_0 = 3\Omega + \frac{12 \times 12}{12+12}\Omega = 3\Omega + 6\Omega = 9\Omega$$

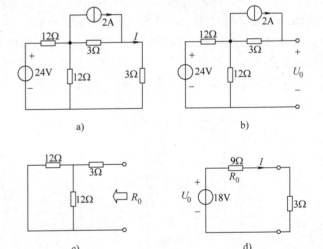

图 2-14　例 2-8 的电路

（3）将理想电压源 U_0 与等效电阻 R_0 串联，形成电压源模型，代替原有的有源二端网络，得图 2-14d 的电路，再利用全电路欧姆定律可求出待求电流 I

$$I = \frac{18}{9+3}A = 1.5A$$

【例2-9】　应用戴维南定理求图 2-15a 所示电桥电路的支路电流 I。已知 $R_1 = 10\Omega$、$R_2 = 10\Omega$、$R_3 = 20\Omega$、$R_4 = 5\Omega$、$R_5 = 0.5\Omega$、$E = 10V$。

【解】　图 2-15b 中虚线部分为抽出待求支路后的有源二端网络，需要对其等效成电压源。该有源二端网络的开路电压 U_0 和内阻 R_0 的计算电路如图 2-16 所示，由图可求出：

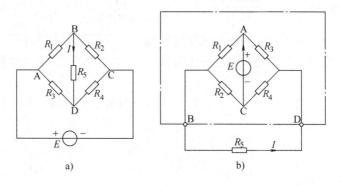

图 2-15　例 2-9 的电路

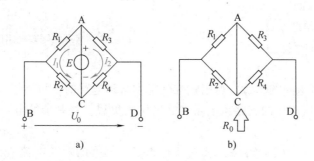

图 2-16　例 2-9 的计算电路

$$I_1 = \frac{E}{R_1 + R_2} = \frac{10}{10 + 10}\text{A} = 0.5\text{A}$$

$$I_2 = \frac{E}{R_3 + R_4} = \frac{10}{20 + 5}\text{A} = 0.4\text{A}$$

$$U_0 = U_{BC} + U_{CD} = I_1 R_2 - I_2 R_4 = \frac{E}{R_1 + R_2}R_2 - \frac{E}{R_3 + R_4}R_4 = 0.5 \times 10\text{V} - 0.4 \times 5\text{V} = 3\text{V}$$

$$R_0 = R_1 // R_2 + R_3 // R_4 = (10 // 10)\Omega + (20 // 5)\Omega = 5\Omega + 4\Omega = 9\Omega$$

于是，待求电流为

$$I = \frac{U_0}{R_5 + R_0} = \frac{3}{0.5 + 9}\text{A} = 0.316\text{A}$$

从该题的计算过程，我们可以推理得到电桥电路输出为零（即电桥平衡）的条件，为

$$U_0 = \frac{E}{R_1 + R_2}R_2 - \frac{E}{R_3 + R_4}R_4 = 0$$

即

$$\frac{R_2}{R_1 + R_2} = \frac{R_4}{R_3 + R_4} \text{ 或} \frac{R_1 + R_2}{R_2} = \frac{R_3 + R_4}{R_4}$$

进一步可以证明，电桥平衡条件为

$$\frac{R_1}{R_2} = \frac{R_3}{R_4} \text{ 或 } R_1 R_4 = R_2 R_3$$

这个结论对于电桥平衡式测量电路的参数设计和调整是非常有用的。

二、诺顿定理

基于电压源和电流源可以相互等效变换的原理，相应于戴维南定理把一个有源二端网络等效成一个电压源模型，我们还可以把一个有源二端网络等效成一个电流源模型，这样的等效被称为诺顿定理。

诺顿定理的内容：对外电路来说，任何一个线性有源二端网络，都可以等效为一个电流源，即等效为一个恒流源与一个电阻相并联的电路模型，该恒流源的电流等于这个线性有源二端网络的短路电流 I_{S0}，电阻等于这个线性有源二端网络"除源"后形成的无源二端网络的等效电阻 R_0。诺顿定理的等效电路如图2-17所示。

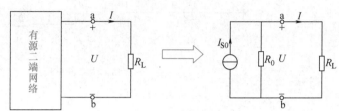

图 2-17　诺顿定理的等效电路图

用诺顿定理求解电路的步骤，与用戴维南定理求解电路的步骤类似。

1）将待求电流或电压的支路从电路中抽出作为负载，将剩余的电路作为一个有源二端网络。

2）将待求支路（负载）短路，求取该有源二端网络的短路电流 I_{S0}，作为等效电流源中的恒流源电流。

3）将该有源二端网络中的恒压源短路、恒流源开路，进行"除源"，然后可以得到一个无源二端网络，求其等效电阻 R_0，作为等效电流源的电阻。

4）用有源二端网络的等效电路（即恒流源与等效电阻的并联电路）代替该有源二端网络，与负载支路相连接，然后用电路定律求电流或电压。

【例2-10】　应用诺顿定理求图2-15所示电桥电路的支路电流 I。

【解】　本题仍对图2-15b中抽出待求支路后的有源二端网络（虚线部分）进行等效成电流源的计算。该有源二端网络的短路电流 I_{S0} 的计算电路如图2-18a所示。

为了分析电路的方便，我们将图2-18a的电路变形为图2-18b的电路，可以明显地看出 R_1 与 R_3 并联，R_2 与 R_4 并联，并联后再串联在一起，成为混联电路。

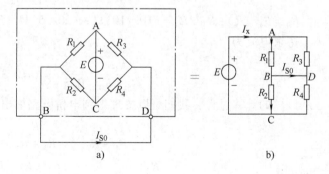

图 2-18　例 2-10 的短路电流计算电路

将B、D看成同一个点，图2-18b中的总电流为

$$I_{x} = \frac{E}{R_1//R_3 + R_2//R_4} = \frac{10}{10//20 + 10//5}A = \frac{10}{\frac{20}{3} + \frac{10}{3}}A = 1A$$

电阻 R_1 上的电流为

$$I_{R_1} = 1 \times \frac{R_3}{R_1 + R_3} = \frac{20}{10 + 20}A = \frac{2}{3}A$$

电阻 R_2 上的电流为

$$I_{R_2} = 1 \times \frac{R_4}{R_2 + R_4} = \frac{5}{10 + 5}A = \frac{1}{3}A$$

对 B 节点应用 KCL，得到等效电流源的恒流电流 $I_{S0} = I_{R_1} - I_{R_2} = \frac{2}{3}A - \frac{1}{3}A = \frac{1}{3}A$。

求解等效电阻的方法与戴维南定理相同，可直接采用例 2-9 的结果取 $R_0 = 9\Omega$。
利用图 2-17 的诺顿定理等效电路图，可以求出

$$I = I_{S0} \times \frac{R_0}{R_0 + R_5} = \frac{1}{3} \times \frac{9}{9 + 0.5}A = 0.316A$$

应用戴维南定理和诺顿定理求解电路需要注意如下两个问题：

1）戴维南定理和诺顿定理只能对线性有源二端网络进行等效变换，但这两个定理并没有对该线性有源二端网络所连接的外部电路加以限制，也就是说，即使线性有源二端网络对外连接的是非线性电路，等效电源定理也同样成立。

2）戴维南定理和诺顿定理只说明了有源二端网络与其等效后的电源对外电路是等效的，并不表明有源二端网络与其等效后的电源内部的电压、电流、功率具有等效关系。

本　章　小　结

复杂电阻电路是指不能利用电阻串并联的方法化简，应用电路基本定律也不能直接完成分析计算的电路。本章系统介绍了复杂电路的分析方法。

解决复杂电路问题的思路：一种是根据电路待求的未知量，直接应用基尔霍夫定律列出独立的方程式，然后联立求解出各未知量；另一种是应用等效变换的概念，将电路化简或进行等效变换后，再通过欧姆定律、基尔霍夫定律或分压、分流公式求解出结果。

支路电流法是以支路电流为变量，应用 KCL 和 KVL，分别对电路的一组独立节点和独立回路列出 KCL 或 KVL 方程，组成方程组，然后联立求解出各条支路的电流或电压的分析方法。

回路电流法是以电路中一组独立回路的回路电流作为变量，依据 KVL 列写独立回路的电压方程，求解回路电流，再根据回路电流与支路电流的关系，求解电路其他电量的分析方法，对回路数少的电路十分适用。

节点电压法是以电路中的一组独立节点的节点电压作为变量列写 KCL 方程，求解出每个节点的节点电压后，再根据节点电压与其他变量的关系来求解其他电量的分析方法，对节点数少的电路十分适用。

应用叠加定理的分析方法，是指在任何由线性电阻、线性受控源及独立源组成的电路中，每一元件的电流或电压等于每一个独立源单独作用于电路时在该元件上所产生的电流或

电压的代数和。

应用戴维南定理的分析方法，是指任何一个线性有源二端网络，对外电路来说，都可以用一个电压源模型（即恒压源和电阻的串联电路）来替代，其恒压源电压等于线性有源二端网络的开路电压，电阻等于线性有源二端网络除源后两端间的等效电阻 R_0。

应用诺顿定理的分析方法，是指任何一个线性有源二端网络，对外电路来说，都可以用一个电流源模型（即恒流源和电阻的并联电路）来替代，其恒流源电流等于线性有源二端网络的短路电流，电阻等于线性有源二端网络除源后两端间的等效电阻 R_0。

戴维南定理和诺顿定理统称为等效电源定理。

思考题与习题

1. 电路如图 2-19 所示，用支路电流法求 I_1、I_2、I_3，U_1、U_2、U_3。

$$(I_1 = -2A、I_2 = 2A、I_3 = -4A，U_1 = 2V、U_2 = 8V、U_3 = 6V)$$

2. 求图 2-20 所示电路中的 I_S 和 U。 $(I_S = 3A，U = -15V)$

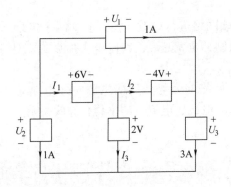

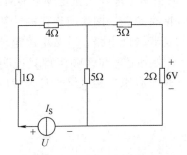

图 2-19 习题 1 的电路   图 2-20 习题 2 的电路

3. 电路如图 2-21 所示，已知 $E_1 = 8V$、$E_2 = 4V$、$E_3 = 6V$、$R_1 = 2\Omega$、$R_2 = 4\Omega$、$R_3 = 1\Omega$，求各支路电流。 $(I_1 = 2.857A，I_2 = 1.571A，I_3 = 1.286A)$

4. 电路如图 2-22 所示，用叠加原理求各支路电流。 $(I_1 = 0.2A，I_2 = 1.2A)$

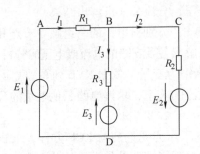

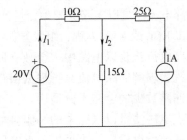

图 2-21 习题 3 的电路   图 2-22 习题 4 的电路

5. 如图 2-23 所示电路，已知 $U_{S1} = U_{S2} = U_{S3} = 1V$、$R_1 = R_2 = R_3 = 1\Omega$，用叠加定理求流过 R_1 的电流。

$$(1.333A)$$

6. 求图 2-24 电路的戴维南等效电路。

（a）$U_0 = 8\text{V}$，$R_0 = 7.333\Omega$；b）$U_0 = 10\text{V}$，$R_0 = 3\Omega$)

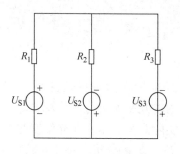

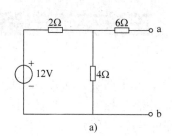

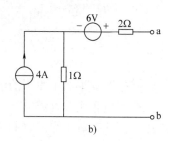

a)　　　　　　　　b)

图 2-23　习题 5 的电路　　　　　图 2-24　习题 6 的电路

7. 用戴维南定理计算第 5 题。　　　　　　　　　　　　　　　　　　　　（1.333A）

8. 电路如图 2-25 所示，试求电流 I。　　　　　　　　　　　　　　　（$I = 1.2\text{A}$）

9. 试求图 2-26 电路中的 U_{ab}。　　　　　　　　　　　　　　　　　　（2.5V）

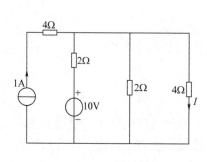

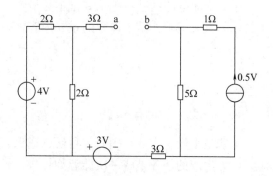

图 2-25　习题 8 的电路　　　　　　　图 2-26　习题 9 的电路

10. 用叠加定理求图 2-27 所示电路中的 I 和 U。　　　　　　　　（2.333A，20V）

11. 用回路电流法解图 2-28 所示电流 I。　　　　　　　　　　　　　　　　（2A）

12. 用节点电压法求图 2-29 所示的支路电流。

13. 归纳使用支路电流法、叠加定理法和戴维南原理方法求解电路的步骤。

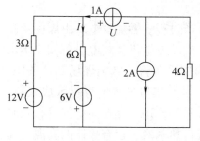

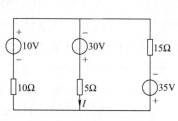

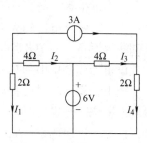

图 2-27　习题 10 的电路　　　图 2-28　习题 11 的电路　　　图 2-29　习题 12 的电路

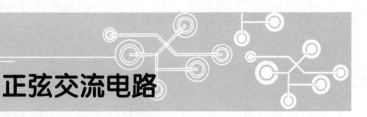

第三章

正弦交流电路

在生产及生活中使用的电能，几乎都是交流电，即使是需要直流电供电的设备，一般也是由交流电转换成直流电，交流电在包括电力、电信工程在内的几乎所有行业均有着广泛的应用，因此，对于交流电的认识、讨论和研究，具有很大的实际意义。本章在介绍正弦交流电基本概念的基础上讨论正弦交流电路的基本规律与分析方法。基本分析思路是：将电流、电压都用相量表示，引入复阻抗的概念描述元器件特性，应用线性电路的分析方法求解正弦交流电路。另外，还要对交流电路和直流电路的许多不同之处加以分析：例如，由于交流电路中的电流、电压是随时间变化的，电流与电压之间不仅有数量关系，而且还有相位关系；功率除平均功率外，还有无功功率、视在功率。

正弦交流电路的基本理论和基本分析方法是学习后续内容，如电机、变压器、电器及电子技术的重要基础，是本课程的重要内容之一。

第一节　正弦交流电的基本概念

一、电力生产过程介绍

电能是生产、生活、国防、科研、通讯、娱乐等各种领域应用广泛、使用方便的二次能源。电力生产的任务是将一次能源如煤炭、石油、天然气、水力、核能、风力和地热等转换成电能，并输送、分配给用户。

电力生产消耗一次能源量是很大的，一座 100 万千瓦燃煤发电厂日耗原煤量约 11000 ~ 13000t。在生产过程中，电厂自身需用电量，火电厂的厂用电率约为 7% ~ 9%；水电厂的厂用电率为 0.3% 左右。在供电过程中，输配电设备的线损率为 8% 左右，管理不善的系统还要更高。因此，提高发、供电设备的效率，节约厂用电，降低线损率，是提高电力生产经济效益的三条主要途径。

火力发电是指将煤、石油和天然气等燃料的化学能，通过火力发电设备转化为电能的生产过程。以燃煤电厂的火力发电的生产过程为例介绍电力生产过程。燃煤发电厂由煤场及卸煤和输煤设备、锅炉及其辅助设备、汽轮机及其辅助设备、汽轮发电机及配电设备和化学水处理设备构成。煤由列车或轮船等交通运输工具运来后，卸煤设备将它卸到煤场储存备用。在生产中，煤由输煤设备从煤场输入锅炉的炉前煤斗存放，经给煤机送入磨煤机磨成煤粉，以利于燃烧。与煤同时进入磨煤机的热空气起干燥、输送煤粉的作用。煤粉与空气混合同时进入锅炉，迅速燃烧，同时放出热量，将锅炉中的水加热成过热蒸汽。含有热能的高温、高压蒸汽被送入汽轮机，释放能量推动汽轮机旋转，将蒸汽的热能转换成汽轮机旋转的机械能。汽轮机拖动与它相连的发电机同步旋转，发电机在旋转中将输入的机械能转变成电能。发电机发出的电能，经电厂的升压变压器升压后被送入电网，经过高压小电流的远距离输电、高压配电、降压变电及低压配电后到达用户端。图 3-1 为燃煤电厂的火力发电生产及输送过程示意图。

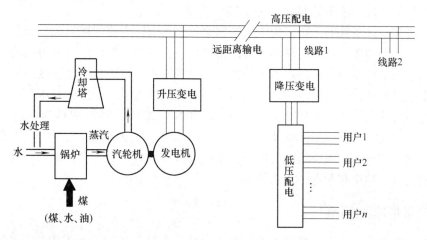

图 3-1　火力发电生产及输送过程示意图

水力发电是将自然界的水所蕴藏的能量转换成电能的生产过程。水能量的大小与其流量的大小和落下高度(称为落差)有着直接的关系，水的流量和落差越大，则水蕴藏的能量越大，即水能量与水流量和落差成正比。水电厂主要由水工建筑物、水轮发电机和输配电设备等部分组成。拦河坝、水库等水工建筑物主要用来集中足够高度的水以形成落差，使其具备发电条件；水轮发电机组将水能转换成电能，是水电厂的核心部分；输配电设备将发电机发出的电能升压后送入电力系统。水力发电过程将具有大能量的水通过压力水管引至水轮机，冲动水轮机转动，将水能转化成水轮机的旋转机械能，水轮机带动与其相联的发电机发出电能。电能经过升压变电送入高压电力系统，水轮机中做功后的水通过尾水管排至河流的下游或下游水库。水力发电生产及输送示意图如图 3-2 所示。

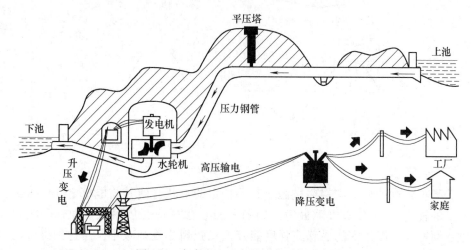

图 3-2　水力发电生产及输送过程示意图

除火力发电和水力发电外，其他能源如核能、地热能、风力能、海洋能、潮汐能和太阳能等，也可以通过能量转换变为电能。目前，可以大规模发电的有核电站、地热电站，其他能源都有小规模或小规模试验性的发电装置。核能发展较快，我国已有多座核电站投入使用。其他能源发电装置的容量尚小，有待进一步研究开发，从 20 世纪 70 年代起，我国兴建了一批地热电站，其中西藏的羊八井地热电站规模最大，达 2.5 万千瓦，已于 1992 年建成发电。在浙江的江厦潮汐电站容量为 3200kW，居世界第三位。

由于环境和地理条件的限制，发电厂特别是大型火电厂一般建在远离城镇和工业中心的地区，水电站则必须建在江河、湖泊附近的偏僻山区，因此，发电厂与电力负荷中心一般相距较远。由于发电厂发电机的输出电压较低，如果将电能直接送到用电区域，输电电流将会很大，输电线路损耗也会很大，所以发电机发出的电能须先经过变压器升压变电，再接入交流或直流的高压输电线路，以较高等级电压（如 500kV、220kV）远距离输送电能，实现高压小电流输送。大功率、高电压的电能输送到不同的城区、工业区后，还要经降压变电所，将高电压降低到一定电压，再经过配电网络，直接或再降低后送至用户。配电网络深入城市中心和居民密集区，功率和距离一般都较小。

二、发电机的工作原理

正弦交流电是由交流发电机产生的，图 3-3 是一个最简单的交流发电机的原理示意图。图 3-3a 为交流发电机的结构，主要由一对能够产生磁场的磁极（定子）和能够产生感应电动势的线圈（转子）组成。转子线圈的两端分别接到两只互相绝缘的铜滑环上，铜滑环与连接外电路的电刷相接触。

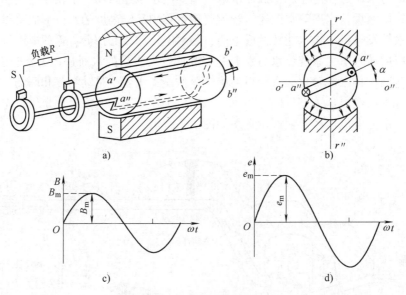

图 3-3 交流发电机原理示意图

为了获得正弦电动势，需将磁极做成某种特定的形状，使其与电枢之间的气隙长短不等，在磁极的轴线 $r'—r''$ 位置气隙最短，如图 3-3b，磁感应强度最大；而在磁极轴线的两侧，气隙逐渐增大，使其中的磁感应强度能接近正弦规律逐渐减小，当达到磁极的中性面 $o'—o''$ 位置时，磁感应强度恰好减小到零。于是，就获得了一个沿电枢圆周按正弦规律分布的磁感应强度，即

$$B = B_\mathrm{m}\sin\alpha \tag{3-1}$$

式中，B_m 是磁极轴线处的最大磁感应强度；α 是电枢线圈平面与中性面的夹角。如图 3-3b 所示。

当电枢按逆时针方向以速度 v 作等速旋转时，线圈两边切割磁力线，产生感应电动势，设线圈边长为 L，根据右手定则，线圈两边产生的感应电动势的方向始终相反，因此整个线圈产生的总感应电动势应为线圈两边感应电动势之和，即

$$e = 2B_\mathrm{m}Lv\sin\alpha \tag{3-2}$$

取 E_m 为感应电动势的最大值，即 $E_\mathrm{m} = 2B_\mathrm{m}Lv$，式（3-2）变为

$$e = E_\mathrm{m}\sin\alpha \tag{3-3}$$

如果使线圈从中性面开始，以角速度 ω 匀速转动时，则式（3-3）也可写成

$$e = E_\mathrm{m}\sin\omega t \tag{3-4}$$

上述各式都是从线圈平面与中性面重合的时刻开始计时的，如果从线圈平面与中性面成一夹角 φ 时开始计时，如图 3-4 那样，经过时间 t 线圈平面与中性面间的角度是 $\omega t + \varphi$，感应电动势的公式就变成

$$e = E_\mathrm{m}\sin\alpha = E_\mathrm{m}\sin(\omega t + \varphi) \tag{3-5}$$

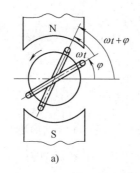
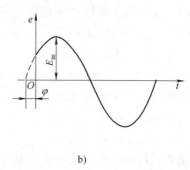

图 3-4　从 φ 开始转动的发电电动势

可见，交流发电机产生的电动势是按正弦规律变化的。

应当指出，实际的发电机构造比较复杂，线圈匝数很多，磁极一般也不止一对，且一般多采用电枢不动、磁极转动的旋转磁极式结构，与图 3-3 的最简单的交流发电机示意图有较大的差别。

三、周期和频率

正弦量交变一次所需的时间称为周期，用 T 表示，单位为秒（s），如图 3-5 所示。一个周期内的波形称为周波。每秒内的周波数称为频率，用 f 表示，单位为赫兹（Hz），简称赫。显然，频率与周期互为倒数，即

$$f = \frac{1}{T} \tag{3-6}$$

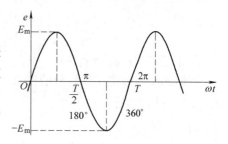

图 3-5　正弦电动势波形图

不同的技术领域中有着不同的频率范围数值。我国和大多数国家都规定工业交流电的频率（工频）为 50Hz，有些国家（如美国等）采用 60Hz。声音的频率为 20Hz ~ 20kHz；无线广播电台的发射频率比较高，中频为 500 ~ 1600kHz，短波段可高达 20MHz。

正弦量每秒钟所经历的弧度称为角频率，用字母 ω 表示，单位为弧度每秒（rad/s）。由于正弦函数交变一周为 2π 弧度，故角频率与频率的关系为

$$\omega = 2\pi f = \frac{2\pi}{T} \qquad (3\text{-}7)$$

当 $f = 50\text{Hz}$ 时，有

$$\omega = 2\pi f = 314\text{rad/s}$$

当交流发电机的转速为常数时，正弦交流电的频率和角频率都是常数，所以图 3-5 中的横坐标可以用秒、弧度或角度表示，区别在于比例系数不同。

四、相位和相位差

正弦函数在不同的时刻有不同的瞬时值。例如电动势 $e = E_m\sin\omega t$，当 t 变化时，ωt 变化，e 的数值也随之而变化，ωt 被称为正弦量的相位或相位角。在不同的时刻，对应不同的相位，就有不同的电动势值。

初相位是一个反映正弦量初始值的物理量，是计时开始时的相位角，简称"初相"。一般初相位用小于或等于180°的角度来表示。具有初相位角 φ 的交流电，在 t 时刻的相位角为 $(\omega t + \varphi)$。

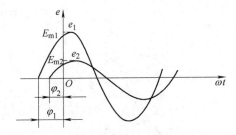

图 3-6 中，e_1 和 e_2 是两个频率相等、初相位不同的正弦电动势，它们的函数式为

$$e_1 = E_{m1}\sin(\omega t + \varphi_1)$$
$$e_2 = E_{m2}\sin(\omega t + \varphi_2)$$

图 3-6 正弦电动势的初相位

两个电动势的初相位角分别是 φ_1、φ_2，故 $t = 0$ 时两个正弦量的初始值为

$$e_1 = E_{m1}\sin\varphi_1, \quad e_2 = E_{m2}\sin\varphi_2$$

两个同频率正弦量的相位之差，定义为相位差。以上两个电动势的相位差为

$$\varphi_{12} = (\omega t + \varphi_1) - (\omega t + \varphi_2) = \varphi_1 - \varphi_2 \qquad (3\text{-}8)$$

可见，两个同频率正弦量的相位差，等于它们的初相位之差。

设有两个同频率正弦电压量，其初相位分别为 θ_1、θ_2，表达式如下

$$U_1 = U_{m1}\sin(\omega t + \theta_1)$$
$$U_2 = U_{m2}\sin(\omega t + \theta_2)$$

其相位差为：$\varphi_{12} = \theta_1 - \theta_2$。

根据两个同频率正弦信号的相位差情况，结合图 3-7，讨论几个表达同频率正弦信号相位关系的常用术语：

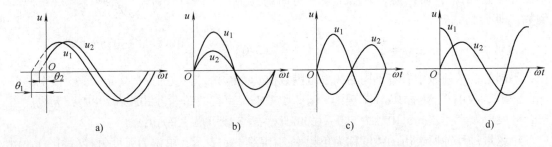

图 3-7 同频率正弦量的几种相位关系

1）当 $\varphi_{12} = \theta_1 - \theta_2 > 0$ 且 $\varphi_{12} \leqslant \pi$，如图 3-7a 所示，$u_1$ 达到零值或振幅值后，u_2 需要经过一段时间才能达到零值或振幅值，称为 u_1 超前于 u_2，或称 u_2 滞后于 u_1。超前或滞后的角度为 φ_{12}，超前或滞后的时间为 $\dfrac{\varphi_{12}}{\omega}$。

2）当 $\varphi_{12} = \theta_1 - \theta_2 < 0$ 且 $|\varphi_{12}| \leqslant \pi$弧度，则称 u_1 滞后于 u_2，或称 u_2 超前于 u_1，滞后或超前的角度为 $|\varphi_{12}|$。

3）当 $\varphi_{12} = \theta_1 - \theta_2 = 0$，称这两个正弦量同相，如图 3-7b 所示。

4）当 $\varphi_{12} = \theta_1 - \theta_2 = \pi$，称这两个正弦量反相，如图 3-7c 所示。

5）当 $\varphi_{12} = \theta_1 - \theta_2 = \dfrac{\pi}{2}$，称这两个正弦量正交，如图 3-7d 所示。

【例 3-1】　已知 $u = 220\sqrt{2}\sin(\omega t + 235°)\,\text{V}$、$i = 10\sqrt{2}\sin(\omega t + 45°)\,\text{A}$，求 u 和 i 的初相位及两者的相位关系。

【解】　$u = 220\sqrt{2}\sin(\omega t + 235°) = 220\sqrt{2}\sin(\omega t - 125°)$
所以电压 u 的初相位角为 $-125°$，电流 i 的初相位角为 $45°$。

$\quad\quad\quad \varphi_{ui} = \varphi_u - \varphi_i = -125° - 45° = -170° < 0$，表明电压 u 滞后于电流 i $170°$。

【例 3-2】　分别写出图 3-8 中各图的电流相位差，并说明相位关系。

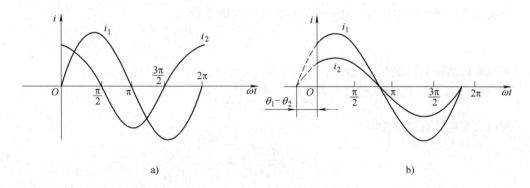

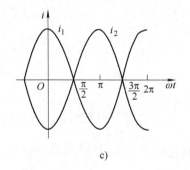

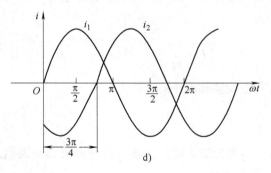

图 3-8　例 3-2 的图

【解】　a）$\varphi_1 = 0°$，$\varphi_2 = 90°$，$\varphi_{12} = \varphi_1 - \varphi_2 = -90°$，表明 i_1 滞后于 i_2 $90°$。

b）$\varphi_1 = \varphi_2$，$\varphi_{12} = \varphi_1 - \varphi_2 = 0$，表明二者同相。

c）$\varphi_{12} = \varphi_1 - \varphi_2 = \pi$，表明二者反相。

d）$\varphi_1 = 0$，$\varphi_2 = \dfrac{-3\pi}{4}$，$\varphi_{12} = \varphi_1 - \varphi_2 = \dfrac{3\pi}{4}$，表明 i_1 超前于 i_2 $\dfrac{3\pi}{4}$。

五、有效值

正弦交流电在变化过程中任一瞬间所对应的数值，称为瞬时值，用小写字母 e、u、i 表示。

正弦量瞬时值中的最大值叫做振幅值，也叫峰值。用大写字母带下标"m"表示，如 U_m、I_m。

最大值、频率和初相位是正弦量的三个主要参数，常称为正弦量的三要素。只要三要素确定了，那么正弦量也就确定了。

正弦交流电的瞬时值和振幅值都不能准确反映交流电在一段较长时间内作功的平均效果，为此，引入有效值。在日常生活和生产中提到的 220V 和 380V 电压数值、测量交流电压和交流电流的各种常用仪表所指示的数值及电气设备铭牌上的额定值一般都是交流电的有效值。交流电的有效值是根据它的热效应确定的。

交流电流 i 通过电阻 R 在一个周期内所产生的热量和直流电流 I 通过同一电阻 R 在相同时间内所产生的热量相等，则这个直流电流 I 的数值就叫做交流电流 i 的有效值。有效值用大写字母表示，如 I、U 等。

一个周期内直流电通过电阻 R 所产生的热量为

$$Q = I^2 RT$$

交流电通过同样的电阻 R，在一个周期内所产生的热量为

$$Q = \int_0^T i^2 R \mathrm{d}t$$

由有效值的定义，这两个电流所产生热量应该相等，即

$$I^2 RT = \int_0^T i^2 R \mathrm{d}t$$

所以交流电的有效值为

$$I = \sqrt{\frac{1}{T} \int_0^T i^2 \mathrm{d}t} \tag{3-9}$$

有效值又称为方均根值。将正弦交流电流 $i = I_m \sin\omega t$ 代入式(3-9)，可求得电流有效值具体大小为

$$I = \sqrt{\frac{1}{T} \int_0^T I_m^2 \sin^2 \omega t \mathrm{d}t} = \sqrt{\frac{I_m^2}{T} \int_0^T \frac{1 - \cos 2\omega t}{2} \mathrm{d}t} = \frac{I_m}{\sqrt{2}} \tag{3-10}$$

同理得电动势和电压的有效值为

$$E = \frac{E_m}{\sqrt{2}}, \ U = \frac{U_m}{\sqrt{2}} \tag{3-11}$$

这样，只要知道有效值，就可以计算出其最大值。如我们日常所说的照明用电电压为 220V，其最大值为

$$U_m = 220\sqrt{2}\,\mathrm{V} = 311\,\mathrm{V}$$

第二节　正弦量的相量表示法

正弦交流电用三角函数式及其波形图表示很直观，但不便于计算。对电路进行分析与计

算时经常采用相量表示法，即用复数式与相量图来表示正弦交流电。

一、正弦量的相量表示法

求解一个正弦量必须先求得它的三要素，但在分析正弦交流电路时，由于电路中所有的电压、电流都是同一频率的正弦量，而且它们的频率与正弦电源的频率相同，往往是已知的，因此只要分析另外两个要素——幅值（或有效值）及初相位就可以了。正弦量的相量表示就是用复数来表示正弦量。

所谓相量图表示法，就是用一个在直角坐标系中绕原点旋转的矢量表示正弦交流电的方法。现以正弦电动势 $e = E_m \sin(\omega t + \varphi)$ 为例说明如下：

在图 3-9 中，从坐标原点作一矢量 $\dot{E}_m$，矢量长度等于正弦交流电动势的最大值 E_m，矢量与横轴正方向的夹角取正弦交流电的初相位 φ，将该矢量以正弦交流电动势的角频率为角速度，绕原点逆时针旋转，可以发现，在任一瞬间，旋转矢量在纵轴上的投影就是正弦交流电动势的瞬时值。

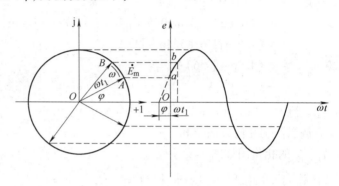

图 3-9　相量图表示法

可见，正弦量可以用一个旋转矢量来表示，在表达几个同频率的交流电时，因为它们转速相同，相对位置不变，所以只要表达出长度和初相位两个要素即可。需要注意的是：借助旋转矢量的形式可以描述正弦交流电，但实际上交流电本身并不是矢量，而是时间的正弦函数。为了与电场强度、力等一般的空间矢量相区别，我们把表示正弦交流电的这一矢量称为相量，用 $\dot{I}_m$、$\dot{U}_m$、$\dot{E}_m$ 表示，本例中 $\dot{E}_m = E_m \underline{/\varphi}$。

实际应用中矢量长度通常不用最大值，而用有效值，有效值相量用 $\dot{I}$、$\dot{U}$、$\dot{E}$ 表示，本例中 $\dot{E} = \dfrac{E_m}{\sqrt{2}} \underline{/\varphi}$。用相量表示正弦交流电以后，它们的加、减运算就可以按平行四边形法则进行。

【例 3-3】　$u_1 = 100\sqrt{2}\sin(\omega t + 60°)\,\text{V}$、$u_2 = 50\sqrt{2}\sin(\omega t - 60°)\,\text{V}$。写出表示 u_1 和 u_2 的相量，画相量图。

【解】　$\dot{U}_1 = 100 \underline{/60°}\ \text{V}$

$\dot{U}_2 = 50 \underline{/-60°}\ \text{V}$

相量图如图 3-10 所示。

二、同频率正弦量的求和运算

在分析正弦交流电路时，常遇到两个（或两个以上）同频率正弦量的求和问题。可以证明，几个同频率的正弦量相加或相减，其和或差还是一个同频率的正弦量。

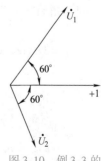

图 3-10　例 3-3 的相量图

同样可以证明，同频率正弦量的相量和，等于它们和的相量。这样，将同频率的正弦量相加或相减时，只需要将相应的相量相加或相减。

【例3-4】 已知 $i_1 = 3\sqrt{2}\sin(314t + 60°)$ A、$i_2 = 4\sqrt{2}\sin(314t - 30°)$ A，求总电流 $i_1 + i_2 = ?$

【解】 方法一：用复数方法求和

i_1、i_2 的有效值相量分别为

$$\dot{I}_1 = 3 \underline{/60°} \text{ A}$$
$$\dot{I}_2 = 4 \underline{/-30°} \text{ A}$$

所以

$$\dot{I} = \dot{I}_1 + \dot{I}_2 = 3\underline{/60°} + 4\underline{/-30°}$$
$$= (3\cos60° + j3\sin60°) + [4\cos(-30°) + j4\sin(-30°)]$$
$$= (1.5 + j2.6 + 3.46 - j2) \text{ A}$$
$$= (4.96 + j0.6) \text{ A}$$
$$= 5\underline{/6.9°} \text{ A}$$

总电流 $i = i_1 + i_2 = 5\sqrt{2}\sin(314t + 6.9°)$ A

方法二：用几何方法求和

i_1、i_2 的相量图如图3-11所示。

用平行四边形法则求得 $I = \sqrt{I_1^2 + I_2^2} = \sqrt{3^2 + 4^2}$ A $= 5$ A

图中 $\varphi = \arctan\dfrac{I_1}{I_2} = \arctan\dfrac{3}{4} = 36.9°$

可见 $\dot{I} = 5\underline{/6.9°}$ A

$$i = i_1 + i_2 = 5\sqrt{2}\sin(314t + 6.9°) \text{ A}$$

由本例可知，同频率的正弦量可画在同一相量图上进行比较或加、减运算。

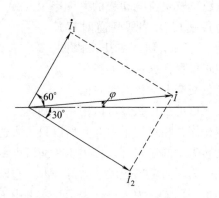

图3-11 例3-4的相量图

【例3-5】 已知 $u_A = 220\sqrt{2}\sin314t$ V、$u_B = 220\sqrt{2}\sin(314t - 120°)$ V，试用相量法求解 $u_{AB} = u_A - u_B = ?$

【解】 u_A、u_B 的相量图如图3-12所示。

因为 $\dot{U}_A - \dot{U}_B = \dot{U}_A + (-\dot{U}_B)$，所以在图中应对 $\dot{U}_A$、$-\dot{U}_B$ 进行平行四边形相加，从图中求得

$$U_{AB} = 2U_A\cos30° = 2 \times 220 \times \frac{\sqrt{3}}{2} \text{ V} = 380 \text{ V}$$

可见

$$\dot{U}_{AB} = \dot{U}_A - \dot{U}_B = 380\underline{/30°} \text{ V}$$

$$u_{AB} = u_A - u_B = 380\sqrt{2}\sin(314t + 30°) \text{ V}$$

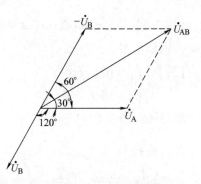

图3-12 例3-5的相量图

第三节　单一参数电路元件的交流电路

电阻元件、电感元件和电容元件是交流电路的基本元件。严格来说，只包含单一参数的理想电路元件是不存在的，如电阻元件会有微小电感，电感元件具有内阻等，但当一个实际元件中只有一个参数起主要作用时，可以近似地把它看成单一参数的理想电路元件。例如电炉和白炽灯可看作理想电阻元件；介质损耗很小的电容器可看作理想电容元件。本节针对这种单一参数的交流电路，分析电路中电压、电流的有效值及相位关系，讨论电路中功率和能量的转换问题。

一、电阻电路

1. 电压电流关系

当图 3-13a 所示的线性电阻 R 两端加上正弦电压 u 时，电阻中便有电流 i 通过。在任一瞬间电压 u 和 i 的瞬时值服从欧姆定律。电压和电流为关联参考方向时，交流电路中电阻元件的关系式如下：

（1）电流和电压之间的瞬时值关系

$$u = Ri \tag{3-12}$$

（2）电流和电压之间的有效值关系　设电流为参考正弦量，即

$$i = I_m \sin\omega t \tag{3-13}$$

则 $$u = RI_m \sin\omega t = U_m \sin\omega t \tag{3-14}$$

式中，$U_m = RI_m$。

将式（3-14）两端各除以 $\sqrt{2}$ 便可得到 u、i 的有效值关系为

$$U = RI \tag{3-15}$$

（3）电流和电压之间的相位关系　因电阻是纯实数，在电压和电流为关联参考方向时，电流和电压同相。图 3-13b 是电阻元件上电流和电压的波形图。

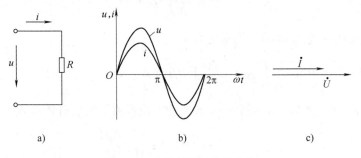

图 3-13　电阻元件的交流电路

2. 电压与电流的相量关系

对应于式（3-13），在关联参考方向下电阻元件的电流相量为

$$\dot{I} = I \underline{/0°}$$

对应于式（3-14），电阻两端的电压相量为

$$\dot{U} = RI \underline{/0°}$$

所以有

$$\dot{U} = R\dot{I} \tag{3-16}$$

式(3-16)就是电阻元件上电压与电流的相量关系，也就是相量形式的欧姆定律。电阻元件上电压相量与电流相量为同相关系，如图3-13c所示。

3. 电阻元件的功率

交流电路中，任一瞬间，元件上电压的瞬时值与电流的瞬时值的乘积叫做该元件的瞬时功率，用小写字母 p 表示，即

$$p = ui \tag{3-17}$$

电阻元件通过正弦交流电时，在关联参考方向下，瞬时功率为

$$
\begin{aligned}
p &= ui = U_m I_m \sin^2 \omega t \\
&= \frac{U_m I_m}{2}(1 - \cos 2\omega t) \\
&= UI(1 - \cos 2\omega t) \tag{3-18}
\end{aligned}
$$

式(3-18)的电阻元件的瞬时功率曲线如图3-14所示。由功率曲线可知，电阻元件的瞬时功率以电源频率的两倍作周期性变化。在电压和电流为关联参考方向时，在任一瞬间，电压与电流同号，电阻电路中的瞬时功率恒为正值，即 $p \geqslant 0$，说明电阻始终在消耗能量。

由于瞬时功率时刻在变化，不便计算，工程上都是计算瞬时功率的平均值，即平均功率，用大写字母 P 表示。周期性交流电路中的平均功率就是其瞬时功率在一个周期内的平均值，即

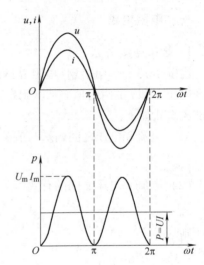

图 3-14　电阻元件的功率

$$P = \frac{1}{T}\int_0^T p\,\mathrm{d}t \tag{3-19}$$

正弦交流电路中电阻元件的平均功率为

$$P = \frac{1}{T}\int_0^T p\,\mathrm{d}t = \frac{1}{T}\int_0^T UI(1 - \cos 2\omega t)\,\mathrm{d}t = UI \tag{3-20}$$

电阻元件的平均功率等于电压电流有效值的乘积，由于电压有效值 $U = IR$，所以

$$P = UI = I^2 R = \frac{U^2}{R} \tag{3-21}$$

平均功率是电路中实际消耗的功率，所以称有功功率，简称功率。电路实际消耗的电能等于平均功率乘以通电时间。

【例3-6】 某电阻 $R = 100\Omega$，R 两端的电压 $u = 100\sqrt{2}\sin(\omega t - 30°)\text{V}$，求

（1）通过电阻 R 的电流 i 和 I。

（2）电阻 R 消耗的功率 P。

（3）作 $\dot{U}$、$\dot{I}$ 的相量图。

【解】 （1） $i = \dfrac{u}{R} = \dfrac{100\sqrt{2}\sin(\omega t - 30°)}{100}\mathrm{A} = \sqrt{2}\sin(\omega t - 30°)\,\mathrm{A}$

$$I = \frac{I_{\mathrm{m}}}{\sqrt{2}} = \frac{\sqrt{2}}{\sqrt{2}}\mathrm{A} = 1\,\mathrm{A}$$

（2） $P = UI = 100 \times 1\,\mathrm{W} = 100\,\mathrm{W}$

（3）电阻电路中电压与电流同相位，电压和电流的相量分别为

$$\dot{U} = 100 \angle -30° \ \mathrm{V}$$

$$\dot{I} = 1 \angle -30° \ \mathrm{A}$$

相量图如图 3-15 所示。

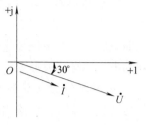

图 3-15 例 3-6 的相量图

二、电感电路

当一个线圈的电阻小到可以忽略不计时，可以看成是一个纯电感。图 3-16a 为电感元件的交流电路。

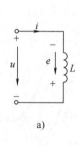 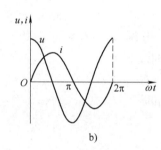 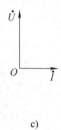

图 3-16 电感元件的交流电路

1. 电感元件的电压电流关系

（1）瞬时关系 在图 3-16a 所示的关联参考方向下

$$u = -e = -\left(-L\frac{\mathrm{d}i}{\mathrm{d}t}\right) = L\frac{\mathrm{d}i}{\mathrm{d}t} \tag{3-22}$$

式（3-22）是电感元件上电压和电流的瞬时关系式，二者是微分关系，即电压与电流的变化率成正比。

（2）大小关系 在正弦交流电路中，设电流 i 为参考正弦量，即

$$i = I_{\mathrm{m}}\sin\omega t \tag{3-23}$$

则

$$u = L\frac{\mathrm{d}i}{\mathrm{d}t} = \omega L I_{\mathrm{m}}\cos\omega t = U_{\mathrm{m}}\sin(\omega t + 90°) \tag{3-24}$$

式中

$$U_{\mathrm{m}} = \omega L I_{\mathrm{m}} \tag{3-25}$$

将式（3-25）的两端各除以 $\sqrt{2}$ 便可得到 u、i 的有效值关系为

$$U = \omega L I = X_L I \tag{3-26}$$

式中

$$X_L = \omega L \tag{3-27}$$

X_L 被称为电感元件的感抗，当 ω 单位为 rad/s，L 的单位为 H 时，X_L 的单位为 Ω。感

抗是用来表示电感线圈对电流阻碍作用的一个物理量。感抗大小与正弦电流的频率成正比，频率越高，感抗越大，因此电感线圈对高频电流有较大的阻碍作用。而对直流来说，频率为零，感抗也就为零，故电感元件在直流电路中的电压有效值为零，相当于短路。

（3）相位关系　比较式(3-23)和式(3-24)，可得出电感上电压和电流相位关系为

$$\varphi = \varphi_u - \varphi_i = 90°\tag{3-28}$$

即电感元件上电压较电流超前 90°，或者说电流滞后于电压 90°。图 3-16b 给出了电感元件的电压和电流波形图。

2. 电感元件的电压和电流相量

参考式(3-23)，电流相量为

$$\dot{I} = I\underline{/0°}\tag{3-29}$$

根据式(3-24)，电压相量为

$$\dot{U} = I\omega L\underline{/90°} = \mathrm{j} \times \omega L \times I\underline{/0°}$$

所以

$$\dot{U} = \mathrm{j}\omega L\dot{I} = \mathrm{j}X_L\dot{I}\tag{3-30}$$

电压与电流的相量图如图 3-16c 所示。

3. 电感元件的功率

（1）瞬时功率　如电感元件电流为 $i = I_m\sin\omega t$，电压为 $u = U_m\sin(\omega t + 90°)$，则瞬时功率为

$$\begin{aligned}p = ui &= U_m I_m \sin(\omega t + 90°)\sin\omega t\\ &= U_m I_m \cos\omega t\sin\omega t\\ &= \frac{U_m I_m}{2}\sin 2\omega t\\ &= UI\sin 2\omega t\end{aligned}\tag{3-31}$$

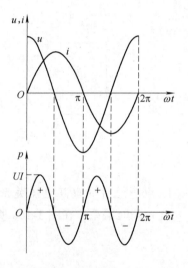

图 3-17　电感元件的功率

由式(3-31) 可知，电感元件的瞬时功率 p 是一个以 2 倍电流频率变化的正弦量，其幅值为 UI，波形如图 3-17 所示。

（2）平均功率　电感元件的平均功率为

$$P = \frac{1}{T}\int_0^T p\mathrm{d}t = \frac{1}{T}\int_0^T UI\sin 2\omega t\mathrm{d}t = 0\tag{3-32}$$

由图 3-17 可以看到，在第一及第三个 1/4 周期内，u 与 i 同相，瞬时功率为正值，电感元件从电源吸收功率；在第二及第四个 1/4 周期内，u 与 i 反相，瞬时功率为负值，电感元件释放功率。在一个周期内电感元件从电源吸收的能量等于它释放给电源的能量，所以电感元件并不消耗能量，平均功率（有功功率）为零。这说明电感元件不是耗能元件，而是储能元件。

（3）无功功率　在正弦交流电路中，电感元件虽然不消耗功率，但电源要对其提供电流，由于实际电源的额定电流是有限的，因此电感元件对电源仍然是一种负荷，电感元件在储存能量和释放能量的过程中会占用电源的一部分容量。对于这种不做功的负荷，用无功功率来衡量，并把电感元件瞬时功率的最大值定义为无功功率，用 Q_L 表示。

$$Q_L = UI = I^2 X_L = \frac{U^2}{X_L} \tag{3-33}$$

无功功率的单位有"乏"（var）和"千乏"（kvar）。

无功功率在电力系统中是一个重要的物理量，凡是电路模型中有电感元件的设备（电动机、变压器等），都是依靠其磁场来进行能量转移的，不对电感供电就不能建立磁场，设备就无法工作，因此电源必须对它们提供一定的无功功率，所以"无功"不能理解为"无用"。

【例 3-7】　含有电感元件的正弦交流电路中，已知 $L = 10\text{mH}$，流过电感元件的电流为 $i = 5\sqrt{2}\sin(2000\pi t + 30°)\text{A}$，求电感元件的端电压 u，并画出相量图。

【解】　方法一：$X_L = \omega L = 2000\pi \times 10 \times 10^{-3}\Omega = 62.8\Omega$

$$U = X_L I = 62.8 \times 5\text{V} = 314\text{V}$$

电感元件上的电流比电压滞后 90°，即

$$\varphi_u = \varphi_i + 90° = 30° + 90° = 120°$$

电压和电流为同频率的正弦量，故

$$u = \sqrt{2}U\sin(\omega t + \varphi_u) = 314\sqrt{2}\sin(2000\pi t + 120°)\text{V}$$

方法二：用相量运算

由于 $\dot{I} = 5 \underline{/30°}$

$$X_L = \omega L = 2000\pi \times 10 \times 10^{-3}\Omega = 62.8\Omega$$

则　$\dot{U} = jX_L\dot{I} = j62.8 \times 5 \underline{/30°}\text{V} = 314 \underline{/120°}\text{V}$

根据电压的相量可以得出电压 u 的瞬时值表达式。

电压 u 和电流 i 的相量图如图 3-18 所示。

【例 3-8】　已知一个电感 $L = 2\text{H}$，接到 $u = 220\sqrt{2}\sin(314t - 60°)\text{V}$ 的电源上，求

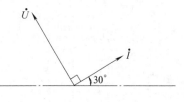

图 3-18　例 3-7 的相量图

（1）X_L。

（2）通过电感的电流 i_L。

（3）电感上的无功功率 Q_L。

【解】　（1）$X_L = \omega L = 314 \times 2\Omega = 628\Omega$

（2）$\dot{I} = \dfrac{\dot{U}}{jX_L} = \dfrac{220 \underline{/-60°}}{j628}\text{A} = 0.35 \underline{/-150°}\text{A}$

$$i = 0.35\sqrt{2}\sin(314t - 150°)\text{A}$$

（3）$Q_L = UI = 220 \times 0.35\text{var} = 77\text{var}$

三、电容电路

电容元件和电感元件一样，也是一种储能元件。电容器在电路内或多或少总有部分能量损耗，但当电路中的电阻、电感的影响与电容相比可以忽略不计时，这时电容器所构成的电路称为纯电容电路。图 3-19a 为电容元件的交流电路。

1. 电容元件的电压电流关系

（1）瞬时关系　在图 3-19a 所示的关联参考方向下

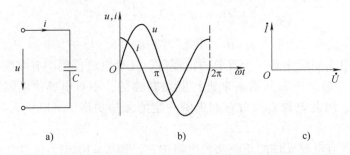

图 3-19 电容元件的交流电路

$$i = \frac{\mathrm{d}Q}{\mathrm{d}t} = C\frac{\mathrm{d}u}{\mathrm{d}t} \tag{3-34}$$

式(3-34)是电感元件上电压和电流的瞬时关系式，二者也是微分关系，电流与电压的变化率成正比。

（2）大小关系 在正弦交流电路中，设电压 u 为参考正弦量，即

$$u = U_{\mathrm{m}}\sin\omega t \tag{3-35}$$

则

$$i = C\frac{\mathrm{d}u}{\mathrm{d}t} = \omega C U_{\mathrm{m}}\cos\omega t = I_{\mathrm{m}}\sin\left(\omega t + 90°\right) \tag{3-36}$$

式中

$$I_{\mathrm{m}} = \omega C U_{\mathrm{m}} \tag{3-37}$$

将式(3-37)两端各除以 $\sqrt{2}$ 便可得到 u、i 的有效值关系

$$I = \omega C U = \frac{U}{\dfrac{1}{\omega C}} = \frac{U}{X_C} \tag{3-38}$$

式中

$$X_C = \frac{1}{\omega C} = \frac{1}{2\pi f C} \tag{3-39}$$

X_C 被称为电容元件的容抗，当 ω 的单位为 rad/s，C 的单位为 F 时，X_C 的单位为 Ω。容抗是用来表示电容在充放电的过程中对电流阻碍作用的一个物理量。容抗与正弦电流的频率成反比，频率越高，容抗越小，因此电容器对高频电流阻碍作用较小。对直流电路来说，频率为零，容抗为无穷大，故电容元件在直流电路中相当于开路。

（3）相位关系 比较式(3-35)和式(3-36)，可得出电容上电压和电流相位关系，为

$$\varphi = \varphi_u - \varphi_i = -90° \tag{3-40}$$

即电容元件上电流较电压超前 90°，或者说电压滞后于电流 90°。图 3-19b 给出了电容元件上的电压和电流的波形。

2. 电容元件的电压和电流的相量

根据式(3-35)，电压相量为

$$\dot{U} = U\ \underline{/0°} \tag{3-41}$$

根据式(3-36)，电流相量为

$$\dot{I} = U\omega C\ \underline{/90°} = \mathrm{j} \times \omega C \times U\ \underline{/0°}$$

所以

$$\dot{U} = \frac{\dot{I}}{\mathrm{j}\omega C} = -\mathrm{j}X_C\dot{I} \tag{3-42}$$

电压与电流的相量图如图 3-19c 所示。

3. 电容元件的功率

（1）瞬时功率　如果电容元件的电压为 $u = U_\mathrm{m}\sin\omega t$，电流为 $i = I_\mathrm{m}\sin(\omega t + 90°)$，则瞬时功率为

$$p = ui = U_\mathrm{m}I_\mathrm{m}\sin\omega t\sin(\omega t + 90°)$$
$$= U_\mathrm{m}I_\mathrm{m}\sin\omega t\cos\omega t$$
$$= \frac{U_\mathrm{m}I_\mathrm{m}}{2}\sin 2\omega t$$
$$= UI\sin 2\omega t \qquad (3\text{-}43)$$

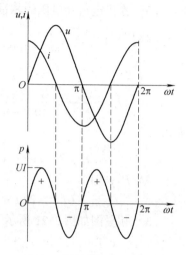

由上式可知，电容元件的瞬时功率 p 也是一个以 2 倍电流频率变化的正弦量，其幅值为 UI，波形如图 3-20 所示。

（2）平均功率　电感元件的平均功率为

$$P = \frac{1}{T}\int_0^T p\,\mathrm{d}t = \frac{1}{T}\int_0^T UI\sin 2\omega t\,\mathrm{d}t = 0 \qquad (3\text{-}44)$$

图 3-20　电容元件的功率

由图 3-20 可以看到，在第一及第三个 1/4 周期内，瞬时功率为正值，电容元件从电源吸收功率；在第二及第四个 1/4 周期内，瞬时功率为负值，电容元件释放功率。在一个周期内电容元件从电源吸收的能量等于它释放给电源的能量，因此，电容元件并不消耗能量，其平均功率（有功功率）为零。这说明电容元件也不是耗能元件，同样是储能元件。

（3）无功功率　在正弦交流电路中，电容元件与电感元件一样，虽然不消耗功率，但占用电源设备的容量。同样也将电容元件瞬时功率的最大值定义为无功功率，用 Q_C 表示。在电感与电容的串联或并联电路中，电容吸收能量和电感释放能量是同时进行的，因此，我们取 Q_C 为负值。

$$Q_C = -UI = -I^2 X_C = -\frac{U^2}{X_C} \qquad (3\text{-}45)$$

无功功率 Q_C 的单位同样为"乏"（var）或"千乏"（kvar）。

【例 3-9】　一电容为 $10\mu\mathrm{F}$ 的电容元件，接到频率为 50Hz，电压有效值为 50V 的正弦电压上，求电流 I。若电压有效值不变，而电源频率改为 500Hz，试重新计算电流 I。

【解】　当 $f = 50\mathrm{Hz}$ 时

$$X_C = \frac{1}{2\pi fC} = \frac{1}{2\times 3.14\times 50\times 10\times 10^{-6}}\Omega = 318.5\Omega$$

电流　$I = \dfrac{U}{X_C} = \dfrac{50}{318.5}\mathrm{A} = 157\mathrm{mA}$

当 $f = 500\mathrm{Hz}$ 时

$$X_C = \frac{1}{2\pi fC} = \frac{1}{2\times 3.14\times 50\times 10\times 10^{-6}}\Omega = 31.85\Omega$$

电流　$I = \dfrac{U}{X_C} = \dfrac{50}{31.85}\mathrm{A} = 1570\mathrm{mA}$

根据上例可知，电源频率越高，电容容抗越小，流过的电流越大。

【例 3-10】　一电容 $C = 100\mu\mathrm{F}$，接到 $u = 220\sqrt{2}\sin(1000t - 45°)\mathrm{V}$ 的电源上。求：

（1）流过电容的电流 I_C 和 i_C。

（2）电容元件的有功功率 P_C 和无功功率 Q_C。

（3）作出电流和电压的相量图。

【解】　（1）$X_C = \dfrac{1}{\omega C} = \dfrac{1}{1000 \times 100 \times 10^{-6}}\Omega = 10\Omega$

$$\dot{U} = 220 \underline{/-45°}\ \text{V}$$

$$\dot{I}_C = \dfrac{\dot{U}}{-\mathrm{j}X_C} = \dfrac{220\underline{/-45°}}{10\underline{/-90°}}\text{A} = 22\underline{/45°}\ \text{A}$$

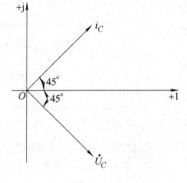

图 3-21　例 3-10 的相量图

所以

$$i_C = 22\sqrt{2}\sin(1000t + 45°)\ \text{A}$$

（2）$P_C = 0\text{W}$

$$Q_C = -UI = -220 \times 22\text{var} = -4840\text{var}$$

（3）相量图如图 3-21 所示。

第四节　正弦交流电路的一般分析方法

在第二章中我们介绍了基本的电路分析方法，这些方法对交流和直流电路都是适用的，但直接用瞬时值来分析正弦交流电路将使运算显得十分复杂，本节讨论相量形式的正弦交流电路分析方法。

一、基尔霍夫定律的相量形式

1. 相量形式的基尔霍夫电流定律

基尔霍夫电流定律的实质是电流的连续性原理。在交流电路中，任一瞬间电流总是连续的，即任一瞬间流过电路的一个节点(闭合面)的各电流瞬时值的代数和等于零。KCL 的表达式为

$$\sum i = 0 \tag{3-46}$$

正弦交流电路中各电流都是与电源同频率的正弦量，将这些同频率的正弦量用相量表示，即有

$$\sum \dot{I} = 0 \tag{3-47}$$

式(3-47)称为相量形式的基尔霍夫电流定律(KCL)，它可以表述为：在正弦交流电路中，流过任意节点的各支路电流相量的代数和恒等于零。其中电流前的正负号由其参考方向决定，若支路电流流出节点，则取正号，若流入节点则取负号。

【例 3-11】　图 3-22a、b 所示电路中，已知电流表 A_1、A_2、A_3 都是 10A，求电路中电流表 A 的读数。

【解】　设端电压为参考相量　　　　　$\dot{U} = U\underline{/0°}$

a）电流参考方向在图 3-22a 中标出，由元件性质可知

$$\dot{I}_1 = 10\underline{/0°}\ \text{A}　　　（电阻电流与电压同相位）$$

$$\dot{I}_2 = 10\underline{/-90°}\ \text{A}　　　（电感电流滞后于电压 90°）$$

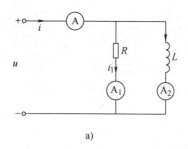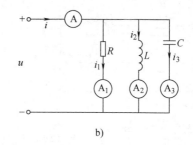

a)　　　　　　　　　　　　b)

图 3-22　例 3-11 的图

由 KCL 得

$$\dot{I} = \dot{I}_1 + \dot{I}_2 = (10 \underline{/0°} + 10 \underline{/-90°}) \text{A} = (10 - 10\text{j}) \text{A} = 10\sqrt{2} \underline{/-45°} \text{A}$$

电流表 A 的读数为 $10\sqrt{2}$ A。

注意：采用相量加法，不是代数加法 20A。

b）电流参考方向如图 3-22b 所示，

$$\dot{I}_1 = 10 \underline{/0°} \text{A} \qquad （电阻电流与电压同相位）$$

$$\dot{I}_2 = 10 \underline{/-90°} \text{A} \qquad （电感电流滞后于电压 90°）$$

$$\dot{I}_3 = 10 \underline{/90°} \text{A} \qquad （电容电流超前于电压 90°）$$

由 KCL 得

$$\dot{I} = \dot{I}_1 + \dot{I}_2 + \dot{I}_3 = (10 \underline{/0°} + 10 \underline{/-90°} + 10 \underline{/90°}) \text{A} = (10 - 10\text{j} + 10\text{j}) \text{A} = 10 \text{A}$$

电流表 A 的读数为 10A。

2. 相量形式的基尔霍夫电压定律

同样，基尔霍夫电压定律也适用于交流电路，即在任一瞬间，电路中的任一闭合回路的各段电压瞬时值的代数和等于零。KVL 的表达式为

$$\sum u = 0 \tag{3-48}$$

正弦交流电路中，各段电压都是与电源同频率的正弦量，将这些同频率的正弦量用相量表示即有

$$\sum \dot{U} = 0 \tag{3-49}$$

式（3-49）称为相量形式的基尔霍夫电压定律（KVL），它可以表述为：在正弦交流电路中，任一闭合回路中各段电压相量的代数和恒等于零。

【例 3-12】 如图 3-23a、b 所示电路中，已知电压表 V_1、V_2、V_3 都是 10V，求电路中电压表 V 的读数。

【解】 设电流为参考相量 $\qquad \dot{I} = I \underline{/0°}$

a）电流及各电压的参考方向如图 3-23a 所示，根据元件性质，有

$$\dot{U}_1 = 10 \underline{/0°} \text{V} \qquad （电阻电压与电流同相位）$$

$$\dot{U}_2 = 10 \underline{/90°} \text{V} \qquad （电感电压超前于电流 90°）$$

由 KVL 得

$$\dot{U} = \dot{U}_1 + \dot{U}_2 = (10 \underline{/0°} + 10 \underline{/90°}) \text{V} = (10 + 10\text{j}) \text{V} = 10\sqrt{2} \underline{/45°} \text{V}$$

故电压表 V 的读数为 $10\sqrt{2}$ V。

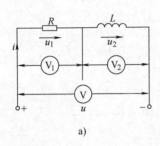 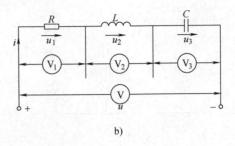

图 3-23 例 3-12 的图

b）电流及各电压的参考方向如图 3-23b 所示，有

$$\dot U_1 = 10 \underline{/0°} \text{ V} \quad (\text{电阻电压与电流同相位})$$

$$\dot U_2 = 10 \underline{/90°} \text{ V} \quad (\text{电感电压超前于电流 }90°)$$

$$\dot U_3 = 10 \underline{/-90°} \text{ V} \quad (\text{电容电压滞后于电流 }90°)$$

由 KVL 得

$$\dot U = \dot U_1 + \dot U_2 + \dot U_3 = (10 \underline{/0°} + 10 \underline{/90°} + 10 \underline{/-90°}) \text{V} = (10 + 10\text{j} - 10\text{j}) \text{V} = 10\text{V}$$

故电压表 V 的读数为 10V。

二、复阻抗的串联和并联

1. 复阻抗

设正弦交流电路中有一无源二端网络，其端口电压和电流均用相量表示，如图 3-24a 所示。

我们把端口电压相量和端口电流相量的比值定义为阻抗，并用 Z 表示，即

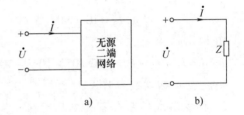

图 3-24 阻抗模型

$$Z = \frac{\dot U}{\dot I} \tag{3-50}$$

阻抗等效电路模型如图 3-24b 所示。

当二端网络为纯电阻时，阻抗即为电阻。

设电路两端的端电压为 $u = \sqrt{2}U\sin(\omega t + \varphi_u)$，对应相量 $\dot U = U \underline{/\varphi_u}$，通过电路端口的电流为 $i = \sqrt{2}I\sin(\omega t + \varphi_i)$，对应相量 $\dot I = I \underline{/\varphi_i}$，则

$$Z = \frac{\dot U}{\dot I} = \frac{U \underline{/\varphi_u}}{I \underline{/\varphi_i}} = |Z| \underline{/\varphi} \tag{3-51}$$

显然 Z 是一个复数，所以又称为复阻抗，$|Z|$ 是阻抗的模，φ 为阻抗角。复阻抗的图形符号与电阻的图形符号相似，单位与电阻同为 Ω。

阻抗 Z 用代数形式表示时，可写为 $Z = R + \text{j}X$，Z 的实部为 R，称为"电阻"，Z 的虚部为 X，称为"电抗"。$|Z|$ 和 R、X 的关系也可用直角三角形表示，称为阻抗三角形。如图 3-25 所示。

$$|Z| = \sqrt{R^2 + X^2} \tag{3-52}$$

$$\varphi = \arctan \frac{X}{R} \tag{3-53}$$

2. 阻抗的串联

交流电路常常是由若干个复阻抗的串、并、混联构成的，因此搞清楚复阻抗的串联、并联特性对于电路的分析很有帮助。

图 3-26 所示的是复阻抗串联电路。根据基尔霍夫电压定律，总电压为

$$\dot{U} = \dot{U}_1 + \dot{U}_2 + \dot{U}_3 = \dot{I}Z_1 + \dot{I}Z_2 + \dot{I}Z_3 = \dot{I}(Z_1 + Z_2 + Z_3) = \dot{I}Z$$

$$Z = Z_1 + Z_2 + Z_3$$

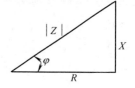

图 3-25　阻抗三角形

可见，当 n 个复阻抗 Z_1、Z_2、$\cdots$、Z_n 串联时，等效复阻抗 Z 等于各个复阻抗之和，即

$$Z = Z_1 + Z_2 + \cdots + Z_n \tag{3-54}$$

3. 阻抗的并联

图 3-27 所示的是复阻抗并联电路。根据基尔霍夫电流定律，总电流为

$$\dot{I} = \dot{I}_1 + \dot{I}_2 + \dot{I}_3 = \frac{\dot{U}}{Z_1} + \frac{\dot{U}}{Z_2} + \frac{\dot{U}}{Z_3} = \dot{U}\left(\frac{1}{Z_1} + \frac{1}{Z_2} + \frac{1}{Z_3}\right) = \frac{\dot{U}}{Z}$$

$$\frac{1}{Z} = \frac{1}{Z_1} + \frac{1}{Z_2} + \frac{1}{Z_3}$$

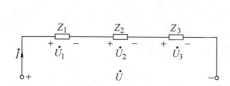

图 3-26　复阻抗的串联电路

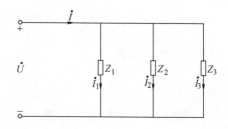

图 3-27　复阻抗的并联电路

可见，当 n 个复阻抗 Z_1、Z_2、$\cdots$、Z_n 并联时，等效复阻抗 Z 的倒数等于各个复阻抗的倒数之和。

$$\frac{1}{Z} = \frac{1}{Z_1} + \frac{1}{Z_2} + \cdots + \frac{1}{Z_n} \tag{3-55}$$

为便于表达和计算阻抗并联电路，定义复阻抗 Z 的倒数叫做导纳，用大写字母 Y 表示，即

$$Y = \frac{1}{Z} \tag{3-56}$$

由式(3-55)和式(3-56)得

$$Y = Y_1 + Y_2 + \cdots + Y_n \tag{3-57}$$

即几个并联复导纳的等效导纳等于各个导纳之和。由此，欧姆定律的相量形式可表达为如下两种形式

$$\dot{U} = \dot{I}Z \qquad 或 \qquad \dot{I} = \dot{U}Y \tag{3-58}$$

当只有两个复阻抗并联时，如图 3-28 所示，可以不将复阻抗化为复导纳，直接用复阻抗进行运算，其等效阻抗为

$$Z = \frac{Z_1 Z_2}{Z_1 + Z_2} \tag{3-59}$$

此时两支路电流分别为

$$\dot{I}_1 = \frac{Z_2}{Z_1 + Z_2}\dot{I} \qquad (3\text{-}60)$$

$$\dot{I}_2 = \frac{Z_1}{Z_1 + Z_2}\dot{I} \qquad (3\text{-}61)$$

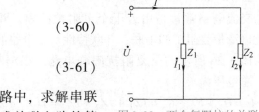

图 3-28　两个复阻抗的并联

通过以上分析可以看出，在正弦交流电路中，求解串联或并联电路的等效复阻抗的方法与求解串联或并联电路的等效电阻的方法相似，只不过复阻抗的计算需要按照复数运算法则进行。

【例 3-13】　在图 3-28 中，两个复阻抗分别是 $Z_1 = \mathrm{j}10\,\Omega$，$Z_2 = (10 - \mathrm{j}10)\,\Omega$，交流电源电压 $u = 220\sqrt{2}\sin\omega t\,\mathrm{V}$，试求电路中的总阻抗 Z 及电流 $\dot{I}$、$\dot{I}_1$ 和 $\dot{I}_2$。

【解】　$|Z_1| = \sqrt{10^2 + 0}\,\Omega = 10\,\Omega \qquad \varphi_1 = 90°$

$\qquad |Z_2| = \sqrt{10^2 + 10^2}\,\Omega = 14.14\,\Omega \qquad \varphi_2 = \arctan\dfrac{-10}{10} = -45°$

可用两种方法求总电流 $\dot{I}$。

（1）直接计算并联后的等效复阻抗

$$Z = \frac{Z_1 Z_2}{Z_1 + Z_2} = \frac{10\,\underline{/90°} \times 14.14\,\underline{/-45°}}{\mathrm{j}10 + 10 - \mathrm{j}10}\,\Omega = 14.14\,\underline{/45°}\,\Omega$$

得总电流的相量为

$$\dot{I} = \frac{\dot{U}}{Z} = \frac{220\,\underline{/0°}}{14.14\,\underline{/45°}}\,\mathrm{A} = 15.6\,\underline{/-45°}\,\mathrm{A}$$

（2）利用 $Y = Y_1 + Y_2$ 进行计算

$$Y_1 = \frac{1}{Z_1} = \frac{1}{10\,\underline{/90°}}\,\mathrm{S} = 0.1\,\underline{/-90°}\,\mathrm{S} = -\mathrm{j}0.1\,\mathrm{S}$$

$$Y_2 = \frac{1}{Z_2} = \frac{1}{14.14\,\underline{/-45°}}\,\mathrm{S} = 0.07\,\underline{/45°}\,\mathrm{S} = (0.05 + \mathrm{j}0.05)\,\mathrm{S}$$

$$Y = Y_1 + Y_2 = (-\mathrm{j}0.1 + 0.05 + \mathrm{j}0.05)\,\mathrm{S} = (0.05 - \mathrm{j}0.05)\,\mathrm{S} = 0.05\sqrt{2}\,\underline{/-45°}\,\mathrm{S}$$

同样得总电流相量

$$\dot{I} = Y\dot{U} = 0.05\sqrt{2}\,\underline{/-45°} \times 220\,\underline{/0°}\,\mathrm{A} = 15.6\,\underline{/-45°}\,\mathrm{A}$$

因此，各支路电流相量分别为

$$\dot{I}_1 = \frac{Z_2}{Z_1 + Z_2}\dot{I} = \frac{14.14\,\underline{/-45°}}{\mathrm{j}10 + 10 - \mathrm{j}10} \times 15.6\,\underline{/-45°}\,\mathrm{A} = 22\,\underline{/-90°}\,\mathrm{A}$$

$$\dot{I}_2 = \frac{Z_1}{Z_1 + Z_2}\dot{I} = \frac{\mathrm{j}10}{\mathrm{j}10 + 10 - \mathrm{j}10} \times 15.6\,\underline{/-45°}\,\mathrm{A} = 15.6\,\underline{/45°}\,\mathrm{A}$$

第五节　电阻、电感、电容串联电路

前面讨论了单一参数电路元件的正弦交流电路，但实际电路模型往往是几种理想元件的组合。本节讨论电阻、电感、电容串联电路，R、L、C 串联电路是一种典型电路，单一参数电路、RL 串联电路和 RC 串联电路都可看作是它的特例。

一、RLC 串联电路的电压电流关系

1. 电压和电流的关系

电阻 R、电感 L、电容 C 串联构成的电路叫做 RLC 串联电路，如图 3-29a 所示。为分析方便，选取电流 i 为参考正弦量，即设

$$i = I_m \sin\omega t$$

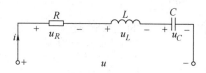

a) 电路图

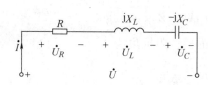

b) 电路图

c) 相量图

图 3-29　RLC 串联电路及相量图

则根据 R、L、C 的基本特性，可得各元件的电压为

$$u_R = RI_m \sin\omega t = U_{Rm}\sin\omega t$$

$$u_L = X_L I_m \sin(\omega t + 90°) = U_{Lm}\sin(\omega t + 90°)$$

$$u_C = X_C I_m \sin(\omega t - 90°) = U_{Cm}\sin(\omega t - 90°)$$

根据基尔霍夫电压定律可得

$$u = u_R + u_L + u_C$$

由于正弦电路中的各支路电流和电压都是同频率的正弦量，得 RLC 串联电路的相量模型如图 3-29b 所示。

根据基尔霍夫电压定律的相量形式可得

$$\dot{U} = \dot{U}_R + \dot{U}_L + \dot{U}_C \tag{3-62}$$

各电流电压的相量如下

$$\dot{I} = I\ \underline{/0°}$$

$$\dot{U}_R = R\dot{I} = U_R\ \underline{/0°}$$

$$\dot{U}_L = jX_L\dot{I} = U_L\ \underline{/90°}$$

$$\dot{U}_C = -jX_C\dot{I} = U_C\ \underline{/-90°}$$

作出 $\dot{I}$、$\dot{U}_R$、$\dot{U}_L$、$\dot{U}_C$ 的相量图，如图 3-29c 所示。然后根据式（3-62），用相量求和的方法，作出电压 u 的相量 $\dot{U}$。

由相量图可知，电压相量 $\dot{U}$、$\dot{U}_R$ 及 $\dot{U}_L + \dot{U}_C$ 正好构成一个直角三角形，这个直角三角形被称为电压三角形。利用电压三角形可以得出总电压与电阻、电感、电容电压的有效值关

系式，即

$$U = \sqrt{U_R^2 + (U_L - U_C)^2} = \sqrt{U_R^2 + U_X^2} \tag{3-63}$$

式中，$U_X = U_L - U_C$ 称为电抗电压，表示电感与电容串联后的总压降，其正、负以及零值反映电路的不同的工作性质。

根据电压三角形可以得出总电压与电流之间的相位差 φ，即

$$\varphi = \arctan \frac{U_L - U_C}{U_R} = \arctan \frac{U_X}{U_R} \tag{3-64}$$

φ 角的正负表示总电压与电流的相位关系，也能反映电路的工作性质。

2. 串联电路的阻抗

根据各元件的电压与电流的相量关系可得

$$\dot{U} = \dot{U}_R + \dot{U}_L + \dot{U}_C = R\dot{I} + jX_L\dot{I} - jX_C\dot{I} = [R + j(X_L - X_C)]\dot{I} = \dot{I}Z \tag{3-65}$$

其中

$$Z = R + j(X_L - X_C) = R + jX = |Z| \underline{/\varphi} \tag{3-66}$$

式中，电抗 $X = X_L - X_C$，$|Z| = \sqrt{R^2 + X^2}$ 为复阻抗的模，阻抗角

$$\varphi = \arctan \frac{X}{R} = \arctan \frac{X_L - X_C}{R} \tag{3-67}$$

3. 串联电路的性质

从式(3-67)可以看出，电抗 X 的正负决定阻抗角 φ 的正负，而阻抗角 φ 的正负反映了总电压与电流的相位关系。因此可以根据阻抗角 φ 为正、为负、为零的三种情况，将电路分为感性、容性和电阻性三种性质。

（1）**感性电路** 当 $X_L > X_C$，即 $X > 0$，有 $\varphi > 0$，$U_L > U_C$，总电压 u 比电流 i 超前 φ，表明电感的作用大于电容的作用，电抗是电感性的，称感性电路。

（2）**容性电路** 当 $X_L < X_C$，即 $X < 0$，有 $\varphi < 0$，$U_L < U_C$，总电压 u 比电流 i 滞后 φ，表明电容的作用大于电感的作用，电抗是电容性的，称容性电路。

（3）**电阻性电路** 当 $X_L = X_C$，即 $X = 0$，有 $\varphi = 0$，$U_L = U_C$，总电压 u 与电流 i 同相，表明电感的作用等于电容的作用，达到平衡，电路阻抗呈现电阻性，称电阻性电路。当电路处于这种状态时，又叫做谐振状态，将在本章第六节讨论。

注意：复阻抗既不是相量，也不是时间的正弦函数。

【**例3-14**】 已知 RLC 串联电路中，交流电源电压 $u = 311\sin(314t - 30°)$ V、$R = 30\Omega$、$L = 445\text{mH}$、$C = 32\mu\text{F}$。试求(1)电路中电流的大小 I；(2)电路中电压与电流的相位关系，并分析电路的性质；(3)电流的瞬时表达式 i；(4)各元件上的电压 U_R、U_L、U_C。

【**解**】 （1）求电路中的电流 I

$$X_L = \omega L = 314 \times 445 \times 10^{-3} \Omega \approx 140\Omega$$

$$X_C = \frac{1}{\omega C} = \frac{1}{314 \times 32 \times 10^{-6}} \Omega \approx 100\Omega$$

$$|Z| = \sqrt{R^2 + (X_L - X_C)^2} \Omega = 50\Omega$$

故电流的大小为

$$I = \frac{U}{|Z|} = \frac{311}{\sqrt{2} \times 50} \text{A} = 4.4\text{A}$$

（2）电路中电压与电流的相位关系

$$\varphi = \arctan\frac{X_L - X_C}{R} = \arctan\frac{140 - 100}{30} = 53.1° > 0$$

得：总电压比总电流超前 53.1°，电路呈感性。

（3）电流的瞬时表达式为

$$i = 4.4\sqrt{2}\sin(314t - 83.1°)\,\text{A}$$

（4）各元件电压的有效值

$$U_R = RI = 30 \times 4.4\,\text{V} = 132\,\text{V}$$
$$U_L = X_L I = 140 \times 4.4\,\text{V} = 616\,\text{V}$$
$$U_C = X_C I = 100 \times 4.4\,\text{V} = 440\,\text{V}$$

从计算结果发现，电感电压、电容电压都比电源电压高，在交流电路中各元件上的电压可以比总电压大，这是交流电路与直流电路特性的不同之处。

【例 3-15】　图 3-30a 所示的 RC 串联正弦交流电路，已知 $R = 600\Omega$、$C = 4\mu\text{F}$、电源频率 $f = 50\text{Hz}$、输入电压 $U_1 = 5\text{V}$，求输出电压 U_2，并比较 u_1 与 u_2 的相位。

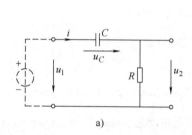
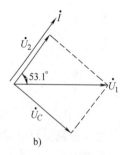

图 3-30　例 3-15 的图

【解】　$X_C = \dfrac{1}{2\pi fC} = \dfrac{1}{2 \times 3.14 \times 50 \times 4 \times 10^{-6}}\Omega \approx 800\Omega$

（1）用相量图求解

设 $\dot{U}_1$ 为参考相量，即 $\dot{U}_1 = 5\ \underline{/0°}\ \text{V}$，同时可求得阻抗角 φ。

$$\varphi = \arctan\frac{-X_C}{R} = \arctan\frac{-800}{600} = -53.1°$$

根据 φ 可知电流 $\dot{I}$ 超前电压 $\dot{U}_1$ 53.1°。

先作相量 $\dot{I}$ 和 $\dot{U}_1$，由于 $\dot{U}_2$ 和 $\dot{I}$ 同相，$\dot{U}_C$ 滞后 $\dot{I}$ 90°，且 $\dot{U}_1 = \dot{U}_C + \dot{U}_2$，故可作出相量图如图 3-30b 所示。

由相量图可得

$$U_2 = U_1\cos53.1° = (5 \times 0.6)\,\text{V} = 3\,\text{V}$$

输出电压 u_1 在相位上滞后 u_2 53.1°。

（2）用相量运算法求解

设 $\dot{U}_1$ 为参考相量，即 $\dot{U}_1 = 5\ \underline{/0°}\ \text{V}$，复阻抗为

$$Z = R - \text{j}X_C = (600 - \text{j}800)\Omega = 1000\ \underline{/-53.1°}\ \Omega$$

电流相量

$$\dot{I} = \frac{\dot{U}}{Z} = \frac{5\ /0°}{1000\ /-53.1°}\text{A} = 0.005\ /53.1°\ \text{A}$$

输出电压的相量

$$\dot{U}_2 = R\dot{I} = 600 \times 0.005\ /53.1°\ \text{V} = 3\ /53.1°\ \text{V}$$

可得 $U_2 = 3\text{V}$，相位上 u_2 超前 u_1 53.1°。

二、RLC 串联电路的功率

1. 平均功率

在 R、L、C 串联的正弦交流电路中，流过各个元件的电流是相同的，故设电流 i 为参考正弦量，并设总电压和总电流的相位差（即阻抗角）为 φ，则电压与电流的瞬时值表达式为

$$i = I_m\sin\omega t$$
$$u = U_m\sin(\omega t + \varphi)$$

则电路的瞬时功率为

$$p = ui = U_m I_m \sin\omega t\sin(\omega t + \varphi)$$
$$= \frac{U_m I_m}{2}\left[\cos\varphi - \cos(2\omega t + \varphi)\right]$$
$$= UI\cos\varphi - UI\cos(2\omega t + \varphi)$$

电路的平均功率（有功功率）为

$$P = \frac{1}{T}\int_0^T p\mathrm{d}t = \frac{1}{T}\int_0^T \left[UI\cos\varphi - UI\cos(2\omega t + \varphi)\right]\mathrm{d}t = UI\cos\varphi \qquad (3\text{-}68)$$

由上式可知，正弦交流电路的平均功率与阻抗角的余弦 $\cos\varphi$ 有关，$\cos\varphi$ 是计算正弦交流电路功率的重要因子，称为功率因数。

由电压三角形可知

$$U\cos\varphi = U_R$$
$$P = UI\cos\varphi = U_R I = RI^2 \qquad (3\text{-}69)$$

式(3-69)说明，R、L、C 串联电路的平均功率就等于电阻元件的平均功率，这是由于电感元件和电容元件的平均功率为零的缘故。

2. 无功功率

在 R、L、C 串联的正弦交流电路中，电感元件的瞬时功率为 $p_L = u_L i$，电容元件的瞬时功率为 $p_C = u_C i$。由于电压 u_L 和 u_C 反相，因此当 p_L 为正值时，则 p_C 为负值，即电感元件吸收能量时，电容元件释放能量；反之，当 p_L 为负值时，则 p_C 为正值，即电感元件释放能量时，电容元件吸收能量。R、L、C 串联电路与电源之间能量交换的瞬时功率最大值（幅值）即为无功功率 Q。

$$Q = Q_L - Q_C = U_L I - U_C I = (U_L - U_C)I \qquad (3\text{-}70)$$

由上式根据电压三角形得

$$Q = UI\sin\varphi \qquad (3\text{-}71)$$

对于感性电路，$\varphi > 0$，则 $Q > 0$；对于容性电路，$\varphi < 0$，则 $Q < 0$。为了计算方便，有时将容性电路的无功功率取为负值。例如一个电容元件的无功功率为 $Q = -Q_C = -U_C I$。

3. 视在功率

在正弦交流电路中，将电压和电流有效值的乘积定义为视在功率，用 S 表示，即

$$S = UI \tag{3-72}$$

视在功率的单位为伏安（VA），代表了正弦交流电源向电路提供的最大功率，它反映的是用电设备的容量。

由于有功功率 $P = UI\cos\varphi$、无功功率 $Q = UI\sin\varphi$，显然有功功率 P、无功功率 Q 和视在功率 S 三者之间构成直角三角形关系，即

$$S = \sqrt{P^2 + Q^2} \tag{3-73}$$

$$\varphi = \arctan \frac{Q}{P} \tag{3-74}$$

阻抗三角形、电压三角形和功率三角形是三个相似直角三角形，电压三角形的边长是阻抗三角形的边长的 I 倍，而功率三角形的边长是电压三角形的边长的 I 倍，如图 3-31 所示。

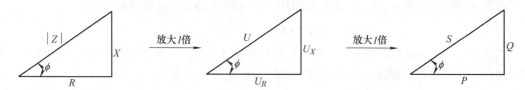

图 3-31　阻抗、电压、功率三角形的比较

对于正弦交流电路而言，功率是守恒的，消耗在电路中总的有功功率等于电路各部分有功功率之和，总的无功功率等于电路各部分无功功率之和。**注意**：有功功率为正，无功功率有正有负（感性负载无功功率为正，容性负载无功功率为负），但总的视在功率并不等于各部分视在功率之和。

交流电源设备都是按额定电压 U_N 和额定电流 I_N 设计和使用的，若供电电压为 U_N，负载取用的电流应不超过 I_N，电源的视在功率受到这两个额定值限制。有的供电设备，如变压器，就标明了额定视在功率，也称为变压器的容量，用 S_N 表示，即

$$S_N = U_N I_N \tag{3-75}$$

交流电源设备以额定电压 U_N 对负载供电，即使输出电流达到额定值 I_N，也只是说明视在功率情况，并不能确定实际消耗功率，输出的有功功率还取决于负载的功率因数，即

$$P_N = U_N I_N \cos\varphi \tag{3-76}$$

式中，φ 为 u、i 的相位差，即阻抗角，φ 和功率因数 $\cos\varphi$ 取决于电路（负载）的参数。

【例 3-16】　已知一阻抗 Z 上的电压为 $\dot{U} = 220 \underline{/30°}$ V、电流为 $\dot{I} = 5 \underline{/-30°}$ A（电压电流为关联参考方向），求 Z、$\cos\varphi$、P、Q、S。

【解】　$Z = \dfrac{\dot{U}}{\dot{I}} = \dfrac{220 \underline{/30°}}{5 \underline{/-30°}} \Omega = 44 \underline{/60°} \ \Omega$

$\cos\varphi = \cos 60° = 0.5$

$P = UI\cos\varphi = 220 \times 5 \times 0.5 \text{W} = 550 \text{W}$

$Q = UI\sin\varphi = 220 \times 5 \times \dfrac{\sqrt{3}}{2} \text{var} = 953 \text{var}$

$S = UI = 220 \times 5 \text{VA} = 1100 \text{VA}$

第六节　电路的谐振

谐振现象是正弦交流电路中的一种特殊现象，它在无线电和电工技术中得到了广泛应用。例如收音机和电视机就利用谐振电路的特性来选择所需要接收的信号，抑制其他干扰信号。但在某些场合特别是在电力系统中，若出现谐振会引起过电压，有可能破坏系统的正常工作。所以，对谐振现象的研究，有重要的实际意义。谐振电路最为明显的特征是整个电路呈电阻性，即谐振时电路的等效阻抗为 $Z_0 = R$，总电压 u 与总电流 i 同相。通常采用的谐振电路是由 R、L、C 组成的串联谐振电路和并联谐振电路。下面将分别讨论这两种谐振电路产生谐振的条件和特征。

一、串联谐振

在图 3-29a 所示的 R、L、C 串联电路中，在正弦激励下，该电路的复阻抗为

$$Z = R + \mathrm{j}(X_L - X_C) = R + \mathrm{j}X = |Z| \underline{/\varphi}$$

当 $X = X_L - X_C = 0$ 时，电路 $Z = R$，相当于纯电阻电路，其总电压 u 和总电流 i 同相。电路出现的这种现象称为谐振。串联电路出现的谐振又叫串联谐振。

1. 谐振条件与谐振频率

发生串联谐振的条件是 $X_L = X_C$。

即

$$\omega L = \frac{1}{\omega C} \tag{3-77}$$

这样便可通过改变 ω、L、C 三个参数，使电路发生谐振或消除谐振。

1）当 L、C 固定时，可以通过改变电源的频率达到谐振。由式（3-77）可得

$$\omega_0 = \frac{1}{\sqrt{LC}} \tag{3-78}$$

由于 $\omega = 2\pi f$，所以有

$$f_0 = \frac{1}{2\pi\sqrt{LC}} \tag{3-79}$$

$$T_0 = 2\pi\sqrt{LC} \tag{3-80}$$

由以上分析可知，串联电路的谐振频率 f_0 与电阻 R 无关，它反映了串联电路的一种固有性质，所以又称为固有频率；ω_0 称为固有角频率。而且对于每一个 R、L、C 串联电路，总有一个对应的谐振频率 f_0。

2）当电源频率 ω 一定时，可改变电容 C 或电感 L 使电路谐振。由式（3-77）可得，调电容或调电感到

$$C = \frac{1}{\omega^2 L} \tag{3-81}$$

$$L = \frac{1}{\omega^2 C} \tag{3-82}$$

就可以使电路谐振。我们把调节 L 或 C 使电路谐振的过程称为调谐。

2. 串联谐振的基本特征

图 3-32 为串联谐振时的电压相量图。串联谐振的电路具有如下特征：

1）电路的电抗 X 为零，阻抗最小，且为纯电阻性。$Z = R$，$|Z| = \sqrt{R^2 + X^2} = R$。

2）电路中的电流最大，且与外加电压同相。由于谐振时，阻抗最小，故电流为最大，称为谐振电流 I_0。即

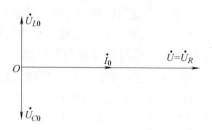

图 3-32 串联谐振时的电压相量图

$$I_0 = \frac{U}{R}$$

3）串联谐振时电感 L 与电容 C 上的电压相位相反，大小相等，

$$U_{L0} = U_{C0} = X_{L0}I_0 = X_{C0}I_0$$

RLC 串联谐振时的电感或电容上的电压与总电压的比值叫做该电路的品质因数，用大写字母 Q 表示，有

$$Q = \frac{U_{L0}}{U} = \frac{U_{C0}}{U} = \frac{X_{L0}I_0}{RI_0} = \frac{\omega_0 L}{R} = \frac{1}{\omega_0 RC} \tag{3-83}$$

$$U_{L0} = U_{C0} = QU \tag{3-84}$$

由式 (3-84) 可知，当 RLC 串联电路发生谐振时，电感 L 与电容 C 上的电压大小都是外加电压 U 的 Q 倍，当 $Q \gg 1$ 时，会在电感和电容两端出现远远高于外加电压 U 的高电压，称为过电压现象，所以串联谐振电路又叫做电压谐振电路。在实际应用中，Q 值可以高达几百，例如收音机的磁性天线回路就是一个串联谐振电路，利用串联谐振的过电压特点来提高微弱信号的幅值。但是在电力系统中，由于电源电压本身较高，如果电路在接近于串联谐振的情况下工作，在电感和电容两端将出现过电压，从而烧坏电气设备。所以在电力系统中必须适当选择电路的参数 L 和 C，以避免出现谐振现象。

3. 串联谐振的应用

串联谐振电路在无线电工程中应用较多。常用来对交流信号进行选择，例如接收机中用来选择电台信号，即调谐。其作用是将需要的信号从天线所收到的许多不同频率的信号中选择出来，而对其他未被选中的信号尽量加以抑制。在 RLC 串联电路中，设外加交流电源（又称信号源）电压 u_S 的有效值为 U_S，则电路中电流的大小为

$$I = \frac{U_S}{|Z|} = \frac{U_S}{\sqrt{R^2 + \left(\omega L - \dfrac{1}{\omega C}\right)^2}}$$

可以推导出

$$\frac{I}{I_0} = \frac{1}{\sqrt{1 + Q^2 \left(\dfrac{\omega}{\omega_0} - \dfrac{\omega_0}{\omega}\right)^2}} \tag{3-85}$$

由式 (3-85) 可以作出图 3-33 所示的曲线，该曲线反映了电流大小与频率的关系，叫做串联谐振电路的谐振曲线。从曲线上可以看出，当信号频率等于谐振频率时，电路发生串联谐振，对应 $\dfrac{\omega}{\omega_0} - \dfrac{\omega_0}{\omega} = 0$ 的情况，电路中的电流达到最大值，而稍微偏离谐振频率的信号电流

则大大减小，说明电路具有明显的选频特性，简称选择性。谐振曲线越尖锐，表明选择性越好。而从图3-34还可以发现，品质因数 Q 值越大，选择性越好，电路选择性的好坏取决于对非谐振频率信号的抑制能力的强弱。

但在实际应用中，并非 Q 值越大越好，Q 值增大，谐振电路允许通过信号的频率范围就会减小。通常规定电流有效值 I 等于最大值 I_0 的0.707倍所对应的频率范围($f_1 \sim f_2$)叫做串联谐振电路的通频带宽度(又叫频带宽度)，简称通频带，用符号 Δf 表示，单位也是赫兹(Hz)。

可以证明，串联谐振电路的通频带为

$$\Delta f = f_2 - f_1 = \frac{f_0}{Q} \tag{3-86}$$

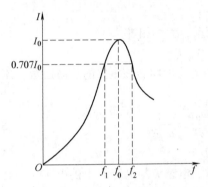

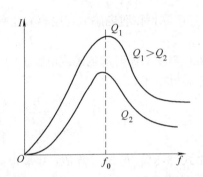

图3-33　RLC串联电路的谐振曲线　　　　　图3-34　不同品质因数的谐振曲线

式(3-86)表明，通频带与品质因数成反比关系，品质因数 Q 值越大，说明电路的选择性越好，曲线较尖锐，但通频带较窄；反之，品质因数 Q 值越小，说明电路的选择性越差，但曲线变平坦时通频带变宽；选择性与频带宽度是互为相反关系的两个物理量。

【例3-17】　收音机的输入回路可以用图3-35所示的等效电路来表示。设线圈的电阻为16Ω、电感为0.4mH、电容为600pF。试求：

(1) 电路的谐振频率，总阻抗和品质因数。

(2) 当频率高于谐振频率20%时，电路的总阻抗。

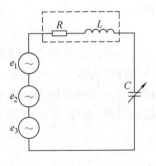

【解】　(1) 电路发生谐振时，谐振频率为

$$f_0 = \frac{1}{2\pi\sqrt{LC}} = \frac{1}{2\pi\sqrt{0.4\times10^{-3}\times600\times10^{-12}}}\text{Hz} = 325\text{kHz}$$

总阻抗

$$|Z| = R = 16\Omega$$

图3-35　例3-17的图

品质因数

$$Q = \frac{\omega_0 L}{R} = \frac{2\pi f_0 L}{R} = \frac{2\times3.14\times325\times10^3\times0.4\times10^{-3}}{16} = 51$$

(2) 当频率高于谐振频率20%时，$f = 1.2f_0$，则感抗为

$$X_L = 2\pi fL = 2\times3.14\times1.2\times325\times10^3\times0.4\times10^{-3}\Omega = 980\Omega$$

容抗为

$$X_C = \frac{1}{2\pi fC} = \frac{1}{2\times3.14\times1.2\times325\times10^3\times600\times10^{-12}}\Omega = 680\Omega$$

总阻抗为

$$|Z| = \sqrt{R^2 + (X_L - X_C)^2} = \sqrt{16^2 + (980 - 680)^2}\,\Omega = 300.4\Omega$$

上述计算表明，在串联电路中，只有谐振时总阻抗最小，当偏离谐振频率时，电路的总阻抗迅速增加。

二、并联谐振

为了提高谐振电路的选择性，常常需要较高的品质因数，串联谐振电路的 Q 值与电阻成反比，当信号源内阻较小时，电路 Q 值较大，选择性较好，可采用串联谐振电路，而当信号源内阻较大时 Q 值就不容易做高，选择性会明显变坏，这种情况下，可采用并联谐振电路。

（一）*RLC* 并联谐振电路

图 3-36 所示为 *RLC* 并联谐振电路，同串联谐振一样，当端电压 $\dot{U}$ 与总电流 $\dot{I}$ 同相时，电路的工作状态称为并联谐振。

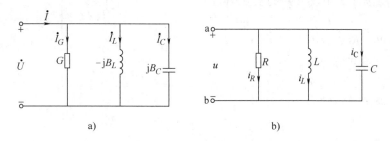

a)　　　　　　　　　　　　b)

图 3-36　*RLC* 并联谐振电路

1. 谐振频率和谐振条件

图 3-36 所示 *RLC* 并联电路的复导纳为

$$Y = \frac{1}{R} + \frac{1}{j\omega L} + j\omega C = \frac{1}{R} + j\left(\omega C - \frac{1}{\omega L}\right) = G + j(B_C - B_L)$$

发生并联谐振的条件是复导纳的虚部为零，总电压与总电流同相，呈纯电阻特性，即

$$\omega C - \frac{1}{\omega L} = 0$$

发生并联谐振时角频率为

$$\omega_0 = \frac{1}{\sqrt{LC}} \tag{3-87}$$

谐振频率为

$$f_0 = \frac{1}{2\pi\sqrt{LC}} \tag{3-88}$$

由此可见，并联谐振频率与串联谐振频率一样，也只决定于电路中的电感 L 和电容 C，与并联电阻 R 无关，所以谐振频率也为固有频率。

2. 并联谐振的特点

1）导纳 Y 为最小值，阻抗 $Z = 1/Y$ 为最大值，且为纯电阻性，$Y = G = 1/R$，$|Y| = \sqrt{G^2 + (B_C - B_L)^2} = G$。

2）谐振时总电流 $I_0 = GU = U/R$ 为最小，且与总电压同相。

3）并联谐振时电感与电容上的电流相等，为

$$I_{L0} = I_{C0} = B_L U = B_C U$$

RLC 并联谐振时的电感或电容上的电流与总电流的比值叫做该电路的品质因数，显然

$$Q = \frac{B_L}{G} = \frac{B_C}{G} = \frac{R}{\omega_0 L} = \frac{\omega_0 C}{R} \tag{3-89}$$

$$I_{L0} = I_{C0} = Q I_0 \tag{3-90}$$

当 RLC 并联电路发生谐振时，电感 L 与电容 C 上的电流大小都是输入总电流的 Q 倍，即支路电流是总电流的 Q 倍。当 $Q \gg 1$ 时，会在电感和电容上出现远远高于总电流的过电流，称为过电流现象，所以并联谐振电路又叫电流谐振电路。

（二）电感线圈和电容并联的谐振电路

工程上常用电感线圈与电容并联的谐振电路。如图 3-37a 所示，电感支路的复导纳为

$$Y_1 = \frac{1}{R + j\omega L} = \frac{R}{R^2 + (\omega L)^2} - j\frac{\omega L}{R^2 + (\omega L)^2}$$

电容支路的复导纳为

$$Y_2 = j\omega C$$

则并联电路的总导纳为

$$Y = Y_1 + Y_2 = \frac{R}{R^2 + (\omega L)^2} + j\left[\omega C - \frac{\omega L}{R^2 + (\omega L)^2}\right]$$

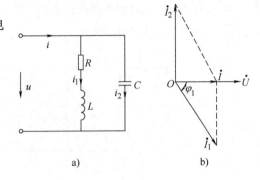

图 3-37 电感线圈和电容并联电路

当电路总导纳的虚部为零时，总电压与总电流同相，电路处于谐振状态，故谐振条件为

$$\omega C - \frac{\omega L}{R^2 + (\omega L)^2} = 0$$

即

$$\omega_0 = \frac{1}{\sqrt{LC}}\sqrt{1 - \frac{CR^2}{L}} \tag{3-91}$$

$$f_0 = \frac{1}{2\pi\sqrt{LC}}\sqrt{1 - \frac{CR^2}{L}} \tag{3-92}$$

由式（3-92）可以看出，电路的谐振频率完全由电路的参数决定，而且只有当 $1 - \frac{CR^2}{L} > 0$，即 $R < \sqrt{\frac{L}{C}}$ 时，电路才存在谐振频率。

当 $\omega L \gg R$ 时，电感内阻可忽略不计，这时谐振的角频率和频率分别为

$$\omega_0 \approx \frac{1}{\sqrt{LC}} \tag{3-93}$$

$$f_0 \approx \frac{1}{2\pi\sqrt{LC}} \tag{3-94}$$

此时的谐振频率近似等于 RLC 并联电路和串联电路的谐振频率。

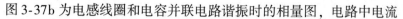

图 3-37b 为电感线圈和电容并联电路谐振时的相量图，电路中电流

$$\dot{I}_1 = \frac{\dot{U}}{R + j\omega L}，\text{谐振时有 } \dot{I}_1 = \dot{I}_{L0} = \frac{\dot{U}}{R + j\omega_0 L}。$$

$\dot{I}_2 = j\omega C\dot{U}$，谐振时有 $\dot{I}_2 = \dot{I}_{C0} = j\omega_0 C\dot{U}$，谐振时有 $I = \dot{I}_0 = \dot{U}\dfrac{R}{R^2 + (\omega_0 L)^2}$。

忽略电感线圈内阻 R 情况下，谐振时各支路的电流大小为

$I_{L0} \approx \dfrac{U}{\omega_0 L}$，$I_{C0} \approx \omega_0 CU$，$I_{L0} \approx I_{C0}$，说明谐振时电感支路和电容支路上的电流几乎大小相等、方向相反。

由于内阻 R 很小，谐振总电流 I_0 也必然很小。忽略分母中的 R 二次方项，有

$$I_0 \approx U\frac{R}{(\omega_0 L)^2}$$

电感线圈和电容并联电路发生谐振时，取电感或电容(忽略 R)的支路电流与总电流之比为该电路的品质因数，于是

$$Q = \frac{I_{L0}}{I_0} = \frac{I_{C0}}{I_0} = \frac{\omega_0 L}{R} \tag{3-95}$$

【例 3-18】　图 3-37 所示的 LC 并联谐振电路，已知 $R = 10\Omega$、$L = 80\mu H$、$C = 320pF$，谐振状态下总电流 $I = 20\mu A$。试求该电路的固有谐振频率 f_0、品质因数 Q 以及电感 L 支路与电容 C 支路的电流。

【解】　谐振角频率为

$$\omega_0 \approx \frac{1}{\sqrt{LC}} = \frac{1}{\sqrt{80 \times 10^{-6} \times 320 \times 10^{-12}}}(\text{rad/s}) \approx 6.25 \times 10^6 \quad (\text{rad/s})$$

$$f_0 = \frac{\omega_0}{2\pi} \approx 1\text{MHz}$$

品质因数为

$$Q = \frac{\omega_0 L}{R} = \frac{6.25 \times 10^6 \times 80 \times 10^{-6}}{10} = 50$$

电感 L 支路与电容 C 支路的电流为

$$I_{L0} = I_{C0} = QI = 50 \times 20 \times 10^{-6}\text{A} = 1\text{mA}$$

第七节　功率因数的提高

一、提高功率因数的意义

在交流电路中，有功功率为 $P = UI\cos\varphi$，其中 $\cos\varphi$ 称为电路功率因数。功率因数是用电设备的一个重要技术指标，它表示电路实际输出的有功功率与电路占用电源功率的比例，功率因数低的电路可能实际消耗的功率不大，却要占用较大的电源容量。

交流电路的负载多为电感性负载，如常用的交流电动机、荧光灯等，通常它们的功率因数都比较低。交流电动机在额定负载时，功率因数约在 $0.8 \sim 0.85$，轻载时只有 $0.4 \sim 0.5$，空载时更低，仅为 $0.2 \sim 0.3$，不装电容器的荧光灯的功率因数为 $0.45 \sim 0.60$ 左右。因此提

高功率因数是非常必要的。提高功率因数具有如下意义：

1. 充分利用电源设备的容量

交流电源(发电机或变压器)的容量是用其视在功率来衡量的，当容量一定的电源设备向外供电时，负载能够得到多少有功功率 P，除了与电源设备的视在功率 S 有关外，还与负载的功率因数 $\cos\varphi$ 有密切关系。电源的视在功率 S 相同时，电路的功率因数 $\cos\varphi$ 越大，有功功率 P 就越大，无功功率 Q 就越小。提高用户的功率因数，可以使同等容量的供电设备向用户提供更多的有功功率，提高供电能力。或者说在用户所需有功功率 P 一定的情况下，提高 $\cos\varphi$，电源设备的视在功率 S 就可以减少，意味着发电机、变压器、输配电线等容量都可以相应减小，从而降低对电网的投资。

2. 减小输电线路上的能量损失

在一定的电源电压下，向用户输送一定的有功功率时，由 $I = P/(U\cos\varphi)$ 可知，电流 I 和功率因数成反比，功率因数越低，流过输电线路的电流就越大，由于输电线路本身具有一定的阻抗，因此，线路上的电压降也就越大，这不仅使更多的电能白白消耗在线路上，而且使用户端的电压降低。特别是在电网的末端(远离发电机)，将会长期处于低电压运行状态，影响负载的正常工作。为了减少电能损耗，改善供电质量，就必须提高功率因数。当负载的有功功率 P 和电压 U 一定时，功率因数越大，输电线路上的电流越小，线路上的能量损失就越少。

3. 提高供电质量

负载的有功功率 P 和电压 U 一定时，$\cos\varphi$ 增大，减小了输电电流，使线路内阻上的电压降减少，这样，负载电压与电源电压更接近，供电质量更高。

4. 节约用铜

只要提高功率因数使输电线路上的电流减小，就可能减小输送导线的截面积，节约铜材。

由此可见，功率因数提高后，既可使电源设备的容量得到充分利用，也可以减小电能在输送过程中的损耗。因此，提高电网的功率因数有着重要的现实意义。

二、提高功率因数的方法

一般可以从两个方面来考虑提高功率因数：一方面是提高设备的自然功率因数，主要办法有改进电动机的运行条件、合理选择电动机的容量或采用同步电动机；另一方面是采用人工补偿(也叫无功补偿)措施，主要方法是在电感性电路中，并联电容性负载，利用电容性负载的超前电流来补偿电感性负载的电流滞后，减小电感性负载电流对电压的滞后角度 φ，达到提高功率因数的目的。

图 3-38a 给出了一个电感性负载并联电容时的电路图，图 3-38b 是它的相量图。

从相量图中我们可以看出，电感性负载未并联电容时，电流 $\dot{I}_1$ 滞后于电压 $\dot{U}$ 的相位为 φ_1，此时电路的总电流 $\dot{I}$ 等于负载电流 $\dot{I}_1$；并联电容后，由于端电压 $\dot{U}$ 不变，则负载电流 $\dot{I}_1$ 也没有变化，但电容支路的电流 $\dot{I}_C$ 越前于端电压 $\dot{U}$ 90°，电路的总电流 $\dot{I}$ 发生了变化，此时

$$\dot{I} = \dot{I}_1 + \dot{I}_C$$

且有 $I < I_1$，即总电流在数值上(有效值)减小了，同时总电流 $\dot{I}$ 与端电压 $\dot{U}$ 之间的相位差也变小，从 φ_1 减小到 φ，因此功率因数从原来的 $\cos\varphi_1$ 增加到 $\cos\varphi$。

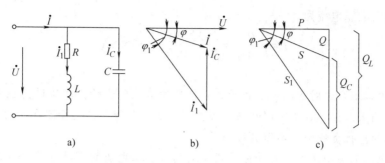

图 3-38　电容器补偿电路

若已知感性负载(U、P、$\cos\varphi_1$)，并需要将功率因数提高到 $\cos\varphi$，利用图 3-38c 的功率三角形可以计算所并联电容器的无功功率 Q_C 和电容量 C。

所需并联电容的无功功率为

$$Q_C = P(\tan\varphi_1 - \tan\varphi) \tag{3-96}$$

由于

$$Q_C = \frac{U^2}{X_C} = \omega C U^2$$

因此所需并联电容器的容量为

$$C = \frac{Q_C}{\omega U^2} = \frac{P}{\omega U^2}(\tan\varphi_1 - \tan\varphi) \tag{3-97}$$

【例 3-19】　两个负载并联，接到220V、50Hz 的电源上。一个负载的功率 $P_1 = 2.8\text{kW}$，功率因数 $\cos\varphi_1 = 0.8$(感性)，另一个负载的功率 $P_2 = 2.42\text{kW}$，功率因数 $\cos\varphi_2 = 0.5$(感性)。试求

(1) 电路的总电流和总功率因数。

(2) 电路消耗的总功率。

(3) 要使电路的功率因数提高到0.92，需并联多大的电容？此时，电路的总电流为多少？

【解】　(1) $I_1 = \dfrac{P_1}{U\cos\varphi_1} = \dfrac{2800}{220 \times 0.8}\text{A} = 15.9\text{A}$

$I_2 = \dfrac{P_2}{U\cos\varphi_2} = \dfrac{2420}{220 \times 0.5}\text{A} = 22\text{A}$

由于 $\cos\varphi_1 = 0.8$，$\cos\varphi_2 = 0.5$，故

$$\varphi_1 = 36.9°，\quad \varphi_2 = 60°$$

设电源电压 $\dot{U} = 220 \underline{/0°}$ V，则 $\dot{I}_1 = 15.9 \underline{/-36.9°}$ A，$\dot{I}_2 = 22 \underline{/-60°}$ A

$\dot{I} = \dot{I}_1 + \dot{I}_2 = (15.9 \underline{/-36.9°} + 22 \underline{/-60°})\text{A} = 37.1 \underline{/-50.3°}$ A

因此总电流为　　$I = 37.1\text{A}$，$\varphi' = -50.3°$

总功率因数为 $\cos\varphi' = \cos(-50.3°) = 0.64$

(2) $P = P_1 + P_2 = 2.8 + 2.42 = 5.22\text{kW}$

(3) 由于功率因数要提高到 $\cos\varphi = 0.92$，故 $\varphi = 23.1°$。

需并联的电容为

$$C = \frac{P}{\omega U^2}(\tan\varphi' - \tan\varphi) = \frac{5.22 \times 10^3}{2 \times 3.14 \times 50 \times 220^2}(\tan 50.3° - \tan 23.1°)\text{F} = 267\mu\text{F}$$

并联电容后的总电流为

$$I = \frac{P}{U\cos\varphi} = \frac{5220}{220 \times 0.92}A = 25.8A$$

注意：

1）并联电容器后，对原感性负载的工作情况没有任何影响，即流过感性负载的电流和它的功率因数均未改变。这里所谓的功率因数提高了，是指包括电容器在内的整个电路的功率因数比单独的感性负载的功率因数提高了。

2）电路电流的减小是电流无功分量减小的结果，而电流的有功分量并未改变，这从相量图上可以清楚的看出。实际应用中，并不要求将功率因数提高到1，即补偿后仍使整个电路呈感性，感性电路的功率因数习惯上称滞后功率因数。若将功率因数提高到1，需要并联的电容较大，会增加设备投资。

3）功率因数提高到什么程度为宜，在作具体的技术、经济指标比较之后，才能确定。

本章小结

1. 正弦量的三要素：1）幅值 U_m、I_m；有效值 $U = U_m/\sqrt{2}$，$I = I_m/\sqrt{2}$；2）角频率 $\omega = 2\pi f$，$T = 1/f$；3）初相位 $|\varphi| \le \pi$。

2. 正弦量的表示法：1）解析式，如 $u = U_m\sin(\omega t + \varphi)$；2）波形图；3）相量表示法，如 $\dot{U} = U\angle\varphi$。

同频率的正弦量相加可以转化为相量的加法。

3. 电阻、电感、电容元件的特性

1）$\dot{U} = \dot{I}R$，电阻元件上电压和电流同相，$P = UI$。

2）$\dot{U} = j\omega L\dot{I} = jX_L\dot{I}$，电感元件上电压超前电流90°，$P = 0$，$Q = UI$。

3）$\dot{U} = \frac{\dot{I}}{j\omega C} = -jX_C\dot{I}$，电容元件上电压滞后于电流90°，$P = 0$，$Q = UI$。

4. 基尔霍夫定律的相量形式

1）KCL：　　　$\sum\dot{I} = 0$

2）KVL：　　　$\sum\dot{U} = 0$

5. 复阻抗与复导纳

$$Z = \frac{\dot{U}}{\dot{I}} = R + jX = \sqrt{R^2 + X^2}\angle\varphi，其中 \varphi = \arctan\frac{X}{R} 为阻抗角。$$

$$Y = \frac{1}{Z}$$

串联电路：$Z = Z_1 + Z_2 + \cdots + Z_n$。

并联电路：$Y = Y_1 + Y_2 + \cdots + Y_n$。

6. RLC 串联电路

$$\dot{U} = [R + j(X_L - X_C)]\dot{I} = \dot{I}Z$$

$$Z = R + j(X_L - X_C) = R + jX = |Z| \underline{/\varphi}$$

电抗 $X = X_L - X_C$，$|Z| = \sqrt{R^2 + X^2}$

阻抗角 $\varphi = \arctan \dfrac{X}{R} = \arctan \dfrac{X_L - X_C}{R}$

$\varphi > 0$，表明电感的作用大于电容的作用，电抗是电感性的，称感性电路。

$\varphi < 0$，表明电容的作用大于电感的作用，电抗是电容性的，称容性电路。

$\varphi = 0$，表明电感的作用等于电容的作用，电路阻抗是电阻性的，称电阻性电路。当电路处于这种状态时，又叫做谐振状态。

7. 正弦交流电路的功率

1）有功功率 $P = UI\cos\varphi$；2）无功功率 $Q = Q_L - Q_C = I^2 X = UI\sin\varphi$；3）视在功率 $S = UI$。

8. 电路谐振

电路谐振时呈纯电阻性。谐振频率 $f_0 = \dfrac{1}{2\pi\sqrt{LC}}$；串联谐振时电路阻抗最小；并联谐振时电路阻抗最大。

9. 功率因数的提高

在电感性电路中并联电容性负载，利用电容性负载的超前电流来补偿电感性负载的滞后电流，可以提高功率因数。如将功率因数从 $\cos\varphi_1$ 提高到 $\cos\varphi$，所并联电容的无供功率为

$Q_C = P(\tan\varphi_1 - \tan\varphi)$，电容大小为 $C = \dfrac{Q_C}{\omega U^2} = \dfrac{P}{\omega U^2}(\tan\varphi_1 - \tan\varphi)$。

思考题与习题

1. 已知 $e = 220\sqrt{2}\sin 314t\,\text{V}$，试问 e 的最大值、有效值、角频率、频率和初相位各是多少？

2. 已知某正弦电流的有效值是 10A，频率为 50Hz，初相位为 30°，（1）写出它的瞬时表达式，并画出其波形图；（2）求该正弦电流在 $t = 0.0025\text{s}$ 时的相位和瞬时值。

3. 已知 $i_1 = 10\sqrt{2}\sin(314t + 30°)\,\text{A}$，$i = 10\sin(314t - 30°)\,\text{A}$，画出这两个电流的波形图，哪个电流超前？它们的相位差是多少？若用万用表测量这两个电流，试问读数各为多少？

4. 已知 $u = 10\sqrt{2}\sin(314t + 30°)\,\text{V}$，$i = 5\sqrt{2}\sin 314t\,\text{A}$，求 u、i 的相量并画出相量图。

5. 指出并改正下列各式的错误。

1）$u = 20\underline{/45°}\ \text{V}$　　　　2）$\dot{I} = 10\sin(\omega t + 60°)\,\text{A}$

3）$E = 220\underline{/120°}\ \text{V}$　　　4）$I = 5\sin(\omega t - 30°)\,\text{A}$

6. 当频率提高时，R、X_L、X_C 如何变化？

7. 为什么在直流电路中常将电感线圈当作短路，电容器当作开路？

8. 无功功率的"无功"应如何理解？"电感元件不消耗能量，所以任何时刻电源都不会对电感元件做功"，此话是否正确？为什么？

9. 在图 3-39 中，交流电源的频率相同，且各交流电源电压的有效值与各直流电流的电压值相同，所有四个白炽灯、电阻、电感都完全相同，试由明到暗地排列出各灯光亮度的顺序。

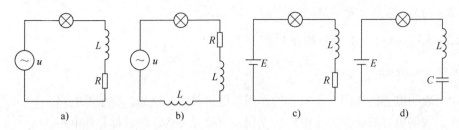

图 3-39 习题 9 的电路

10. 定性画出图 3-40 中两电路的相量图，并写出电压表的数值。图 3-40a 中若 V$_2$ 表为 4V，V 表为 5V，则 V$_1$ 表为 _____ V；图 3-40b 中若 V$_1$ 表为 4V，V$_2$ 表为 40V，则 V 表为 _____ V。

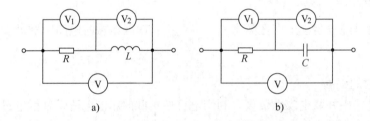

图 3-40 习题 10 的电路

11. 定性画出图 3-41 中三个电路的相量图，并写出电流表的数值。图 3-41a 中若 A$_1$ 表为 3A，A 表为 5A，则 A$_2$ 表为 _____ A；图 3-41b 中若 A 表为 11A，A$_1$ 表为 6A，则 A$_2$ 表为 _____ A；图 3-41c 中若 A$_1$ 表为 10A，A$_2$ 表为 2A，则 A 表为 _____ A。

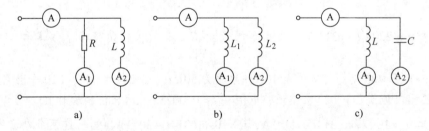

图 3-41 习题 11 的电路

12. 串联谐振的谐振条件是什么？串联电路的固有角频率和固有频率等于什么？

13. 为什么将串联谐振叫做电压谐振，而将并联谐振叫做电流谐振？

14. 什么是功率因数？电路的功率因数由什么决定？提高功率因数有哪些意义？

15. 图 3-42 中给出了 u_1、u_2 的波形图，试写出 u_1、u_2 的解析式，并确定其初相位各为多少？相位差为多少？哪个超前？哪个滞后？

16. 已知在 $R = 10\Omega$ 的电阻上通过的电流为 $i = 10\sqrt{2}\sin(314t + 30°)$A，试求电阻上电压的有效值，并求电阻的功率。

$(U = 100\text{V}, P = 1000\text{W})$

17. 一个 $L = 0.2$H 的电感，外施电压为 $u = 220\sqrt{2}\sin(100t + 30°)$V，求电感的感抗 X_L 和电流 i，并绘出电压和电流的相量图。

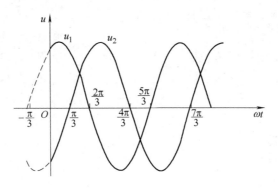

图 3-42　习题 15 的图

$$(X_L = 20\Omega, i = 11\sqrt{2}\sin(100t - 60°)\,\text{A})$$

18. 一个 $L = 0.1\text{H}$ 的电感，先后接在 $f_1 = 50\text{Hz}$ 和 $f_2 = 500\text{Hz}$，电压 50V 的电源上，分别计算两种情况下的 X_L、I_L 和 Q_L。

$$(f_1 = 50\text{Hz}: X_L = 31.4\Omega, I_L = 1.59\text{A}, Q_L = 79.3\text{var}$$
$$f_2 = 500\text{Hz}: X_L = 314\Omega, I_L = 0.16\text{A}, Q_L = 8\text{var})$$

19. 一个 $C = 31.8\mu\text{F}$ 的电容，外施电压为 $u = 220\sqrt{2}\sin(314t + 30°)\,\text{V}$，求电容的容抗 X_C 和电流 i，并绘出电压和电流的相量图。

$$(X_C = 100\Omega, i = 2.2\sqrt{2}\sin(100t + 120°)\,\text{A})$$

20. 一个 $C = 100\mu\text{F}$ 的电容，先后接在 $f_1 = 100\text{Hz}$ 和 $f_2 = 1000\text{Hz}$，电压 50V 的电源上，分别计算两种情况下的 X_C、I_C 和 Q_C。

$$(f_1 = 100\text{Hz}: X_C = 31.8\Omega, I_C = 1.57\text{A}, Q_C = 78.4\text{var}$$
$$f_2 = 1000\text{Hz}: X_C = 318\Omega, I_C = 0.16\text{A}, Q_C = 8.1\text{var})$$

21. 一个电阻为 $1.5\text{k}\Omega$，电感为 6.37H 的线圈，接于 50Hz、380V 的正弦电源上，求电流 I、功率因数 $\cos\varphi$、有功功率 P、无功功率 Q、视在功率 S。

$$(I = 0.152\text{A}, \cos\varphi = 0.6, P = 34.7\text{W}, Q = 46.2\text{var}, S = 57.8\text{VA})$$

22. R、C 串联电路接于 $u = 220\sqrt{2}\sin(314t - 30°)\,\text{V}$ 的正弦电源上，如图 3-43 所示。已知 $R = 100\Omega$，$C = 31.85\mu\text{F}$，求电路的复阻抗 Z、电流相量 $\dot{I}$ 和电压相量 $\dot{U}_C$，并画出电压电流相量图。

$$(Z = 100 - \text{j}100\Omega, \dot{I} = 1.56\ \underline{/15°}\ \text{A}, \dot{U}_C = 156\ \underline{/-75°}\ \text{V})$$

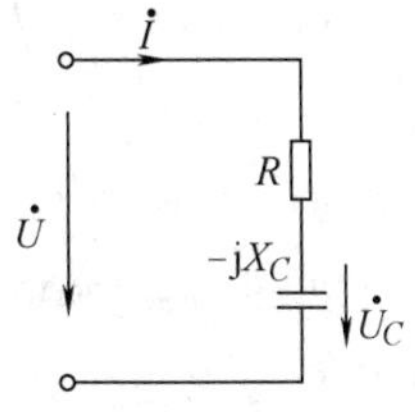

23. 已知 RLC 串联电路中，交流电源电压 $u = 200\sin(314t + 30°)\,\text{V}$、$R = 10\Omega$、$X_L = 5\Omega$、$X_C = 15\Omega$。试求：

1）电路的复阻抗 Z，并分析电路的性质。

2）电流 $\dot{I}$ 和电压 $\dot{U}_R$、$\dot{U}_L$、$\dot{U}_C$。

3）绘出电流和各电压的相量图。

$$(Z = (10 - \text{j}10)\Omega,\ \text{电路呈容性};$$
$$\dot{I} = 15.6\ \underline{/75°}\ \text{A}, \dot{U}_R = 156\ \underline{/75°}\ \text{V}, \dot{U}_L = 78\ \underline{/165°}\ \text{V}, \dot{U}_C = 234\ \underline{/-15°}\ \text{V})$$

图 3-43　习题 22 的电路

24. 如图 3-44 所示正弦交流电路，已知 $U = 100\text{V}$、$R_1 = 20\Omega$、$R_2 = 10\Omega$、$X_2 = 10\sqrt{3}\Omega$。试求：

1）电流 I，并画出电压电流相量图。

2）计算电路的功率 P 和功率因数 $\cos\varphi$。

$$(I=8.66\text{A};P=750\text{W},\cos\varphi=0.866)$$

25. 如图 3-45 所示正弦交流电路，已知 $\dot{U}=100\underline{/0°}\text{ V}$、$Z_1=1+\text{j}\Omega$、$Z_2=3-\text{j}4\Omega$。求 $\dot{I}$、$\dot{U}_1$、$\dot{U}_2$，并画出相量图。

$$(\dot{I}=20\underline{/36.9°}\text{ A},\dot{U}_1=28.28\underline{/81.9°}\text{ V},\dot{U}_2=100\underline{/-16.2°}\text{ V})$$

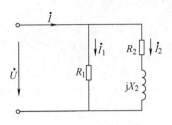
图 3-44　习题 24 的电路

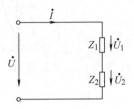
图 3-45　习题 25 的电路

26. 如图 3-46 所示正弦交流电路，$\dot{U}=100\underline{/-30°}\text{ V}$、$R=4\Omega$、$X_L=5\Omega$、$X_C=15\Omega$。试求电流 $\dot{I}_1$、$\dot{I}_2$ 和 $\dot{I}$，并画出相量图。

$$(\dot{I}_1=6.67\underline{/60°}\text{ A},\dot{I}_2=15.6\underline{/-81.3°}\text{ A},\dot{I}=11.2\underline{/-59.4°}\text{ A})$$

27. 在 RLC 串联电路中，$C=0.1\mu\text{F}$，当电源电压频率为 2kHz 时，电路发生谐振，此时电容上的电压是电源电压的 14 倍，求电阻 R 和电感 L 的值。

$$(R=56.8\Omega,L=63\text{mH})$$

28. 图 3-46 所示电路，设 $R=25\Omega$、$L=0.25\text{mH}$、$C=85\text{pF}$，试求电路的谐振频率和品质因数。

$$(f_0=1100\text{kHz},Q=68.6)$$

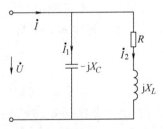
图 3-46　习题 26 的电路

29. 已知一 RLC 串联电路中，$R=10\Omega$、$X_C=10\Omega$、$X_L=20\Omega$，$\dot{I}=2\underline{/30°}\text{ A}$。试求：

1）总电压 $\dot{U}$。

2）功率因数 $\cos\varphi$。

3）有功功率 P、无功功率 Q、视在功率 S。

$$(\dot{U}=20\sqrt{2}\angle75°\text{V};\cos\varphi=0.707;P=40\text{W},Q=40\text{var},S=56.6\text{VA})$$

30. 某电路如 3-47 所示，接于 220V 的正弦工频交流电源上，已知 $U=220\text{V}$、$R=100\Omega$、$X_L=100\sqrt{3}\Omega$，利用开关 S 可使电容 C 与感性负载并联，$C=11.6\mu\text{F}$。试求：

1）开关 S 断开时，电流表 A 的读数以及功率因数 $\cos\varphi$、功率 P。

2）开关 S 闭合时，电流表 A 的读数以及功率因数 $\cos\varphi$、功率 P。

图 3-47　习题 30 的电路

$$(1)I=1.1\text{A},\cos\varphi=0.5,P=121\text{W};2)I=0.57\text{A},\cos\varphi=0.96,P=121\text{W})$$

31. 某感性负载接于 $U=380\text{V}$、$f=50\text{Hz}$ 的正弦交流电源上，有功功率 $P=40\text{kW}$，功率因数 $\cos\varphi=0.6$。现采用并联电容的方法将功率因数提高到 0.9，试求要并联多大的电容？

$$(C=0.75\mu\text{F})$$

第四章

三相交流电路

在工业生产和日常生活中使用的交流电,几乎全部是由三相交流发电机发电、三相输电线路输送的。而通常所用的单相交流电一般是三相交流电路中的一相。

与单相交流电相比,三相交流电应用更为广泛,主要是由于三相交流电具有以下优点:

1)在容量相同的条件下,制造三相发电机、三相变压器比制造单相发电机、单相变压器节省材料,并且构造简单、性能优良,使用和维护都较为方便。

2)在输电距离、输送功率、负载的线电压和功率因数、输电线路损耗及输电线材料相同的条件下,三相输电线同单相输电线相比,可节省有色金属25%。

3)工业用的交流电动机绝大多数是三相异步电动机,它采用三相交流电作为电源。

三相交流电源是由三个幅值相等、频率相同、相位互差120°的正弦电动势联结组成的。

由三相交流电源供电的电路被称为三相交流电路。

三相交流电路是一般交流电路的特例,一般交流电路的结论完全适用于三相交流电路。

本章运用一般交流电路的分析方法,分析对称三相电源的联结及其特点、三相负载的联结及其特点、对称三相电路的计算以及不对称丫形电路的计算,介绍输电线路导线截面积选取、照明电路及安全用电。

第一节　三相交流电源

一、三相电动势的产生

三相电动势是由三相交流发电机发电产生的。三相交流发电机主要由静止的定子和转动的转子构成,如图4-1所示。定子中嵌有三个参数完全相同、空间上互差120°电角度的绕组(A－X、B－Y、C－Z),每一个绕组即为一相,这三个绕组称为三相绕组。三相绕组的首端分别用A、B、C表示,末端分别用X、Y、Z表示。三相绕组可以采用星形或三角形接法。转子由转子铁心和转子绕组组成。当转子绕组中通以直流励磁电流时,在其表面产生一个按正弦规律分布的磁场。

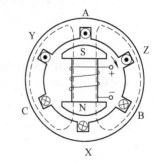

图 4-1　三相交流发电机示意图

当原动机,如汽轮机、水轮机等,带动三相交流发电机的转子作顺时针匀速转动时,转子磁场旋转,定子绕组导体切割磁力线,其三相绕组中分别产生感生电动势 e_A、e_B、e_C。此三相电动势幅值相等、频率相同、初相互差120°,称为对称三相电动势。以 e_A 作为参考量,三相电动势的瞬时值为

$$\left.\begin{array}{l} e_{\mathrm{A}} = E_{\mathrm{m}}\sin\omega t \\ e_{\mathrm{B}} = E_{\mathrm{m}}\sin(\omega t - 120°) \\ e_{\mathrm{C}} = E_{\mathrm{m}}\sin(\omega t + 120°) \end{array}\right\} \tag{4-1}$$

如果忽略发电机绕组的阻抗所产生的压降，则绕组的端电压 $u_{\mathrm{A}} = e_{\mathrm{A}}$，$u_{\mathrm{B}} = e_{\mathrm{B}}$，$u_{\mathrm{C}} = e_{\mathrm{C}}$，称为对称三相正弦电压，其瞬时值为

$$\left.\begin{array}{l} u_{\mathrm{A}} = U_{\mathrm{m}}\sin\omega t \\ u_{\mathrm{B}} = U_{\mathrm{m}}\sin(\omega t - 120°) \\ u_{\mathrm{C}} = U_{\mathrm{m}}\sin(\omega t + 120°) \end{array}\right\} \tag{4-2}$$

对应的相量为

$$\left.\begin{array}{l} \dot{U}_{\mathrm{A}} = U\angle 0° \\ \dot{U}_{\mathrm{B}} = U\angle -120° \\ \dot{U}_{\mathrm{C}} = U\angle +120° \end{array}\right\} \tag{4-3}$$

这三个幅值相等、频率相同、相位互差120°的正弦电压源按一定方式联结，就是三相电源。图4-2和图4-3分别为三相电源的电压波形图和相量图。

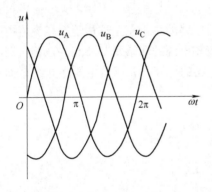

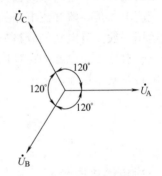

图4-2 三相电源的电压波形图　　　图4-3 三相电源的电压相量图

三相电源的电压瞬时值之和为零，即

$$u_{\mathrm{A}} + u_{\mathrm{B}} + u_{\mathrm{C}} = 0 \tag{4-4}$$

相量关系式为　　　　　　　　$\dot{U}_{\mathrm{A}} + \dot{U}_{\mathrm{B}} + \dot{U}_{\mathrm{C}} = 0$

三相正弦电压出现最大值的顺序称为三相电源的相序，上述三相电源的相序是 A→B→C。相序是由发电机转子的旋转方向决定的。三相发电机在并网发电时或用三相电驱动三相交流电动机时，必须考虑相序的问题，否则会引起重大事故，为了防止接线错误，低压配电线路上的三相母线以颜色区分各相，分别以黄、绿、红三种颜色表示 A、B、C 三相。

二、三相电源的联结

三相交流发电机的每相绕组（即每一相电源）都可以作为独立的正弦电压源向负载供电。如果三相电源各自独立供电，则需要六根输电线。实际输电时，并不采用这种供电方式。现行的三相电力系统是将三相绕组（即三相电源）按星形或三角形进行联结，形成一个整体向负载供电，只需三根或四根输电线，比三相独立供电节省大量的有色金属。

1. 三相电源的星形联结

如图 4-4 所示，将发电机三相绕组（A－X、B－Y、C－Z）的末端 X、Y、Z 连在一起，作为公共点 N，称为中性点或零点，由中性点引出的导线称为中性线（或零线）。首端 A、B、C 引出三条输电线，称为相线，俗称火线。这就构成了三相电源的星形联结。

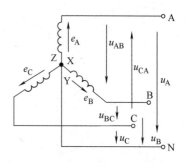

如果供电系统由三条相线和一条中性线组成，称为三相四线制供电系统；没有中性线则称为三相三线制供电系统。单相供电线路只连接三相四线制供电系统中的一条相线和中性线。

图 4-4　三相电源的星形联结

相线与中性线之间的电压，称为相电压，用 u_A、u_B、u_C 表示。相线与相线之间的电压，称为线电压，用 u_{AB}、u_{BC}、u_{CA} 表示。

星形联结三相电源的线电压与相电压的相量关系式为

$$\left. \begin{array}{l} \dot{U}_{AB} = \dot{U}_A - \dot{U}_B \\ \dot{U}_{BC} = \dot{U}_B - \dot{U}_C \\ \dot{U}_{CA} = \dot{U}_C - \dot{U}_A \end{array} \right\} \tag{4-5}$$

由于三相电源的相电压是对称的，其线电压可以表示为

$$\left. \begin{array}{l} \dot{U}_{AB} = \sqrt{3}\,\dot{U}_A\ \underline{/30°} \\ \dot{U}_{BC} = \sqrt{3}\,\dot{U}_B\ \underline{/30°} \\ \dot{U}_{CA} = \sqrt{3}\,\dot{U}_C\ \underline{/30°} \end{array} \right\} \tag{4-6}$$

可见，当相电压对称时，线电压也是对称的。如果相电压的有效值用 U_P 表示，线电压的有效值用 U_L 表示，则

$$U_L = \sqrt{3}\,U_P \tag{4-7}$$

相位上，线电压超前于相应的相电压 30°，如 $\dot{U}_{AB}$ 超前 $\dot{U}_A$ 30°。

三相电源星形联结时，线电压与相电压的相量关系如图 4-5 所示。首先以 $\dot{U}_A$ 为参考相量，以顺时针方向互差 120° 画出相量 $\dot{U}_B$、$\dot{U}_C$；再根据式（4－6）画出线电压相量 $\dot{U}_{AB}$、$\dot{U}_{BC}$ 和 $\dot{U}_{CA}$。

三相电源的电压通常是指线电压。我们一般所说的交流 380V 供电电压，在低压三相四线制供电方式中是指线电压为 380V，其相电压为 380V/$\sqrt{3}$ =220V。

2. 三相电源的三角形联结

如图 4-6 所示，将三相电源的三个绕组首尾相连形成一个闭合回路，就构成了三相电源的三角形联结。由于三相电源的电压瞬时值（或相量）之和为零，所以电源内部不会形成环流。三相电源采用三角形联结时，线电压等于相电压，即

$$U_L = U_P \tag{4-8}$$

在电力系统中，发电机的三相绕组几乎都采用星形联结。三相变压器的绕组二次侧也可看作是三相电源，可以采用星形或三角形联结。

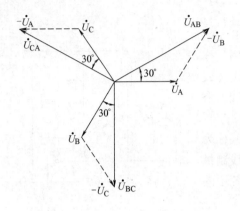

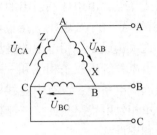

图 4-5　三相电源星形联结时线、相电压相量关系　　　图 4-6　三相电源的三角形联结

第二节　三相负载的星形联结

交流用电设备种类很多，一般可分为单相负载和三相负载两类。单相负载的一端接在一条相线上，另一端接在中性线上，如电灯、家用电器等。三相负载必须接在三相电源上才能正常工作，如三相电动机、三相电炉等。大批量的单相负载可以均分成三组，分别接入三相电源的 A、B、C 三相，使三相负荷平衡，从整体上可看作三相负载。实际接线中，不论哪一种负载，应确保电源加在负载上的电压不超出负载的额定电压。

如果三相负载的每相的阻抗相等（即每相阻抗的模和阻抗角均相等），则称为对称负载；反之，则称为不对称负载。在实际应用中，三相电动机是对称负载，三相照明负载一般是不对称负载。

三相负载可以采用星形或三角形联结。

三相电路是由三相电源和三相负载连接起来组成的。如果三相电源和三相负载都是对称的，组成的电路则称为对称的三相电路。

将三相负载的一端连接到一个公共端点，负载的另一端分别与电源的三条相线相连，就构成三相负载的星形联结。负载的公共端点称为负载的中性点，用 N′ 表示。

1. 三相四线制

如果三相电源和三相负载均采用星形联结，并且将三相电源的中性线连接到负载的中性点 N′，就构成了三相四线制，如图 4-7 所示。负载中性点 N′ 与电源中性点 N 间的电压 $\dot{U}_{N'N}$ 称为中性点电压。

三相电路中，流过每相负载的电流称为相电流，有效值用 I_a、I_b、I_c 或 I_P 来表示；流过相线的电流称为线电流，有效值用 I_A、I_B、I_C 或 I_L 来表示。显然，负载作星形联结时，相电流等于相应的线电流，即

$$I_P = I_L \tag{4-9}$$

各相电流如下：

$$\dot{I}_a = \dot{I}_A = \frac{\dot{U}_A}{Z_A}, \dot{I}_b = \dot{I}_B = \frac{\dot{U}_B}{Z_B}, \dot{I}_c = \dot{I}_C = \frac{\dot{U}_C}{Z_C}$$

中性线电流

$$\dot{I}_\mathrm{N} = \dot{I}_\mathrm{A} + \dot{I}_\mathrm{B} + \dot{I}_\mathrm{C} \tag{4-10}$$

由于电源的相电压是对称的,如果负载是对称的(即 $Z_\mathrm{A} = Z_\mathrm{B} = Z_\mathrm{C}$),则相电流(线电流)也是对称的。假设三相负载为感性负载,相电压与线电流的相量关系如图 4-8 所示。由于相(线)电流对称,其相量和等于零,也就是说,流过中性线的电流等于零,即

$$\dot{I}_\mathrm{N} = \dot{I}_\mathrm{A} + \dot{I}_\mathrm{B} + \dot{I}_\mathrm{C} = 0 \tag{4-11}$$

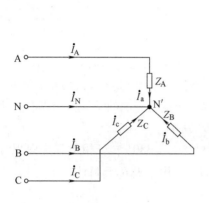

图 4-7 三相四线制

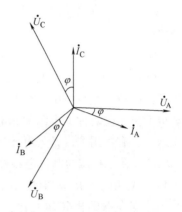

图 4-8 对称负载星形联结时相电压与线电流的相量关系

【例 4-1】 图 4-7 所示的三相电路中,电源线电压 $u_\mathrm{AB} = 380\sqrt{2}\sin(\omega t + 30°)\,\mathrm{V}$,三相对称负载每相负载复阻抗 $Z = 5\ \underline{/63.1°}\ \Omega$,试求负载各相电流的有效值相量。

【解】 因为负载对称,可选取其中一相电路进行计算,

以 $\dot{U}_\mathrm{A}$ 为参考相量,有

$$\dot{U}_\mathrm{A} = 220\ \underline{/0°}\ \mathrm{V}$$

$$\dot{U}_\mathrm{AB} = 380\ \underline{/30°}\ \mathrm{V}$$

所以
$$\dot{I}_\mathrm{a} = \frac{\dot{U}_\mathrm{A}}{Z} = \frac{220\ \underline{/0°}}{5\ \underline{/63.1°}}\,\mathrm{A} = 44\ \underline{/-63.1°}\ \mathrm{A}$$

依对称关系有
$$\dot{I}_\mathrm{b} = 44\ \underline{/-183.1°}\,\mathrm{A}$$

$$\dot{I}_\mathrm{c} = 44\ \underline{/-303.1°}\,\mathrm{A} = 44\ \underline{/56.9°}\ \mathrm{A}$$

当各相负载分配不均匀,或者三相电路发生断路、短路等故障时,都会出现负载不对称的情况。虽然电源是对称的,但由于负载不对称,相电流就不再对称,三相电流相量和不等于零,流过中性线的电流不再等于零,中性线会迫使负载中性点 N′和电源中性点 N 处于同电位,三相负载分别通过中性线形成互不影响的独立电路,以确保不对称的星形负载都承受对称的电源的相电压。可见,三相四线制容许负载处于不对称状态,在不对称情况下中性线的作用至关重要。

【例 4-2】 在三相四线制供电线路中,星形负载各相复阻抗分别为 $Z_\mathrm{A} = (8 + \mathrm{j}6)\,\Omega$、$Z_\mathrm{B} = (3 + \mathrm{j}4)\,\Omega$、$Z_\mathrm{C} = 10\,\Omega$,电源线电压为 $380\mathrm{V}$,求各相电流相量及中性线电流相量。

【解】 电源为星形联结,则由题意知

$$U_\mathrm{P} = \frac{U_\mathrm{L}}{\sqrt{3}} = 220\mathrm{V}$$

设 $\dot{U}_A = 220 \underline{/0°}$ V，则各相负载的相电流为

$$\dot{I}_A = \frac{\dot{U}_A}{Z_A} = \frac{220 \underline{/0°}}{8 + j6} A = \frac{220}{10 \underline{/36.9°}} A = 22 \underline{/-36.9°} A$$

$$\dot{I}_B = \frac{\dot{U}_B}{Z_B} = \frac{220 \underline{/-120°}}{3 - j4} A = \frac{220 \underline{/-120°}}{5 \underline{/-53.1°}} A = 44 \underline{/-66.9°} A$$

$$\dot{I}_C = \frac{\dot{U}_C}{Z_C} = \frac{220 \underline{/120°}}{10} A = \frac{220 \underline{/120°}}{10 \underline{/0°}} A = 22 \underline{/120°} A$$

中性线电流为

$$\dot{I}_N = \dot{I}_A + \dot{I}_B + \dot{I}_C = (22 \underline{/-36.9°} + 44 \underline{/-66.9°} + 22 \underline{/120°}) A$$
$$= (17.6 - j13.2 + 17.3 - j40.5 - 11 + j19.1 = 23.9 - j34.6) A = 42 \underline{/-55.4°} A$$

如果不对称负载运行时中性线断开，负载中性点 N′ 与电源中性点 N 的电位将不再相同，三相负载也不再承受对称的电源的相电压，三相负载电压重新分配的结果会使得有些用电设备过电压运行，有些用电设备欠电压运行，导致严重的后果。

【例 4-3】 在三相四线制供电线路中，已知线电压 $U_L = 380V$、三相负载是白炽灯、星形联结、其中 A 相电阻 $R_1 = 44\Omega$、B 相电阻 $R_2 = 22\Omega$、C 相电阻 $R_3 = 11\Omega$。

(1) 试求各负载的相电流大小。

(2) 若中性线断开，且 C 相灯不开，求此时 A 相和 B 相灯泡上的电压大小。

(3) 若中性线断开，且 C 相负载短路，求此时 A、B 相灯泡上的电压和电流大小。

【解】 (1) $\because U_A = U_B = U_C = U_P = \dfrac{U_L}{\sqrt{3}} = \dfrac{380V}{\sqrt{3}} = 220V$

$$\therefore I_a = \frac{U_A}{R_1} = \frac{220}{44} A = 5A$$

$$I_b = \frac{U_B}{R_2} = \frac{220}{22} A = 10A$$

$$I_c = \frac{U_C}{R_3} = \frac{220}{11} A = 20A$$

(2) 若中性线断开，且 C 相灯不开，则电路如图 4-9 所示，此时其余两相串联后承受线电压。按照分压原理，可求得 A 相和 B 相灯泡的电压分别为

$$U'_A = U_L \times \frac{R_1}{R_1 + R_2} = 380 \times \frac{44}{44 + 22} V = 253.3V$$

$$U'_B = U_L \times \frac{R_2}{R_1 + R_2} = 380 \times \frac{22}{44 + 22} V = 126.7V$$

可见，当中性线断开时，各相负载的电压不再等于电源的相电压 220V。本例中的 A 相灯泡因电压太高而烧毁，B 相灯泡因电压太低而不能正常发光。

(3) 如果中性线断开，且 C 相因故障短路，则电路如图 4-10 所示。

这时 A 相负载承受 AC 间的线电压，B 相负载承受 BC 间的线电压，电流为

因为 $U''_A = U''_B = U_L = 380V$

所以 $I''_a = \dfrac{U''_A}{R_1} = \dfrac{380}{44} A = 8.64A$

$$I_b'' = \frac{U_B''}{R_2} = \frac{380}{22}A = 17.27A$$

显然，A、B 两相的白炽灯都会因为电压过高、电流过大而烧毁。

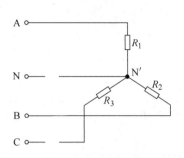

图 4-9　中性线断开 C 相不开灯的情况

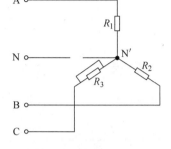

图 4-10　中性线断开 C 相短路的情况

由此例可见，一旦中性线断开，三相四线制成为三相三线制，负载的不对称就可能导致相当严重的后果。因此，三相四线制必须保证中性线的可靠连接。为防止意外，中性线上绝对不容许安装开关或者熔断器，必要时还需使用机械强度较高的导线。此外，如果由于负载不对称造成中性线电流过大，中性线阻抗即使很小，其上的电压也会引起中性点偏移，负载中性点不再与电源中性点等电位。因此即使采用三相四线制，也应尽可能使三相负载均衡，来限制中性线电流。

2. 三相三线制

当对称负载采用三相四线制时，中性线电流等于零。此时，电源中性点 N 与负载中性点 N' 等电位。将中性线去掉，如图 4-11 所示，则构成三相三线制。此时，三相电流是对称的，其相量和为零即

$$\dot{I}_N = \dot{I}_A + \dot{I}_B + \dot{I}_C = 0$$

或　　　　　$i_A + i_B + i_C = 0$

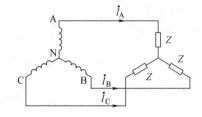

图 4-11　三相三线制

每一相的电流需要借助另两相负载形成回路。也就是说，三相负载互为回路，各相负载仍承受对称的相电压。

第三节　三相负载的三角形联结

负载首尾相连，三个连接点分别接在三条相线上，则构成负载的三角形联结，如图 4-12 所示。各相的相电流及线电流分别用 $\dot{I}_{AB}$、$\dot{I}_{BC}$、$\dot{I}_{CA}$ 和 $\dot{I}_A$、$\dot{I}_B$、$\dot{I}_C$ 表示。

一、三角形联结的一般电路

由于三角形负载的各相负载均接于两条相线之间，电源的线电压直接加载于各相负载上，因此负载的相电压等于电源的线电压

$$U_P = U_L \tag{4-12}$$

电源的线电压总是对称的。因此，无论负载是否对称，负载的相电压总是对称的。此时，各相负载的相电流分别为

$$\dot{I}_{AB} = \frac{\dot{U}_{AB}}{Z_{AB}}, \quad \dot{I}_{BC} = \frac{\dot{U}_{BC}}{Z_{BC}}, \quad \dot{I}_{CA} = \frac{\dot{U}_{CA}}{Z_{CA}}$$

各线电流可根据 KCL 定律求得，分别为

$$\dot{I}_A = \dot{I}_{AB} - \dot{I}_{CA}$$

$$\dot{I}_B = \dot{I}_{BC} - \dot{I}_{AB}$$

$$\dot{I}_C = \dot{I}_{CA} - \dot{I}_{BC}$$

二、对称负载的三角形联结

如果负载是对称的，$Z_{AB} = Z_{BC} = Z_{CA} = Z$，如图 4-13 所示。

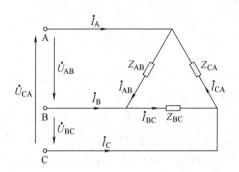

图 4-12 三相负载的三角形联结

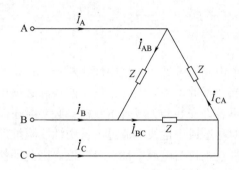

图 4-13 对称负载的三角形联结

以电源线电压 $\dot{U}_{AB}$ 为参考，$\dot{U}_{AB} = U_L \underline{/0°}$，由于 $U_P = U_L$，已知 $Z = |Z| \underline{/\varphi}$，则各项负载的相电流为

$$\dot{I}_{AB} = \frac{\dot{U}_{AB}}{Z_{AB}} = \frac{\dot{U}_{AB}}{Z} = \frac{U_P \underline{/0°}}{|Z| \underline{/\varphi}} = I_P \underline{/-\varphi}$$

$$\dot{I}_{BC} = \frac{\dot{U}_{BC}}{Z_{BC}} = \frac{\dot{U}_{BC}}{Z} = \frac{U_P \underline{/-120°}}{|Z| \underline{/\varphi}} = I_P \underline{/(-120° - \varphi)}$$

$$\dot{I}_{CA} = \frac{\dot{U}_{CA}}{Z_{CA}} = \frac{\dot{U}_{CA}}{Z} = \frac{U_P \underline{/+120°}}{|Z| \underline{/\varphi}} = I_P \underline{/(120° - \varphi)}$$

可见，负载的相电流是对称的。三角形对称负载的相电流与线电流的相量关系如图 4-14 所示。由此相量图或 KCL 公式可求得各负载线电流相量为

$$\dot{I}_A = \dot{I}_{AB} - \dot{I}_{CA} = \sqrt{3} \dot{I}_{AB} \underline{/-30°}$$

$$\dot{I}_B = \dot{I}_{BC} - \dot{I}_{AB} = \sqrt{3} \dot{I}_{BC} \underline{/-30°}$$

$$\dot{I}_C = \dot{I}_{CA} - \dot{I}_{BC} = \sqrt{3} \dot{I}_{CA} \underline{/-30°}$$

可见，负载的线电流也是对称的，其有效值为相电流的 $\sqrt{3}$ 倍，即

$$I_L = \sqrt{3} I_P \tag{4-13}$$

相位上，线电流滞后于各相的相电流30°。

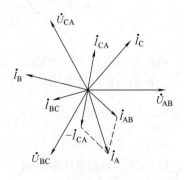

图 4-14 三角形对称负载线电压与相电流、线电流的关系

【**例 4-4**】 如图 4-13 所示，对称负载作三角形联结，每相负载阻抗为 $4+j3\Omega$，电源电压为 380V。试求各相电流与线电流的有效值相量，并画出相量图。

【**解**】 设 $\dot{U}_{AB}=380\underline{/0°}$，相序为 A→B→C。

$$\dot{I}_{AB}=\frac{\dot{U}_{AB}}{Z}=\frac{380\underline{/0°}}{4+j3}A=\frac{380\underline{/0°}}{5\underline{/36.9°}}A=76\underline{/-36.9°}A$$

由于负载是对称的，因此可直接写出

$$\dot{I}_{BC}=\dot{I}_{AB}\underline{/-120°}=76\underline{/-156.9°}A$$

$$\dot{I}_{CA}=\dot{I}_{AB}\underline{/+120°}=76\underline{/83.1°}A$$

各线电流为

$$\dot{I}_A=\sqrt{3}\dot{I}_{AB}\underline{/-30°}=\sqrt{3}\times76\underline{/-66.9°}A\approx131.6\underline{/-66.9°}A$$

$$\dot{I}_B=\dot{I}_A\underline{/-120°}=131.6\underline{/-186.9°}A=131.6\underline{/173.1}A$$

$$\dot{I}_C=\dot{I}_A\underline{/+120°}=131.6\underline{/53.1°}A$$

电压与电流的相量图如图 4-14 所示。

　　三相负载采用哪种联结方式，是依据负载的额定电压和电源的线电压而定的，与电源的联结方式无关。对单相交流负载，如果负载的额定电压等于电源线电压的 $1/\sqrt{3}$ 时，应采用星形联结；如果负载额定电压等于电源线电压时，应采用三角形联结。只有这样才能保证负载正常工作。如果将应采用星形联结的负载误接成三角形联结，则负载电压升高为额定电压的 $\sqrt{3}$ 倍，电流和功率随之增大，致使负载烧坏。相反，如果将应采用三角形联结的负载误接成星形联结，则每相电压仅为应有电压的 $1/\sqrt{3}$，负载无法正常工作。

　　对三相电动机负载，必须按照电动机铭牌上的接线要求接线，无论接成星形或三角形，一定要保证电动机的额定电压与电源线电压一致。例如，三相电动机在三角形接法下，如果铭牌标注额定电压为 220V，则不能直接接入 380V 电网。

第四节　三相电路的功率

　　无论三相电路的负载是星形联结还是三角形联结，负载总的有功功率等于各相负载有功功率之和。

$$P=P_A+P_B+P_C=U_AI_A\cos\varphi_A+U_BI_B\cos\varphi_B+U_CI_C\cos\varphi_C$$

如果三相负载对称，则各相负载的功率因数相等，有功功率相等，因此

$$P=3U_PI_P\cos\varphi \tag{4-14}$$

式中，U_P 为相电压，I_P 为相电流，$\cos\varphi$ 为每相负载的功率因数。同理，无功功率和视在功率分别为

$$Q=3U_PI_P\sin\varphi \tag{4-15}$$

$$S=\sqrt{P^2+Q^2}=3U_PI_P \tag{4-16}$$

也可以用线电压、线电流来表示三相负载的功率。对称的星形负载，由于 $U_P=\dfrac{U_L}{\sqrt{3}}$，

$I_P = I_L$，故得

$$P_Y = 3U_P I_P \cos\varphi = 3\left(\frac{U_L}{\sqrt{3}}\right)I_L \cos\varphi = \sqrt{3}\,U_L I_L \cos\varphi$$

对称的三角形负载，由于 $U_P = U_L$，$I_P = \frac{I_L}{\sqrt{3}}$，故得

$$P_\triangle = 3U_P I_P \cos\varphi = 3U_L\left(\frac{I_L}{\sqrt{3}}\right)\cos\varphi = \sqrt{3}\,U_L I_L \cos\varphi$$

可见，不论是星形或三角形接法，三相对称负载的有功功率为

$$P = \sqrt{3}\,U_L I_L \cos\varphi \tag{4-17}$$

式中，$\cos\varphi$ 为每相负载的功率因数。

使用式（4-17）时应注意以下几点：① φ 是负载相电压与相电流之间的相位差，不是线电压与线电流的相位差。②负载作△联结时的线电流不等于作Y联结时的线电流。

同理，用线电压、线电流来表示，三相对称负载的无功功率和视在功率分别为

$$Q = \sqrt{3}\,U_L I_L \sin\varphi \tag{4-18}$$

$$S = \sqrt{P^2 + Q^2} = \sqrt{3}\,U_L I_L \tag{4-19}$$

【例4-5】 图4-15 中，星形联结和三角形联结的每相负载的复阻抗均为 $3 + j4\Omega$，电源的线电压为 380V。分别计算两种接法三相负载总的有功功率。

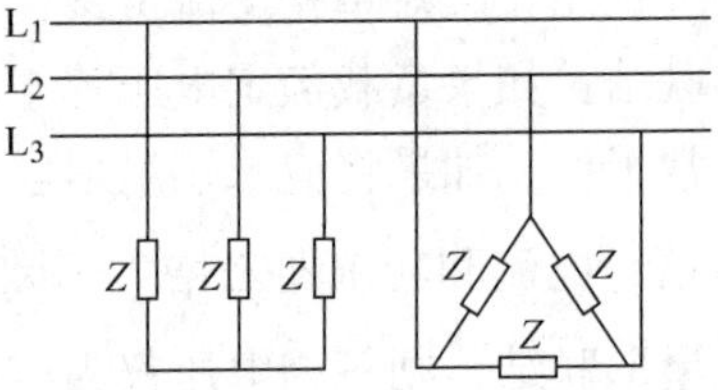

图4-15 例4-5 的图

【解】 每相负载阻抗为 $|Z| = \sqrt{4^2 + 3^2}\,\Omega = 5\Omega$
每相负载的功率因数为

$$\cos\varphi = \frac{R}{|Z|} = \frac{3}{5} = 0.6$$

对于星形负载，有

$$I_L = I_P = \frac{U_P}{|Z|} = \frac{380/\sqrt{3}}{5}A = 44A$$

$$P_Y = \sqrt{3}\,U_L I_L \cos\varphi = \sqrt{3} \times 380 \times 44 \times 0.6\,W = 17.4kW$$

对于三角形负载，有

$$I_L = \sqrt{3}I_P = \sqrt{3}\frac{380}{5}A = 132A$$

$$P_\triangle = \sqrt{3}\,U_L I_L \cos\varphi = \sqrt{3} \times 380 \times 132 \times 0.6\,W = 52.1kW$$

三相电路是具有特殊形式的正弦交流电路，所以正弦交流电路的概念与计算方法完全适用于三相电路。一般思路是先根据电源和负载的连接方式，确定每相负载两端所承受的电压，再按照单相电路的计算方法，求得各相负载的相电流，最后计算线电流和三相功率，即按照"先相后线，从相到线"的顺序进行计算。对于三相对称负载，则只需计算一相的电流，其他两相电流可以根据对称关系式写出。

第五节　导线截面积的选择

一、传输电能的常用导线

大型电站发出的交流电经高压输出，经一次或两次降压后得到较低一级的电压，再经配电线路输送给用户。传输电能一般使用电缆（导线），电缆常用的材料是铜、铜锡合金（青铜）、铝、铝合金及钢。常用字母代号表示不同材料的导线，铜导线（T），铝导线（L），钢线（G），铜绞线（TJ），铝绞线（LJ），钢芯铝绞线（LGJ）。

铜的导电性能好（电阻率 $\rho = 0.0175\Omega \cdot mm^2 \cdot m^{-1}$），抗腐蚀能力强，机械强度高，安装方便，安全可靠。由于铜的价格较高，用途广泛，因此除了腐蚀特别严重的地区以外，架空线上一般不采用铜导线。铝的导电性能比铜差，在功率损耗相同的情况下，铝线的截面积为铜线的 1.6~1.65 倍。铝线的缺点是机械强度低，允许应力较小，所以导线不能张得过紧，应保持一定的弛度。如果不能增加杆塔的高度，就需要缩短线路中杆塔之间的距离，因此，增加了线路的造价。为了加强铝线的机械强度，通常采用多股线绞成，采用抗张强度为 $1200N/mm^2$ 的钢作为线芯，铝线绞在钢芯外面，作导电主体，这种线称为钢芯铝绞线。铝线不耐受碱性和酸性物质的侵蚀，使用时需要加强维护。由于铝线价格低、产量大，所以铝线和铝合金导线的应用广泛。

导线的规格是表征导线工作性能的主要指标，它决定着导线最大允许载流量和机械强度。导线的规格用导线的截面积表示，单位是平方毫米（mm^2），导线的标称截面积有：$0.75mm^2$、$1mm^2$、$1.5mm^2$、$2.5mm^2$、$4mm^2$、$6mm^2$、$10mm^2$、$25mm^2$、$35mm^2$、$50mm^2$、$70mm^2$ 和 $95mm^2$ 等。导线按其结构的不同又分为单股（芯）线和多股（芯）线，多股线也称绞线。截面积为 $1~6mm^2$ 的导线一般为单股线，截面积为 $10mm^2$ 的有单股与多股两种，截面积为 $16mm^2$ 以上的一般为多股线。参见表 4-1。

表 4-1　允许的导线最小截面积或直径

导线结构	导线材料	线　路　等　级		
		I	II	III
单股线	铜	不允许	$10mm^2$	$6mm^2$
	青铜		$\phi 3.5mm$	$\phi 2.5mm$
	钢		$\phi 3.5mm$	$\phi 2.75mm$
	铝及其合金		不允许	$10mm^2$
多股线	铜	$16mm^2$	$10mm^2$	$6mm^2$
	青铜	$16mm^2$	$10mm^2$	$6mm^2$
	钢	$16mm^2$	$10mm^2$	$10mm^2$
	铝及其合金	$25mm^2$	$16mm^2$	$16mm^2$

导线按照有无绝缘层可以分为裸导线和绝缘导线。裸导线没有绝缘层，其外表直接与空气接触，主要用于户外架空线路。在裸导线中，裸铝线占绝大多数，其优点是散热方便、价格便宜，缺点是安全系数较低。在实际输电线路中，室外架空的裸铝线，除了

边远地区，都被绝缘铜芯线所代替。绝缘导线是在裸线外表加装一层或两层绝缘层，主要有橡胶绝缘和聚氯乙烯绝缘。橡胶绝缘导线和聚氯乙烯绝缘导线（塑料线）的型号和用途分别见表4-2和表4-3 。

表4-2　橡胶绝缘导线的型号和主要用途

型号	名称	主　要　用　途
BX	铜芯橡胶线	供干燥或潮湿场所，固定敷设，耐压500V
BXR	铜芯橡胶软线	供干燥或潮湿场所，移动设备接线，耐压500V
BXS	双芯（铜）橡胶线	供干燥场所，敷设在绝缘子上，耐压250V
BXH	铜芯橡胶花线	供干燥场所，移动设备接线，耐压500V
BLX	铝芯橡胶线	供干燥或潮湿场所，固定敷设，耐压500V
BXC	铜芯穿管橡胶线	用于配电及连接仪表，适于管内敷设，耐压500V
BLXC	铝芯穿管橡胶线	用于配电及连接仪表，适于管内敷设，耐压500V

表4-3　聚氯乙烯绝缘导线（塑料线）的型号和用途

型号	名称	主　要　用　途
LBV（BV）	铝（铜）芯塑料线	室内固定敷设，耐压500V
BLVV（BVV）	铝（铜）芯塑料护套线	室内固定敷设，耐压500V
BVR	铜塑料软线	移动设备接线，耐压500V
BLV－1（BV－1）	室外铝（铜）芯塑料线	室内固定敷设，耐压500V
BLVV－1（BVV－1）	室外铝（铜）芯塑料护套线	室内固定敷设，耐压500V
BVR－1	室外铜芯塑料线	移动设备接线，耐压500V
RVB	平行塑料铜芯绝缘线	室内连接小型移动电器，耐压250V
BVS	双绞塑料铜芯绝缘软线	室内连接小型移动电器，耐压250V

二、导线截面积的选择

从导线安全运行的角度出发，导线截面积的选择，至少应考虑满足两个基本的要求：线路承受机械强度的能力和导线发热最高允许的工作温度。

为了保证电力照明系统安全、可靠、经济地运行，选择导线截面积必须满足导线发热、电压损失及机械强度三个条件。

1. 依据发热选择导线截面积

当电流流过导线时，导线的内阻产生电阻损耗，使得导线温度升高。如果裸导线的温度过高，接头处的氧化会加剧，接触电阻增大，使之进一步氧化。恶性循环下去，导线会被烧断。如果绝缘导线温度过高，其绝缘层会加速老化、损坏，甚至引起火灾。因此，在实际应用中，规定了导线的最高容许温度，橡胶绝缘导线为55℃，裸导线为70℃。

导线的载流量（用I_{al}表示）是指在规定的环境温度条件下，导线能够承受而不致使其稳定温度超过规定值的最大电流。

按发热条件选择导线截面积时，应选择导线的载流量略大于线路的工作电流。在计算线路的工作电流时，单相电路采用$I = \dfrac{P}{U\cos\varphi}$，三相电路采用$I_L = \dfrac{P}{\sqrt{3}\,U_L\cos\varphi}$。

由于导线的绝缘材料不同，其散热条件有区别，所以其载流量也不同。此外由于导线敷设方式不同，有明敷、暗敷，穿钢管、穿塑料管等，管内又有单根线、多根线及管径的不同，这都会使导线的散热条件有差别。因而同一规格的导线，由于敷设方式的不同，载流量的差别较大，表4-4列出绝缘铜芯线明敷时的载流量，供参考计算。铝芯的载流量约为同截面铜芯线安全载流量的0.77倍。

表 4-4　绝缘铜芯线安全载流量（I_{al}）

截面积/mm^2	1.0	1.5	2.5	4	6	10	16	25	35	50	70	95
明敷/A	16	20	27	36	47	68	90	125	150	190	240	300
穿管明敷/A	13	15	22	31	37	55	70	90	110	150	185	230

2. 线路电压损失计算

由于导线存在阻抗，当电流流过时会产生电压损失。电压损失是指导线首端和末端电压的代数差。电压损失一般不允许超过用电设备额定电压的5%（即 $\Delta U \leqslant 0.05U_N$），对视觉要求较高的照明线路不宜超过额定电压的2%~3%。导线截面积越大内阻越小，电流流过导线所产生的电压损失也越小。因此，如果电压损失超过了允许值，应适当增大导线截面积。

【例4-6】某车间照明负荷为4kW，电压为220V，全部用白炽灯，用单相明敷线路，供电车间距变压器低压侧为50m，试选择绝缘铜导线截面积。

【解】负荷电流

$$I = \frac{P}{U} = \frac{4000W}{220V} = 18.18A$$

按表4-4选择BVV绝缘铜芯线，截面积为2.5mm^2，其安全载流量为27A，电压损耗要求 $\Delta U = 220 \times 5\% = 11V$。现校验电压损耗

$$\Delta U = IR = I\frac{2\rho L}{S} = 18.18A \times \frac{2 \times 0.0175 \times 50}{2.5}\Omega = 12.73V$$

不符合电压损耗小于11V的规定，因而再选4mm^{2}铜芯线，这时，

$$\Delta U = IR = I\frac{2\rho L}{S} = 18.18A \times \frac{2 \times 0.0175 \times 50}{4}\Omega = 7.95V$$

少于要求的11V，符合要求，因此应选用截面积为4mm^{2}的铜芯绝缘线。

【例4-7】一栋宿舍，照明用电18kW，$\cos\varphi = 0.7$，220V/380V三相四线制供电，三相负载基本平衡，设负载离电源100m，采用绝缘铜线室外架空明敷供电，试选择明敷铜导线的截面积。

【解】线电流

$$I_L = \frac{P}{\sqrt{3}\,U_L\cos\varphi} = \frac{18000W}{\sqrt{3} \times 380V \times 0.7} = 39.1A$$

查表4-4，选择绝缘铜导线截面积为6mm^2，其安全载流量为47A。

每根相线电压损失为　$\Delta U = IR = 39.1A \times \frac{0.0175 \times 100}{6}\Omega = 11V$

电压损失率为

$$\frac{\Delta U}{U} = \frac{11V}{220V} = 5\%$$

等于允许值5%，因此所选相线截面积6mm^{2}符合要求。

注意：在三相四线制供电的照明电路中，中性线既要通过单相负载电流、三相不平衡电

流，又要在故障时通过故障电流，很容易使中性线由于发热、断线而损坏。按规程规定：采用三相四线供电的照明负载，其中性线截面积最低不少于相线截面积的50%。单相电路中，中性线与相线电流相同，所以它们的截面积也应一样。在例4-7中，相线截面积为6mm²，因此中性线截面积可选4mm²。

3. 机械强度

导线的机械强度决定于导线的最小允许截面积。导体截面积越小，其机械强度越小。为了保证导线在运行中有足够的机械过载能力，导线的截面积不应过小。

如果导线的机械强度不能满足敷设时机械强度要求，则会发生断线。因此，导线的截面积必须符合敷设时机械强度的要求。绝缘导线线芯最小允许截面积见表4-5。如果采用载流量及电压损失选择的导线的截面积小于表4-5的规定值时，应采用表4-5中的导线截面积值。

表4-5 绝缘导线芯最小允许截面积

用 途		线芯最小允许截面积/mm²		
		多股铜芯线	单股铜线	单股铝线
室内灯头引下线		0.5	1	2.5
直敷、槽板、穿管配线		不宜	1	2.5
架设在绝缘支持体上的绝缘导线，其支持点间距离	2m以下（室内）	不宜	1	2.5
	2m以下（室外）		1.5	2.5
	（2~6）m		2.5	4
	（6~15）m		4	6
	（15~25）m		6	10

第六节 交流变电和配电

一、电力系统

随着社会生产力的发展与人们生活水平的提高，电能的生产已成为衡量国家工业化和发达程度的重要标志。电能由发电厂产生，为了安全和节约资金，通常都把大电站建在远离城市中心的能源附近，所以电站发出的电能还需通过一定距离的输送，才能分配给各种用户使用，这就构成了发电、输配电系统。

一般中型和大型发电机的输出电压等级有6.3kV、10.5kV、15.75kV等。为了提高输电效率并减少线路上的电能损失，通常采用高压输电线路进行远距离输电。由各级电压的电力线路将发电厂、变电所和电力用户联系起来的发电、变电、输电、配电和用电的整体统称为电力系统。而且常构成区域电网和地方电网，如我国的南方电网就属于地方电网，可以合理利用动力资源，减少电能消耗，相互调剂，降低成本，保证经济可靠地运行。

二、电能的输送和分配

目前常见的输电方式有两种类型：高压交流输电和高压直流输电。

根据输电电压的不同又可以分为高压输电网（110~220kV）、超高压输电网（330~

750kV）和特高压输电网（1000kV 及以上）。

输电电压的高低，视输电容量和输电距离而定，一般原则是：容量越大，距离越远，输电电压就越高。我国远距离交流输电电压主要有 110kV、220kV、330kV、500kV 几个等级。特高压由 1000kV 及以上交流和 ±800kV 及以上直流输电构成，具有远距离、大容量、低损耗、少占地的综合优势。日本正在运行的最高输电电压是 1000kV。我国的 1000kV 超高压交流输电线路已走在世界的前列，作为世界首个 1000kV 特高压交流工程，晋东南—南阳—荆门交流特高压试验示范工程已经投运近 10 年。目前我国已经建成 8 条 1000kV 特高压交流输电。

随着电力需求日益增长，远距离大容量输电线路不断增加，电网扩大，交流输电受到同步运行稳定性的限制，在技术允许的条件下，采用直流输电更为合理，比采用交流输电有较好的经济效益和优越的运行特性，因而直流输电重新被人们所重视。我国目前的特高压直流输电也得到了广泛的应用，已经建成并投入运行的特高压直流输电线路已经有十几条。四川向家坝——上海 ±800kV 特高压直流输电示范工程已于 2010 年顺利投入运行。新疆准东—皖南 ±1100kV 特特高压直流输电工程已于 2018 年建成投运。新疆准东 - 皖南工程是世界上电压等级最高、输送容量最大、输送距离最远、技术水平最先进的特高压输电工程，对于全球能源互联网的发展具有重大的示范作用，标志着我国输变电技术发展到了一个新的水平，跨入了世界先进行列。由于直流输电具有不受电力系统运行稳定性的限制和调节控制方便迅速、运行灵活等优点，在远距离、大容量输电中得到越来越广泛的应用，特别是对于我国"西电东送"的格局，前景将更加广阔，可以获得区域电网的错峰效益，南方电网已经将高压直流输电和高压交流输电结合起来，获得了巨大的经济效益，节省了大量能源。

三、厂矿企业的配电

供电系统要为工业生产提供服务，切实保证工厂生产和生活用电的需要，必须达到以下要求：

（1）安全　在电能的供应、分配和使用中，不应发生人身伤亡事故和设备事故。

（2）可靠　满足不同级别负荷对供电可靠性的要求。

（3）优质　满足用户对电压和频率等质量的要求。电能质量指标由电压、频率、波形三方面决定。

1）电压：系统正常运行时用电设备端子处电压偏差在 −5% ~ +5% 之间为妥。

2）频率：电力系统正常运行下频率变化不得超过 ±0.2Hz，容量较小时不得超过 ±0.5Hz。

3）波形：电压波形应为正弦波，如果波形发生畸变就会产生高次谐波，影响电气设备正常运行。

（4）经济　变配电系统投资要少，运行费用要低，并尽可能节约电能，减少损耗。

工厂内部的供电配电系统由变配电所、高低压供配电线路及用电设备等组成，变电所负责接受电能、变换电压和分配电能；配电所只负责接受电能和分配电能，不改变电压。

大型工厂的总降压变电所设有若干台电力变压器，将电压降到到 6 ~ 10kV 后供配给各车间变电所和高压用电设备，也可以把 35kV 线路深入厂区负荷中心，经过车间变电所直接降压到 380/220V，供用电设备使用，但要符合"安全走廊"的要求，确保高压输电线路安全。

工厂车间为主要配电的对象之一，低压配电一般采用 220/380V 电压，线电压接额定电压为 380V 的三相动力设备以及额定电压为 380V 的单相设备。相电压接额定电压为 220V 的单相设备。装有 100 千瓦以上的大容量电动机的车间则需要先用高压配电，然后再由车间变电所降为所需的电压，供给各负载使用。在车间中，通常采用分别配电的方式，把各个动力的配电线路以及照明的配电线路——分开，这样可避免因局部事故而影响整个车间的正常工作。特殊场合如矿井，由于负荷距离变配电所太远，常采用 660V 甚至 1140V 电压配电。

送电方式有单相双线、单相三线、三相三线和三相四线等多种。单相双线是照明用户最基本的送电方式，双线即相线和零线，三线为相线、零线和地线。对于公寓大楼、工厂企事业等用电量大的场所，都采用三相四线方式供电，但注意要让三相负荷尽可能均衡。

常用的配电方式有三种：

（1）**放射式配电**　对每一独立负载（如大型水泵、电动机等）或一组集中负载（如多台电动机拖动设备、车间照明等）都通过单独的配电线路供电。放射式低压配电系统如图 4-16 所示。这种配电方式最大优点是供电可靠，维修方便，某一配电线路发生故障时不会影响其他线路。但是消耗有色金属过多，一般对于很重要的负荷和容量较大的负荷才考虑采用本接线方式。

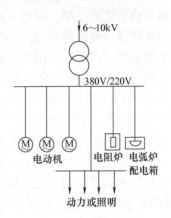

图 4-16　放射式配电

（2）**树干式配电**　树干式配电方式如图 4-17 所示。树干式配电不需要在变电所低压侧设置配电盘，从变电所二次侧的引出线经过低压断路器或隔离开关直接引至车间内。这种线路显然是将每个独立负载或一组集中负载按其所在位置，依次接到某一配电干线上。一般车间内部多采用干线式配电。这种线路虽然比较经济，但当干线发生故障时，接在它上面的所有设备都要受到影响，适合容量较小且分布较均匀的用电设备。

（3）**环形接线**　环形接线如图 4-18 所示。这种接线方式任一回路发生故障或检修时都不致造成供电中断；或者只是短时停电，一旦切换电源操作完成就能恢复供电，可靠性较高。实际中常采用上述几种方式相结合的配电线路来满足不同需求。

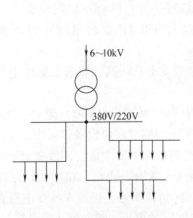

图 4-17　树干式配电

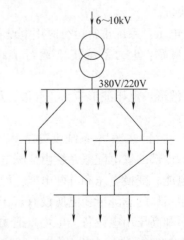

图 4-18　环形接线

第七节　照明电路

一、照明概念

常用照明方式，可分为一般照明和局部照明两种。前者不仅要照亮工作面，而且要照亮整个房间，如车间、教室和居民室内的顶灯照明；后者只要求照亮某一工作地，如机床、钳工台、写字台等工作台灯的照明。

使用最为广泛的照明灯具，是白炽灯和荧光灯（主要为 $6\sim40\text{W}$ 荧光灯）。此外，还有碘钨灯（俗称小太阳）、高压汞灯和高压钠灯等。

良好的照明应满足以下几点要求：

1）工作面或被照场地应有足够的亮度，且亮度分布均匀。

2）照明光线应柔和，不耀眼眩目。

3）照明必须稳定而且安全可靠。

二、电气照明的基本电路

照明电路包括电源、电灯、导线、开关和剩余电流断路器等，用来实现电能转换为光能的作用。

1. 照明供电要求

照明配电电源一般采用单相 220V 交流电源，但照明系统单一回路的电流不应超过 16A。由公共低压电网提供电源的照明负荷，电流不宜超过 30A，否则应采用三相交流电源供电，此时应注意三相负荷的分配保持平衡。

2. 照明开关控制

开关控制是照明线路最简单最基本的控制方式，可以根据灯具的不同情况及不同功能需求采取相应措施，实现开关灯。

1）一灯一开关控制。如图 4-19 所示，一个开关控制一支荧光灯。

荧光灯：它利用低压汞蒸气在外加电压作用下产生弧光放电，发出少许可见光和大量紫外线，紫外线又激励管内壁涂覆的荧光粉，使之再发出大量的可见光，其优点是发光效率高，使用寿命长。图中镇流器实质是铁心电感线圈，C 是用来提高功率因数的并联电容器。未并联 C 时，功率因数只有 0.5 左右；并联 C 以后，功率因数可提高到 0.95 以上。

2）两双联开关控制一灯。

双联开关控制可以实现在不同地方对同一盏灯的控制，比较典型的就是楼梯电灯控制。如图 4-20 所示，由 SA_1 与 SA_2 共同控制灯具，双联开关有三个接线桩头，其中桩头 1 为连铜片（简称连片），它就像一个活动的桥梁一样，无论怎样按动开关，连片 1 总要跟桩头 2、3 中的一个保持接触，就是说，在图中任一个开关中，1 一直与铜片连接，开或关是铜片的另一端在 2 和 3 之间切换。当人上楼时可用楼下的开关开亮电灯，上完楼后可用楼上的开关关掉电灯，反之也可。

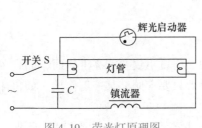

图 4-19　荧光灯原理图

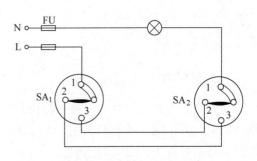

图 4-20　双联开关控制

3）光电感应开关控制。

利用感光元件如光电池或光电管来检测视觉环境的照度情况，根据预先设计的照度上下限值控制灯具开关，可以有效节约能源，提供相对稳定的视觉环境，满足照明要求。

4）利用超声波传感器、声控开关或红外探测器也可实现对灯具的控制。

3. 调光控制

调光的目的是为了提高工作效率，增强效果，节约电能。调光控制主要通过调整光源光通量的输出来实现。目前随着电子技术的发展，通过控制可控硅的导通角来调节负载输入电压，改变输入电源功率，从而改变光通量，节能效果显著，适合用于白炽灯等热辐射光源。荧光灯一般采用可调光电子镇流器来实现调光，即通过调频和脉宽调制方式调节输入功率，达到改变输出光通量的目的。

三、线路保护

照明线路故障主要有短路、过负荷和漏电（剩余电流）三种形式。不仅会带来使用故障，还会带来安全隐患，因此需要做好线路保护。

1. 短路保护

短路保护可采用低压断路器和熔断器，在短路电流对导体和连接件产生热效应和机械力之前切断电路。

用熔断器作保护时，选择原则主要有下面几点：

1）熔断器熔体的额定电流不少于线路的负荷电流，即 $I_N \geqslant I_L$

一般取
$$I_N = 1.1 I_L \tag{4-20}$$
这里 I_N 为熔体的额定电流，I_L 为线路的负荷电流。

2）熔断器仅作线路短路保护时，其熔体额定电流不大于线路安全载流量 I_{al} 的 250%，即
$$I_N \leqslant 2.5 I_{al} \tag{4-21}$$

2. 过负荷保护

过负荷保护主要由低压断路器来实现，避免线路因通过电流过大，导致过载部分导线温度急剧上升，引起重大事故。

如果采用熔断器，仅作为线路过负荷保护时，其熔体额定电流不大于线路安全载流量的 80%。

即
$$I_N \leqslant 0.8 I_{al} \tag{4-22}$$

若上式计算不能满足，就要加大导线的截面积，表4-6是铅锡合金熔丝的熔断电流和额定电流。计算时采用额定电流值，熔断电流只用作参考。

表4-6 铅锡合金熔丝规格

直径/mm	0.50	0.61	0.83	1.22	1.83	2.03	2.65	2.95	3.35
英规线号	25	23	21	18	15	14	12	11	10
额定电流/A	2	2.6	4.1	7	13	15	22	26	30
熔断电流/A	3	4	6	10	19	22	32	31	44

【例4-8】 某场所照明用40W荧光灯25只，$\cos\varphi = 0.5$；40W白炽灯10只；用BVV型绝缘铜导线明敷，单相220V电源供电，线路长80m，该线路允许电压损耗为3%，用熔断器作过负荷保护，试选择熔断器熔体和导线截面积S，并检验熔体额定电流I_N与导线安全载流量I_{al}是否配合？

【解】 线路负荷电流

$$I_L = \frac{P_1}{U\cos\varphi} + \frac{P_2}{U} = \frac{40 \times 25}{220 \times 0.5}A + \frac{40 \times 10}{220}A = 10.9A$$

（1）选择熔体电流 $I'_N = 1.1 I_L = 1.1 \times 10.9A = 12A$

按表4-6选15号铅锡合金丝，其熔体额定电流为13A，即取$I_N = 13A$。

（2）选择导线截面积

导线电压损耗 $\Delta U = IR$，即 $\Delta U = I\frac{2\rho L}{S}$，于是 $S = \frac{2\rho L I}{\Delta U}$

又由于允许电压损耗 ΔU 为3%，得：

$$S' \geq \frac{2\rho L I}{3\% U} = \frac{2 \times 0.0175 \times 80 \times 10.9}{0.03 \times 220}mm^2 = 4.6 \ mm^2$$

选标称截面积 $S = 6mm^2$，查表4-4知明敷时其安全载流量 $I_{al} = 47A$。

（3）熔体与导线安全载流量配合，因 $I_N = 13A$，$I_{al} = 47A$，$0.8I_{al} = 0.8 \times 47A = 37.6A$，所以 $I_N \leq 0.8I_{al}$ 验证合格。

3. 漏电保护

漏电保护用以防止因设备漏电而引起的人身触电事故及火灾设备损坏事故，现广泛用于各种照明电路。

我国380V低压系统都采用中性点直接接地方式，从变压器中性点引出中性线（N）。三相电的三根相线与地线有220V电压，会对人产生电击，俗称"火线"。三相平衡时中性线的电位为零，俗称"零线"。

每一幢建筑物都要有符合国家技术标准的接地装置，从接地装置引出的线就是地线（PE）。一般情况下地线和从配电房引出的零线在建筑物一楼合二为一连接在一起，然后一分为二变为零线和地线引出到建筑物的每一个单元，通过将中性线重复接地来提高系统的接零保护水平，减轻故障时的触电危险。按国家标准零线用蓝色绝缘导线，地线为黄绿双色线。

低压配电照明系统一般采用TN接地方式，可以分为：TN－C、TN－S和TN－C－S三种方式。

1）TN-C系统：保护线PE、中性线N合成一根PEN线，设备外露部分均与PEN相连，在三相负荷不均衡时，PEN线上会有不平衡电流流过。而且也容易产生电磁干扰，使精密设备无法可靠运行。当单相回路故障切断PEN时，金属外壳对地电压为220V，故不允许断开PEN线检修。

2）TN-S系统：保护线PE和中性线N分离，N线通单相负荷及三相不平衡电流，PE线与设备外壳连接，专用于保护，正常时没有电流流过，也不会产生电磁干扰，与TN-S系统相比增加了投资成本。

3）TN-C-S系统：在保护线和中性线分开之前是TN-C系统，分开后为TN-S系统，因而兼有两个系统的优点，常作为智能建筑配电方式。

家用入户的电路开关一般是将相线切断，并装有剩余电流保护器，以防人身触电事故发生。

常见的插座有两孔、三孔两种插座。一般情况下：在两孔中，左孔连的是零线，右孔连的是相线。而在三孔的插座中，上孔连的是地线，左孔是零线，右孔是相线。

在照明装置和线路中应采取如下保护措施：

1）照明装置及外露部分应与保护线PE或保护中性线PEN相连。

2）照明装置金属外壳应以单独保护线PE与PEN相连，不允许将其直接与工作的中性线相连，且几个照明装置中性线不允许串联。

3）安装在水下的照明装置应做局部的等电位连接。

第八节 安全用电

一、安全用电的意义

在21世纪的今天，生产和生活中到处都在用电，电和我们的生活息息相关。但是也存在着诸多隐患，一旦使用不当就可能造成人身触电伤亡事故或电气设备损坏，影响供电系统安全运行，造成大面积的停电事故和严重的经济损失，甚至产生重大安全事故。因此，我们在使用电能时必须要提高安全意识，熟悉安全用电常识，注意安全用电，以保证人身、设备及电力系统的安全，防止事故的发生。

二、安全用电的有关概念及措施

1. 电流对人体的作用

人体直接触及电源或高压电经过空气或其他导电介质传递电流流经人体时会引起组织损伤和功能障碍，发生触电事故，严重时会造成触电者心跳和呼吸骤停。一般可分为电伤和电击两种情况。

电击是指电流流经人体内部时对人体器官造成严重的伤害，人受到电击时会出现昏迷、持续抽搐、心室纤维性颤动、心跳骤停和呼吸停止，严重时可导致死亡。

电伤是指电流流经人体时由于电流的热效应和化学效应等在人体表面产生的电烧伤、电烙印、皮肤金属化、机械性损伤和电光眼。

2. 安全电流

电流流经人体内部，对人体伤害的严重程度和流经人体的电流大小、电流通过人体的途径、电流通过人体的持续时间、电流的种类及人体的状况等多种因素相关，各因素相互关联。

安全电流是指人体触电后能够摆脱的最大电流，各国规定也不完全一致。我国一般取（50Hz）30mA 的交流电流为安全电流，触电时间不超过 1s，通常称 30mA·s。如果电流达到 50mA·s 时，对人体有致命危险，达到 100mA·s 时，一般会致人死亡，称为"致命电流"。

安全电流主要与下列因素有关：

1）电流大小和触电时间。通过人体的工频电流达到 20 ~ 30mA 时，会使人迅速麻痹不能摆脱带电体，导致血压升高，呼吸困难，时间过长也会产生严重后果，而且通电时间增加，人体电阻减小，会导致电流进一步增大。通过人体的电流达到 50mA 时，就会使人呼吸麻痹，心脏开始颤动，数秒钟后就可致命。通过人体的电流越大，致命的时间就越短，危险程度也越高。

2）电流路径。当电流通过人体内部重要器官时，会产生严重后果。通过头部时会破坏脑神经，使人立即昏迷，电流过大会导致死亡；通过脊髓时会破坏中枢神经，导致肢体瘫痪；通过心脏时可引起心脏颤动或停止跳动而死亡。这些伤害中，对心脏的危害性最大。因此当电流从左手到前胸的路径最危险，其次是从右手到前胸。

3）电流性质。直流电和交流电均可使人产生触电，但是伤害的程度不同，相同条件下直流电比交流电对人体的危害小。实验表明 50 ~ 60Hz 的交流电危险性最大。

4）触电者健康状况。电击的后果与触电者的健康状况有关。一般而言，儿童较成人更容易受到伤害，女性较男性容易受到伤害，体质弱者、特别是患有心脏病、神经系统疾病者触电死亡率最高。

3. 安全电压和人体电阻

安全电压是指不致使人直接致死或致残的电压。

根据生产和作业场所的特点，采用相应等级的安全电压，是防止发生触电伤亡事故的根本性措施。我国最新国家标准特低电压（ELV）限值（GB/T 3805—2008）规定的安全电压见表4-7。表中给出的是环境状况 1 ~ 3 的稳态直流电压和频率为 15 ~ 100Hz 的稳态交流时的电压限值。对于接触面积小于 1cm² 的不可握紧部分，给出了更高的电压限值。

表 4-7 安全电压

环境状况	电压限值/V	
	正常（无故障）	
	交流	直流
皮肤阻抗和对地电阻均可忽略不计（例如人体浸没条件）	0	0
皮肤阻抗和对地电阻降低（例如潮湿条件）	16	35
皮肤阻抗和对地电阻均不降低（例如干燥条件）	33[a]	70[b]

a 对接触面积小于 1cm² 的不可握紧部件，电压限值为 66V

b 在电池充电时，电压限值为 75V

人体电阻由体内电阻和皮肤电阻两部分组成。体内电阻约为 500Ω，与接触电压无关。皮肤电阻随皮肤表面的干湿洁污状况和接触面积而改变，而且和接触电压有关。接触电压为 220V 时，人体电阻的平均值为 1900Ω；接触电压为 380V 时，人体电阻降为 1200Ω。一般情况下人体电阻平均值取 1700Ω。因此干燥环境下允许持续接触的安全电压约为 50V。《低压配电设计规范》GB 50054—2011 也规定正常环境下人身电击安全电压限值为 50V。

4. 直接触电防护和间接触电防护

根据人体触电的情况可以将触电防护分为直接触电防护和间接触电防护两类。

1）直接触电防护。带电部分应全部用绝缘层覆盖，其绝缘层应能长期承受在运行中遇到的机械、化学、电气及热的各种不利影响。

标称电压超过交流方均根值 25V 容易被触及的裸带电体，应设置遮栏或外护物，将带电体和外界隔离在可能触及带电部分的开孔处，应设置"禁止触及"的标志，防止发生直接触电。

2）间接触电防护。间接触电防护是指设备正常时外露部分不带电，故障时会带危险电压的外露可导电部分的防护。采用保护接地和保护接零是防止间接触电的最基本安全措施。

保护接地是为了保障人身安全，防止发生间接触电，将电气装置中正常时外露部分不带电，但可能因为绝缘损坏而带上危险电压的外露可导电部分与大地做电气连接。可使人体触及漏电设备外壳时的接触电压明显降低，降低触电带来的危险。适用于各种不接地配电系统。

保护接零是指为了保障人身安全，将电气装置中正常时外露部分不带电，但可能因为绝缘损坏而带上危险电压的外露可导电部分与电源的中性线（零线）做电气连接。当设备发生漏电时通过熔丝或断路器的过电流脱扣器迅速切断电源，起到保护作用。

必须注意同一低压配电系统中不能有的设备采用保护接地，有的设备采用保护接零，否则当采取保护接地的设备发生单相接地故障时，采用保护接零的设备外露可导电部分将带上危险电压。

三、触电急救

如果遇到触电情况应迅速果断地采取应急措施。触电的现场急救是抢救过程中的关键一步，若处理及时准确，触电者有可能获救，否则会带来不可弥补的后果。发现有人触电应首先设法使触电者脱离电源，然后根据情况采取相应的急救措施。

1. 脱离电源

发生触电事故时，不可惊慌失措，应立即使触电者脱离电源，越快越好。使触电者脱离低压电源应采取如下的方法：

1）如果开关箱在附近应立即就近拉开电源开关，切断电源。

2）如果离电源开关距离较远可利用带有绝缘柄的利器切断电源线，或使用绝缘工具、干燥木棒等不导电物体迅速将电线拨离触电者。

3）如果现场无绝缘工具利用，施救者可用干燥的衣服将手包裹好，将触电者迅速拉开，也可站在绝缘垫或干木板等绝缘体上进行，拉触电者的衣服，将其拖离电源。

4）如遇高压触电事故，应立即通知有关部门停电，或迅速利用相应电压等级的绝缘工具按规定要求拉开电源开关或熔断器，快速切断电源，不能盲目拉闸。要因地制宜，灵活运用各种方法。

2. 现场救护

当触电者脱离电源后应当根据具体情况对症救治，同时通知医生前来抢救。

1）如果触电者神志尚清醒，呼吸和心跳均未停止，此时应将触电者就地躺平，或抬至空气新鲜，通风良好的地方让其躺下，安静休息。不要让触电者走动，以减轻心脏负担，并严密观察呼吸和心跳的变化。

2）若触电者失去知觉，停止呼吸，心跳微有跳动，应在通畅周围空气后立即进行口对口或者口对鼻的人工呼吸。

3）若触电者心跳停止、呼吸尚存，则应对触电者立即人工胸外按压。

4）若触电者呼吸和心跳均停止，应立即按心肺复苏方法进行抢救，人工呼吸和心脏按压交替进行。如果能抢救及时、救护得法，绝大多数也能化险为夷，转危为安。

本　章　小　结

三相电路是由三相电源和三相负载组成的电路系统。

1. 三相电源

三相发电机产生的三相电动势幅值相同，频率相等，相位互差120°，称为对称三相电压。这三个正弦电压源按星形或三角形方式联结，就是三相电源。

1）星形联结。三相电源采用星形联结时，$U_L = \sqrt{3} U_P$，线电压超前相应的相电压120°。

2）三角形联结。三相电源采用三角形联结，线电压就是相应的相电压，即 $U_L = U_P$。

2. 三相负载

三相负载有对称和不对称两种。三相对称负载是指复阻抗相同的三相负载，否则就称为不对称三相负载。三相负载可以联结成星形或三角形。

1）星形联结（Y）。星形联结的特点是负载线电压是相电压的 $\sqrt{3}$ 倍，线电压超前于对应相电压；负载相电流等于线电流。

当三相负载不对称时，只能采用三相四线制。中性线的作用是强迫电源中点和负载中点等电位，使负载获得稳定的电源电压。

当三相负载对称时，中性线电流 $\dot{I}_N = 0$，中性线可以去除，则构成三相三线制。

2）三角形联结（△）。三角形联结的特点是各相负载均承受线电压，线电流是相邻两相电流之差。

如果负载是对称的，则负载线电流的有效值为相电流的 $\sqrt{3}$ 倍，即 $I_L = \sqrt{3} I_P$，线电流的相位滞后于对应的相电流30°。负载相电压等于线电压。

3. 三相电路的功率

（1）三相对称负载，不论星形或三角形联结

$$P = \sqrt{3} U_L I_L \cos\varphi \qquad\qquad P = 3U_P I_P \cos\varphi$$

$$Q = \sqrt{3} U_L I_L \sin\varphi \qquad 或 \qquad Q = 3U_P I_P \sin\varphi$$

$$S = \sqrt{P^2 + Q^2} \qquad\qquad S = \sqrt{P^2 + Q^2}$$

（2）三相不对称负载

$$P = P_A + P_B + P_C$$

$$Q = Q_A + Q_B + Q_C$$

$$S = \sqrt{P^2 + Q^2}$$

4. 导线截面积的选择

1）传输电能一般使用电缆，电缆常用的材料是铜、铜锡合金（青铜）、铝、铝合金及钢。导线的规格用导线的截面积表示，它决定着导线最大允许载流量和机械强度。导线按其结构的不同又分为单股（芯）线和多股（芯）线。导线按照有无绝缘层分为裸导线和绝缘导线。

2）为了保证电力照明系统安全、可靠、经济地运行，选择导线截面积必须满足导线发热、电压损失及机械强度三个条件。

5. 交流变配电

1）常见的输电方式有高压交流输电与高压直流输电两种方式，目前 500kV 高压输电应用较多，1000kV 超高压交直流结合输电也开始得到初步应用。

2）厂矿企业配电要满足：安全、可靠、优质、经济四项要求。

3）低压配电系统常用的配电方式有：放射式配电、树干式配电和环形接线配电三种，实际中多为几种方式相结合来满足不同的要求。

6. 照明电路

1）照明的基本要求：应有足够的亮度，且亮度分布均匀；照明光线应柔和，不耀眼眩目；照明必须稳定而且安全可靠。

2）照明常见的控制方式有开关控制和调光控制方式。

3）照明线路要进行必要的短路保护、过负荷保护和漏电保护。

7. 安全用电

1）安全电流和电流大小、触电时间、电流路径、电流性质及触电者健康状况等主要因素有关，人体安全为 30mA·s。

2）触电防护分为直接触电防护和间接触电防护两类。

3）触电急救可分为脱离电源及现场急救处理两步。若触电者失去知觉，停止呼吸，心跳微有跳动，应采取人工呼吸；若触电者心跳停止、呼吸尚存，应对触电者立即做人工胸外按压；若触电者呼吸和心跳均停止，应立即按心肺复苏方法进行抢救，人工呼吸和心脏按压交替进行。

思考题与习题

1. 三相对称负载采用星形联结，各相负载阻抗 $Z = 4 + j3\Omega$，接于 $U_L = 380$V 的三相电源上，求各相电压、相电流的有效值相量。（设 $\dot{U}_A = 220 \underline{/0°}$ V）

（$\dot{U}_A = 220 \underline{/0°}$ V，$\dot{U}_B = 220 \underline{/-120°}$ V，$\dot{U}_C = 220 \underline{/120°}$ V；$\dot{I}_A = 44 \underline{/-36.9°}$ A，$\dot{I}_B = 44 \underline{/-156.9°}$ A，$\dot{I}_C = 44 \underline{/-36.9°}$ A）

2. 图 4-21 所示的三相四线制电路中，电源的线电压 $U_L = 380$V，各相负载复阻抗 $Z_A = 3 +$

j4Ω、$Z_B = 8Ω$、$Z_C = 20Ω$。求各相电流（线电流）与中性线电流的有效值相量。（设线电压相量 $\dot{U}_{AB} = 380 \underline{/30°}$ V）

（$\dot{I}_A = 44 \underline{/-53.1°}$ A，$\dot{I}_B = 27.5 \underline{/-120°}$ A，$\dot{I}_C = 11 \underline{/+120°}$ A；中性线电流 $\dot{I}_N = 50 \underline{/98.2°}$ A）

3. 在三角形联结的三相对称负载中，每相负载为30Ω电阻与40Ω感抗串联，电源线电压为380V，求相电流和线电流的数值。

（$I_P = 7.6$A，$I_L = 13.1$A）

4. 如图4-22所示，已知每相阻抗都是38Ω，线电压为380V。以线电压 $\dot{U}_{12} = 380 \underline{/0°}$ V 为参考相量，求各相电流和线电流的有效值相量。

（$\dot{I}_{12} = 10 \underline{/90°}$ A，$\dot{I}_{23} = 10 \underline{/150°}$ A，$\dot{I}_{31} = 10 \underline{/120°}$ A；$\dot{I}_1 = 5.2 \underline{/15°}$ A，$\dot{I}_2 = 10 \underline{/-150°}$ A，$\dot{I}_3 = 5.2 \underline{/45°}$ A）

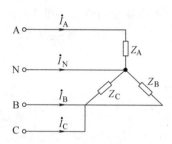

图 4-21　习题 2 的电路

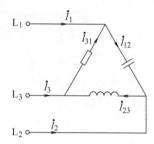

图 4-22　习题 4 的电路

5. 已知三角形联结三相对称负载的总功率为5.5kW、线电流为19.5A、电源线电压为380V。求每相的电阻和感抗。

（$R_L = 14.5Ω$，$X_L = 30.6Ω$）

6. 总功率为10kW、三角形联结的三相对称电阻炉与输入总功率为12kW、功率因数为0.707的三相异步电动机接在线电压为380V的三相电源上。求电阻炉、电动机以及总的线电流大小。

（15.19A，25.79A，38.08A）

7. 如图4-23所示，三相对称感性负载接于电路中，测得线电流为30.5A，负载的三相有功功率为15kW，功率因数为0.75，求电源的视在功率、线电压以及负载的电阻和电抗。

（$S = 20$kVA，$U_L = 378.6$V，$R_L = 16.1Ω$，$X_L = 14.2Ω$）

8. 如图4-23所示，三相对称三角形接法负载与三相对称电源连接，已知线电流 $\dot{I}_A = 5 \underline{/15°}$ A、线电压 $\dot{U}_{AB} = 380 \underline{/75°}$ V，求负载所消耗的有功功率。

（$P = 2850$W）

9. 对称三相负载接线电压为380V的三相电源，三相总功率为4.8kW，负载的功率因数为0.6。求：①线电流；②若负载为Y联结，每相阻

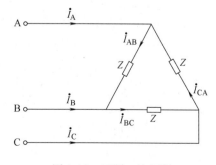

图 4-23　习题 7 的电路

抗应为何值？③若负载为△联结，每相阻抗又为何值？

$$(I_L = 12.15A, \ |Z| = 18.05\Omega, \ |Z| = 54.15\Omega)$$

10. 某场所照明用 40W 荧光灯 50 支，$\cos\varphi = 0.8$ 和 25W 白炽灯 10 支，用 220V 明敷单相线路供电，允许电压损耗为 3%，线路长 120m，试计算线路的负荷电流 I_L，选择熔断器熔体的额定电流 I_N 和绝缘铜芯线的截面积；若熔断器作过载保护，试校验熔体额定电流与导线安全载流量是否配合。

$$(负荷电流 I_L = 12.5A，熔体额定电流 I_N = 15A，导线截面 S = 10mm^2，配合)$$

11. 三相配电系统的接线方式有哪几种？如何选择？

12. 低压照明系统常见的接地方式有哪几种？各有什么特点和适用范围？

13. 什么叫安全电流？什么叫安全电压？安全电流和哪些因素有关？一般安全电流是多少？

14. 什么叫直接触电防护和间接触电防护？

15. 什么叫保护接地？什么叫保护接零？二者在同一系统能否共存？为什么？

16. 如果发现有人触电，应如何急救处理？

17. 什么叫心肺复苏法？

第五章

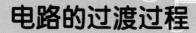

电路的过渡过程

在前几章中，我们分析了电路在稳定状态下的计算方法，在稳定状态下的电路分析叫稳态分析。而在实际电路中，由于电容、电感元件的存在，电源接通后电容电压会经历一个充电过程渐渐地升高到工作电压，电感电流则由于电磁感应作用逐渐达到稳定值，这一过程就是过渡过程。电路过渡过程所经历的时间往往较为短暂，所以过渡过程又被称为暂态过程。

电路的暂态过程虽然在很短的时间内就会结束，但却能给电路带来比稳态大得多的过电流和过电压值。电路中出现的这种短暂的过电流和过电压，可能使电气设备工作失效，甚至造成严重的事故，因此有必要对电路的暂态过程进行分析，以利于掌握其规律，避免暂态故障，并正面利用电容、电感器件的特性，以产生电路设计所需要的波形。

第一节　过渡过程的产生和换路定律

一、过渡过程的概念

自然界中的物质运动从一种稳定状态(处于一定的能态)转变到另一种稳定状态(处于另一能态)需要一定的时间。例如电动机从静止状态(转速为零的状态)起动，到某一恒定转速要经历一定的时间，这就是加速过程；同样当电动机制动时，它的转速从某一恒定转速下降到零，也需要减速过程。这就是说物质从一种状态过渡到另一种状态是不能瞬间完成的，需要有一个过程，即能量不能发生跃变。过渡过程就是从一种稳定状态转变到另一种稳定状态的中间过程。电路从前一个稳定状态转变到后一个稳定状态，也可能经历过渡过程。

为了了解电路产生过渡过程的内因和外因，我们观察一个实验现象。图 5-1a 所示的电路为电阻电路，当开关 S 断开时，灯泡随之熄灭。图 5-1b 所示电路具有一个储能元件——电容器，在开关 S 断开前，灯泡处于亮状态，电容上累积了电荷，电容两端电压为 u_S，电路处于稳定状态。当将开关 S 断开时，灯泡会逐渐变暗，直至转为熄灭状态。这是由于电容元件

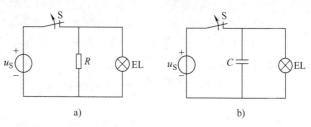

图 5-1　过渡过程演示电路

在开关 S 断开前具有能量储备，致使开关 S 断开时灯泡中的电流不会立即变为零，需待电容上的储能消耗完，电容两端电压降为零时，灯泡才会完全熄灭，电路进入新的稳定状态。从以上示例我们不难发现，电阻电路的状态改变没有过渡过程，而具有储能元件的电路从一个稳定状态变化至一个新的稳定状态时，需要一个过渡过程，该过渡过程称为暂态过程或动态过程。

当然若开关 S 状态保持不变(断开或闭合)，我们就观察不到这些现象。由此可知，开

关断开是产生过渡过程的外因，但接通开关并非都会引起过渡过程，如电阻电路。产生过渡过程的电路必须有储能元件（电感或电容），这是产生过渡过程的内因。当内因（具有储能元件）和外因（改变电路状态）都满足时，才能产生过渡过程。在电路理论中，通常将电路状态的改变（如通电、断电、短路、电信号突变和电路参数的变化等），统称为换路，并假设换路是立即完成的。

研究电路中的过渡过程是有实际意义的。例如，电子电路中可以利用电容器的充放电过程来完成积分、微分运算，产生多谐振荡电信号等。而在电力系统中，由于过渡过程的出现将会引起过电压或过电流，若不采取一定的保护措施，就可能损坏电气设备。因此，我们需要认识过渡过程的规律，从而利用它的特点，防止它的危害。

二、换路定律和初始值的计算

电路在换路时所遵循的规律被称为换路定律。分析电路的过渡过程时，除应用基尔霍夫电流、电压定律和元件伏安关系外，还要利用换路定律。

1. 电容元件

对于电容量为常数的线性电容元件，电压与电荷量之间的关系如图 5-2a 所示，设电容元件上的电压 u_C 和电流 i_C 为关联参考方向，如图 5-2b 所示，有

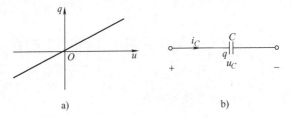

$$q(t) = Cu_C(t) \qquad (5\text{-}1)$$

$$i_C = \frac{\mathrm{d}q}{\mathrm{d}t} = C\frac{\mathrm{d}u_C}{\mathrm{d}t} \qquad (5\text{-}2)$$

图 5-2 电容元件及其特性曲线

设起始时刻为 t_0，电容器的起始电压为 $u_C(t_0)$，则

$$u_C(t) = u_C(t_0) + \frac{1}{C}\int_{t_0}^{t} i_C(t)\,\mathrm{d}t \qquad (5\text{-}3)$$

（1）电容元件的性能特点

1）电容元件具有通交流隔直流的作用。在任何时刻，通过电容器的电流与此时刻的电压变化率成正比，所以电容器两端加交流电压时，必然有电流 i_C 通过；如果在电容器两端加一直流电压，电流 $i_C = 0$，相当于电容器处于开路状态。

2）在实际电路上，通过电容的电流 i_C 必定为有限值，电容两端的电压是 i_C 随时间 t 的积分，故电压为连续函数，不能突变。

3）电容器两端的电压 $u_C(t)$ 与 t 时刻以前的电流有关，即电容器具有"记忆"电流的功能。

（2）电容元件的功率　在图 5-2b 所示参考方向下，电容器的功率 $p(t)$ 为

$$p(t) = u_C(t)i_C(t) = Cu_C(t)\frac{\mathrm{d}u_C(t)}{\mathrm{d}t}$$

（3）电容器存储的电能

$$w(t) = \int_{-\infty}^{t} p(t)\,\mathrm{d}t = \int_{-\infty}^{t} Cu_C(t)\,\mathrm{d}u_C(t) = \frac{1}{2}Cu_C^2(t) \qquad (5\text{-}4)$$

2. 电感元件

对于电感量为常数的线性电感元件，磁链 ψ 与电流 i_L 之间的关系如图 5-3a 所示，设电

感元件上的电压 u_L 和电流 i_L 为关联参考方向，如图 5-3b 所示，有

$$\psi(t) = Li_L(t) \qquad (5-5)$$

$$u_L = \frac{\mathrm{d}\psi}{\mathrm{d}t} = L\frac{\mathrm{d}i_L}{\mathrm{d}t} \qquad (5-6)$$

设起始时刻为 t_0，电感的起始电压为 $i_L(t_0)$，则

$$i_L(t) = i_L(t_0) + \frac{1}{L}\int_{t_0}^{t} u_L(t)\mathrm{d}t \qquad (5-7)$$

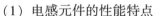

图 5-3　电感元件及其特性曲线

（1）电感元件的性能特点

1）若通过电感线圈的电流不随时间变化，即为直流时，$u_L(t) = 0$，电感线圈相当于短路。

2）因为实际电路上电感的电压 $u_L(t)$ 必然为有限值，所以电感中的电流 i_L 为时间的连续函数，不能突变。

3）电感元件两端的电流 $i_L(t)$ 与 t 时刻以前的电压有关，即电感具有"记忆"电压的功能。

（2）电感元件的功率　在图 5-3b 所示参考方向下，电感的功率为

$$p(t) = u_L(t)i_L(t) = Li_L(t)\frac{\mathrm{d}i_L(t)}{\mathrm{d}t}$$

（3）电感存储的电能

$$w(t) = \int_{-\infty}^{t} p(t)\mathrm{d}t = \int_{-\infty}^{t} Li_L(t)\mathrm{d}i_L(t)$$
$$= \frac{1}{2}Li_L^2(t) \qquad (5-8)$$

3. 换路定律

（1）具有电感的电路　图 5-4 所示的 RL 动态电路，在电阻 R、电感 L 串联的电路与直流电源 U_S 接通之前，电路中的电流 $i = 0$。当开关闭合后，若 U_S 为有限值时，电感中电流不能跃变，必定从零逐渐增加到 U_S/R。

前面已经假设，换路动作是瞬间完成的。我们约定换路时刻为计时起点，即 $t = 0$，并将 0 时刻再划分为：换路前的最后时刻 $t = 0_-$ 和换路后的初始时刻 $t = 0_+$，则在换路瞬间如下结论成立：在换路后的一瞬间，电感中的电流应保持换路前一瞬间的原有值而不能跃变。即

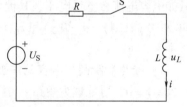

图 5-4　RL 动态电路

$$i_L(0_+) = i_L(0_-) \qquad (5-9)$$

这一规律被称为电感电路的换路定律。

显然，对于一个原来初始电流为零的电感，在换路的一瞬间，$i_L(0_+) = i_L(0_-) = 0$，电感相当于开路。

电流连续的原因可解释如下：首先，若电流可以跃变，则电感上的电压 $\left(u = L\dfrac{\mathrm{d}i}{\mathrm{d}t}\right)$ 在换路瞬间就是 ∞，这显然与电源电压为有限值是矛盾的。另外，从能量的观点考虑，若电感的

电流突变，意味着磁场能量 $\left(w=\dfrac{1}{2}Li^2\right)$ 突变，则电路的瞬时功率 $p=\mathrm{d}w/\mathrm{d}t$ 就为 ∞，说明电路接通电源瞬间需要电源供给无限大的功率，这对任一实际电源来说是不可能的。所以 RL 串联电路接通电源瞬间，电流不能跃变。

（2）具有电容的电路　图 5-5 所示 RC 动态电路，在电阻 R 和电容 C 相串联的电路与直流电源 U_S 接通前，电容上的电压 $u_C=0$。当开关闭合后，若电源输出电流为有限值时，电容两端电压不能跃变，必定从零逐渐增加到 U_S。

电压连续的原因可解释如下：首先，若电压可以跃变，则电容上的电流 $\left(i=C\dfrac{\mathrm{d}u}{\mathrm{d}t}\right)$ 在换路瞬间就是 ∞，这与电源电流为有限值是矛盾的。另外，从能量的观点考虑，若电容的电压突变，意味着电场能量 $\left(w=\dfrac{1}{2}Cu^2\right)$ 突变，

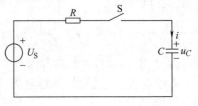

图 5-5　RC 动态电路

则电路的瞬时功率 $p=\mathrm{d}w/\mathrm{d}t$ 就为 ∞，说明电路接通电源瞬间需要电源供给无限大的功率，这对有限容量的实际电源来说也是不可能的。所以 RC 串联电路接通电源瞬间，电容上电压不能跃变。

因此，在换路后的一瞬间，电容上的电压应保持换路前一瞬间的原有值而不能跃变。即有

$$u_C(0_+)=u_C(0_-) \tag{5-10}$$

这一规律被称为电容电路的换路定律。

显然，对于一个初始电压为零的电容，在换路的瞬间，有 $u_C(0_+)=u_C(0_-)=0$，电容相当于短路。

4. 用换路定律确定电路（$t=0_+$ 时刻）的初始值

换路定律只说明了在换路瞬间电容电压值和电感电流值不会突变，而电路中的其他物理量如电容电流、电感电压、其他元件的电流、电压值是可以发生跃变的。就是说，换路后瞬间（$t=0_+$ 时刻），$u_C(0_+)$ 和 $i_L(0_+)$ 的数值可以根据换流定律来确定。换路后瞬间的电路分析步骤如下：

1）换路后瞬间，电容元件被看作恒压源。$u_C(0_+)=u_C(0_-)$，如果电容无初始电压即 $u_C(0_-)=0$，可处理为短路。

2）换路后瞬间，电感元件可看作恒流源。$i_L(0_+)=i_L(0_-)$，如果电感无初始电流即 $i_L(0_-)=0$，可处理为开路。

3）运用直流电路分析方法，可以计算换路后（$t=0_+$）瞬间的电路各部分电压、电流值。

【例 5-1】　电路如图 5-6a 所示。开关闭合前，电路已处于稳定状态。当 $t=0$ 时开关闭合，求初始值 $u_C(0_+)$、$i_1(0_+)$、$i_2(0_+)$、$i_C(0_+)$。

【解】　选定关联参考方向如图 5-6 所示。

（1）开关闭合前电路已处于稳定状态，所以 $u_C(0_-)=U_S=12\mathrm{V}$。

（2）换路瞬间，等效电路如图 5-6b 所示。根据换路定律，有

$$u_C(0_+)=u_C(0_-)=12\mathrm{V}$$

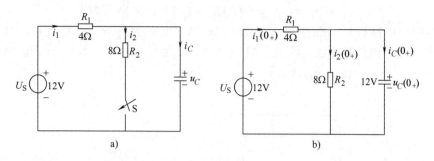

图 5-6 例 5-1 的电路

因此得

$$i_1(0_+) = \frac{U_S - u_C(0_+)}{R_1} = 0 \text{ A}$$

$$i_2(0_+) = \frac{u_C(0_+)}{R_2} = \frac{12}{8}\text{A} = 1.5\text{A}$$

$$i_C(0_+) = i_1(0_+) - i_2(0_+) = -1.5\text{A}$$

【例 5-2】 电路如图 5-7a 所示，已知 $U_S = 10\text{V}$、$R_1 = 6\Omega$、$R_2 = 4\Omega$、$L = 2\text{mH}$，开关 S 原处于断开状态并且电路已处于稳定状态，求开关 S 闭合后 $t = 0_+$ 时，各电流及电感电压的值。

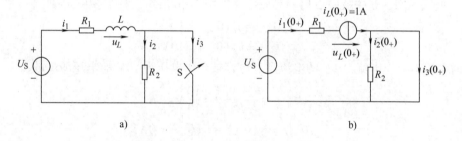

图 5-7 例 5-2 的电路

【解】 选定关联参考方向如图 5-7 所示。

（1）开关闭合前，电路处于稳定状态，电感相当于短路，因此得

$$i_L(0_-) = \frac{U_S}{R_1 + R_2} = \frac{10}{6+4}\text{A} = 1\text{A}$$

（2）换路瞬间，等效电路如图 5-7b 所示。根据换路定律，有

$$i_L(0_+) = i_L(0_-) = 1\text{A}$$

此时电感被当作电流为 1A 的电流源，故有

$$i_1(0_+) = i_L(0_+) = 1\text{A}$$

由于 S 闭合，R_2 被短路，故有

$$i_2(0_+) = 0\text{A}$$

$$i_3(0_+) = i_1(0_+) - i_2(0_+) = 1\text{A}$$

根据 KVL 有

$$u_L(0_+) = U_S - i_1(0_+)R_1 = (10 - 1 \times 6)V = 4V$$

【**例5-3**】 电路如图5-8a所示，已知 $U_S = 12V$、$R_1 = 2\Omega$、$R_2 = 10\Omega$、$L = 4H$、$C = 2F$，在开关S动作前电路已处于稳定状态，当 $t = 0$ 时，开关S由1扳至2，求 $t = 0_+$ 时的初始值 $u_C(0_+)$、$i_C(0_+)$、$u_L(0_+)$、$i_L(0_+)$。

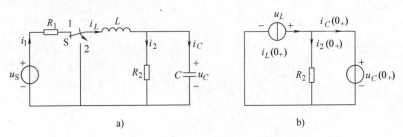

图5-8 例5-3图

【**解**】 选定关联参考方向如图所示。

（1）开关S由1扳至2前，电路处于稳定状态，电感相当于短路，电容相当于开路，因此得

$$i_L(0_-) = \frac{U_S}{R_1 + R_2} = \frac{12}{2 + 10}A = 1A$$

$$u_C(0_-) = u_{R_2} = i_L(0_-)R_2 = 1 \times 10V = 10V$$

（2）换路瞬间，开关扳向2后的等效电路如图5-8b所示。根据换路定律，有

$$i_L(0_+) = i_L(0_-) = 1A$$

$$u_C(0_+) = u_C(0_-) = 10V$$

此时电感被当作电流为1A的电流源，电容被当作电压为10V的电压源。故有

$$i_2(0_+) = \frac{u_C(0_+)}{R_2} = \frac{10}{10}A = 1A$$

$$i_C(0_+) = i_L(0_+) - i_2(0_+) = 0A$$

$$u_L(0_+) = u_C(0_+) = 10V$$

第二节 *RC* 电路过渡过程及三要素法

由电阻元件和电源构成的电路，称为电阻电路，其电路特性一般由代数方程描述。如果电路中含有电容或电感元件，那么这样的电路称为动态电路，动态电路需要用微分方程加以描述。如果动态电路中只含有一个电容或电感，其对应的电路规律就是一阶微分方程，其解在时域、频域、复频域中均可得到。

分析动态电路，首先必须根据KCL、KVL等列出动态电路的微分方程，写出初始条件，然后求解微分方程，得到微分方程式的定解，该定解在电路中称为响应。响应是由激励信号（也称作用信号）引起的，激励信号有两种类型：一种是内施激励信号，即由电容或电感元件的初始储能所产生的信号；另一种是外施激励信号，即由换路时外加电源接入的信号。根据激励信号类型不同，电路响应有零输入响应、零状态响应及全响应。通常，我们将外施激励信号为零，仅由动态元件初始储能产生的电流和电压（响应），称为电路的零输入响应；

将外施激励信号不为零，而动态元件初始储能为零，在电路中产生的电流和电压，称为零状态响应；将外施激励信号不为零，动态元件初始储能也不为零，二者共同作用所产生的响应称为全响应。

一、RC 一阶电路的零输入响应

动态电路的全响应分为零输入响应和零状态响应两部分。零输入响应是电路在无输入激励的情况下仅由初始条件引起的响应。RC 电路的零输入响应是指输入信号为零，即激励为零，由电容元件的初始状态 $u_C(0_+)$ 所产生的电流和电压。

图 5-9 所示的 RC 动态电路，开关处于位置 1 时，电路已处于稳定状态，$u_C(0_-) = U_S$。设 $t \geq 0$ 时，电容的初始电压为 U_0，当开关由 1 的位置扳到 2 的位置的换路瞬间，根据换路定律，$U_0 = u_C(0_+) = u_C(0_-) = U_S$。当 $t = 0_+$ 时电容相当于电压为 U_0 的电压源。

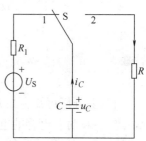

当 $t > 0$ 时，电容通过电阻 R 放电，形成放电电流 $i_C(t)$，电容电压 $u_C(t)$ 和电流 $i_C(t)$ 都随着时间 t 的增加逐渐降低，电容上的初始储能逐渐被电阻消耗，直至 $u_C(t)$ 和 $i_C(t)$ 都趋近于零，电路进入一个新的稳态。在当 $t > 0$ 时，电路中的响应仅由电容初始储能产生，该响应为一阶 RC 电路的零输入响应。下面对电容放电的过渡过程进行分析。

图 5-9 RC 电路的零
输入响应电路

图 5-9 的 RC 电路，当 $t > 0$ 时，根据 KVL 定律得

$$u_C(t) = Ri_C(t) \text{ 或 } u_C(t) - Ri_C(t) = 0$$

电容上 $i_C(t) = -C \dfrac{\mathrm{d}u_C(t)}{\mathrm{d}t}$（电容放电电流为非关联方向），代入上式得

$$RC \frac{\mathrm{d}u_C(t)}{\mathrm{d}t} + u_C(t) = 0 \tag{5-11}$$

式(5-11)为一阶齐次常系数微分方程，它的特征方程为

$$RCs + 1 = 0$$

其特征根为

$$s = -\frac{1}{RC}$$

则式(5-11)的通解为

$$u_C(t) = Ae^{st} = Ae^{-\frac{1}{RC}t} \tag{5-12}$$

式中，A 为待定的积分常数，由初始条件决定，将初始条件 $u_C(0_+) = U_S$ 代入式(5-12)，得

$$A = u_C(0_+) = U_0$$

所以式(5-11)满足初始条件的解为

$$u_C(t) = u_C(0_+)e^{-\frac{t}{RC}} = U_0e^{-\frac{t}{RC}} \tag{5-13}$$

定义 $\tau = RC$，τ 称为该电路的时间常数，具有时间量纲，将 τ 代入得零输入响应

$$u_C(t) = u_C(0_+)e^{-\frac{t}{\tau}} = U_0e^{-\frac{t}{\tau}} \tag{5-14}$$

电容的放电电流为

$$i_C(t) = \frac{u_C(t)}{R} = \frac{u_C(0_+)}{R}e^{-\frac{t}{\tau}} = \frac{U_0}{R}e^{-\frac{t}{\tau}} \tag{5-15}$$

RC 电路零输入响应 $u_C(t)$ 和 $i_C(t)$ 的波形如图 5-10a、5-10b 所示。

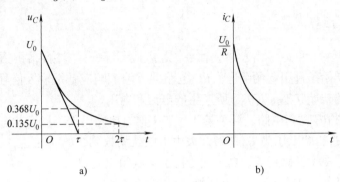

图 5-10 RC 电路零输入响应电压、电流波形图

由以上分析可知，当 $t>0$ 时，电容的电压和电流从初始值开始随时间 t 按指数规律衰减；当 $t \to \infty$ 时，电容的电压和电流衰减至零，过渡过程结束，电路进入新的稳态。通常我们将这一过渡过程称为暂态过程(或动态过程)，暂态过程的本质是电容上的初始储能放电的过程。

电路的时间常数 τ 是描述过渡过程特性的一个重要物理量，反映了电路中过渡过程进行的快慢程度，其大小由电路本身的结构决定，与外界的激励无关，τ 越大过渡过程持续时间就越长，电流、电压就衰减得越慢；反之，τ 越小过渡过程持续时间就越短，电流、电压就衰减得越快。可以证明在指数曲线上的任一点如果电流或电压以该点的切线速度匀速衰减的话，衰减到零正好经历一个 τ 时间。实际指数曲线的衰减速度是逐渐减慢的，表 5-1 给出了指数 $e^{-\frac{t}{\tau}}$ 随时间变化的数值关系。表中的数值说明：在开始一段时间，数值下降得较快，$t=\tau$ 时的值约为初始值的 0.368 倍，以后数值下降得较慢，$t=3\tau$ 时的值约为初始值的 0.050 倍，$t=5\tau$ 时的值约为初始值的 0.007 倍。在工程中，一般认为经过 $(3\sim5)\tau$ 时间后，衰减过程基本结束，电路已达到新的稳态。

表 5-1 $e^{-\frac{t}{\tau}}$ 随时间变化的规律

t	0	1τ	2τ	3τ	4τ	5τ
$e^{-\frac{t}{\tau}}$	1	0.368	0.135	0.050	0.018	0.007

【例 5-4】 供电局向某企业供电电压为 10kV，在切断电源瞬间，电网上遗留有 $10\sqrt{2}$ kV 的电压。已知送电线路长度 $L=30$km，电网对地绝缘电阻为 500MΩ，电网的分布电容为 $C_0 = 0.008\mu$F/km，求：

1) 拉闸后 1min，电网对地的残余电压为多少？

2) 拉闸后 10min，电网对地的残余电压为多少？

【解】 电网拉闸后，储存在电网电容上的电能逐渐通过对地绝缘电阻放电，这实际上是一个 RC 电路的零输入响应问题。

由题意知，长 30km 的电网总电容量为

$$C = C_0 L = 0.008 \times 30\mu F = 0.24\ \mu F$$

时间常数为

$$\tau = RC = 500 \times 10^6 \times 0.24 \times 10^{-6} s = 120s$$

电容是的初始电压为 $U_0 = 10\sqrt{2}kV$。

根据式(5-14)，电容放电过程中，在 $t = 60s$、$t = 600s$ 时电网电压(即电容电压)分别为

$$u_C(60) = 10\sqrt{2} \times 10^3 e^{-\frac{60}{120}} V \approx 8578V$$

$$u_C(600) = 10\sqrt{2} \times 10^3 e^{-\frac{600}{120}} V \approx 95.3V$$

由此可见，电网断电后，电力电路的电压并不立即消失，此电网断电 1min 后，仍有 8578V 的高压，断电 10min 后，电网是仍有 95.3V 的电压。

二、RC 电路的零状态响应

图 5-11a 所示的一阶 RC 电路，当 $t < 0$ 时，开关 S 处于开启位置，电路处于稳定的开路状态，电压的初始储能 $u_C(0_-)$ 为零；当 $t = 0$ 时使开关 S 闭合，根据换路定律有 $u_C(0_+) = u_C(0_-) = 0$，当 $t = 0_+$ 时电容相当于短路。

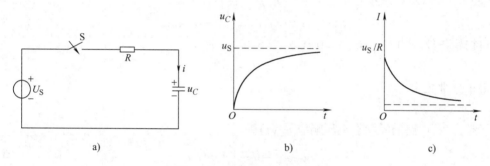

| a) | b) | c) |

图 5-11 RC 电路零状态响应

当 $t > 0$ 时，电压源 U_S 会通过 R 向 C 充电，形成充电电流 $i(t)$，$i(t)$ 随着时间 t 的增加逐渐减小，$u_C(t)$ 随着时间 t 的增加逐渐升高，电容上电荷不断累积，所存储的能量逐渐增加，直至充电完毕，进入稳定状态。稳定后电容电压 $u_C(\infty)$ 等于电源电压 U_S，电路中的充电电流 $i(\infty) = 0$。

由于 $t = 0_+$ 时，电路中电容没有初始储能，故 $t > 0$ 后电路中的响应仅由外施激励 U_S 产生，该响应为一阶 RC 电路的零状态响应。下面对电容充电的过渡过程进行分析。

图 5-11a 的 RC 路，当 $t > 0$ 时，根据 KVL 定律得

$$Ri(t) + u_C(t) = U_S$$

将 $i(t) = C\dfrac{du_C(t)}{dt}$ 代入上式得

$$RC\frac{du_C(t)}{dt} + u_C(t) = U_S \tag{5-16}$$

式(5-16)为一阶非齐次常系数线性微分方程。

按非齐次常系数线性微分方程的解法，式(5-16)的解应包含两部分，即

$$u_C(t) = u_{cp}(t) + u_{ch}(t)$$

式中，$u_{cp}(t)$ 为非齐次方程的特解，也称为强制分量或稳态分量；$u_{ch}(t)$ 为对应齐次方程的

通解，也称为自由分量或暂态分量，可由非齐次微分方程对应的齐次微分方程求得。

（1）$u_{cp}(t)$的求解　由于外施激励信号为直流电压源，电路进入新的稳态后，电容上的电压应等于电源电压，故电容电压的稳态分量即特解$u_{cp}(t)$为直流电压

$$u_{cp}(t) = u_C(+\infty) = U_S \tag{5-17}$$

（2）$u_{ch}(t)$的求解　式(5-16)对应的齐次常系数线性微分方程为

$$RC\frac{\mathrm{d}u_C(t)}{\mathrm{d}t} + u_C(t) = 0$$

其特征方程为

$$RCs + 1 = 0$$

特征方程的特征根为

$$s = -\frac{1}{RC}$$

故通解为

$$u_{ch}(t) = Ae^{st} = Ae^{-\frac{t}{RC}} = Ae^{-\frac{t}{\tau}} \tag{5-18}$$

式中，A为待定的积分常数，$\tau = RC$为该电路的时间常数。

（3）一阶微分方程的全解

$$u_C(t) = u_{cp}(t) + u_{ch}(t) = U_S + Ae^{-\frac{t}{\tau}} \tag{5-19}$$

将初始条件$t=0$，$u_C(0_+) = 0$代入式(5-19)，有

$$0 = U_S + Ae^0$$

得积分常数为

$$A = -U_S$$

于是，RC电路的零状态电压响应$u_C(t)$为

$$u_C(t) = U_S(1 - e^{-\frac{t}{\tau}}) \tag{5-20}$$

RC电路的零状态电流响应$i(t)$为

$$i(t) = \frac{U_S - u_C(t)}{R} = \frac{U_S}{R}e^{-\frac{t}{\tau}} \tag{5-21}$$

$u_C(t)$和$i(t)$和波形如图5-11b、图5-11c所示。

由以上分析可知，图5-11a所示一阶RC电路在换路前处于稳态，电容上电压和电流都为零；发生换路后，电压随时间t的增加按指数规律增加，电容电流发生跳变，并随时间t的增加按指数规律衰减；当$t\to\infty$时，电流衰减趋近于零，电压增加趋近于U_S，电路进入一个新的稳态。该暂态过程本质是电容上电场能量的储存过程，时间常数τ是充电时间常数，反映出充电过程的快慢。从理论上讲，充电结束需经无限长时间才会结束，但在实际中，经过$(3\sim5)\tau$的时间后，可近似认为充电过程已经结束，电路达到了新的稳态。

在电源向电容充电的过渡过程中，电阻所消耗的电能为

$$W_R = \int_0^\infty i^2(t)R\mathrm{d}t = \int_0^\infty \left(\frac{U_S}{R}e^{-\frac{t}{\tau}}\right)^2 R\mathrm{d}t = \frac{1}{2}CU_S^2$$

电容储存的电能为

$$W_C = \frac{1}{2}CU_S^2$$

电源提供的电能为

$$W_{\mathrm{S}} = \int_0^\infty i(t)U_{\mathrm{S}}\mathrm{d}t = \int_0^\infty \left(\frac{U_{\mathrm{S}}}{R}\mathrm{e}^{-\frac{t}{\tau}}\right)U_{\mathrm{S}}R\mathrm{d}t = CU_{\mathrm{S}}^2$$

可见，当电源对一个初值为零的电容器充电时，电源提供的功率有一半被消耗在充电电阻上。

【例5-5】 电路如图 5-12a 所示，$U_{\mathrm{S}} = 220\mathrm{V}$、$R = 200\Omega$、$C = 1\mu\mathrm{F}$，$t < 0$ 时，开关 S 处于开启位置，电路处于稳态，电容初始储能为零，$t = 0$ 时，开关 S 闭合。求

(1) 时间常数 τ。

(2) 最大充电电流。

(3) $u_C(t)$、$u_R(t)$、$i(t)$。

(4) 作出 $u_C(t)$、$u_R(t)$、$i(t)$ 随时间 t 的变化曲线。

(5) 开关闭合后 1ms 时的 u_C、u_R、i 的值。

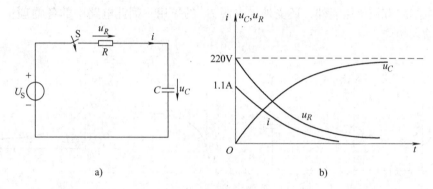

图 5-12　例 5-5 的图

【解】 由于 $t < 0$ 时，开关 S 处于开启状态，电路处于稳态，电容初始储能为零，电容可视为开路，故 $u_C(0_-) = 0$，根据换路定律得

$$u_C(0_+) = u_C(0_-) = 0$$

故电路响应为一阶 RC 电路零状态响应。

(1) 时间常数

$$\tau = RC = 200 \times 1 \times 10^{-6}\mathrm{s} = 200\mu\mathrm{s}$$

(2) 最大充电电流

$t = 0_+$ 时，$u_C(0_+) = 0$，电容相当于短路，电路上具有最大充电电流 $i_{\max}$

$$i_{\max} = \frac{U_{\mathrm{S}}}{R} = \frac{220}{200}\mathrm{A} = 1.1\mathrm{A}$$

(3) $u_C(t)$、$u_R(t)$、$i(t)$ 的表达式为

$$u_C(t) = U_{\mathrm{S}}(1 - \mathrm{e}^{-\frac{t}{\tau}}) = 220(1 - \mathrm{e}^{-\frac{t}{200 \times 10^{-6}}})\mathrm{V} = 220(1 - \mathrm{e}^{-5 \times 10^3 t})\mathrm{V}$$

$$u_R(t) = U_{\mathrm{S}} - u_C(t) = 220\mathrm{e}^{-5 \times 10^3 t}\mathrm{V}$$

$$i(t) = \frac{U_{\mathrm{S}}}{R}\mathrm{e}^{-\frac{t}{\tau}} = 1.1\mathrm{e}^{-5 \times 10^3 t}\mathrm{A}$$

(4) 作出 $u_C(t)$、$u_R(t)$、$i(t)$ 随时间 t 的变化曲线如图 5-12b 所示。

(5) 当 $t = 1\mathrm{ms}$ 时

$$u_C = 220(1 - e^{-5 \times 10^3 \times 10^{-3}}) \text{V} = 218.5 \text{V}$$

$$u_R = 220 e^{-5 \times 10^3 \times 10^{-3}} \text{V} = 1.5 \text{V}$$

$$i = 1.1 e^{-5 \times 10^3 \times 10^{-3}} \text{A} = 0.0074 \text{A}$$

可见此时 $(t = 5\tau)$ 电路的过渡过程已基本完成。

三、RC 电路的全响应

当 RC 电路的储能元件电容在换路前就已具有初始能量，换路后又受到外加激励电源的作用，两者共同作用产生的响应，称为 RC 一阶电路的全响应。

如图 5-13a 所示，换路前开关长时间处于"2"的位置，表明电路已处于稳定状态，电容存储的电能为 $\frac{1}{2}CU_2^2$，换路瞬间 $u_C(0_+) = u_C(0_-) = U_2$。当开关 S 由"2"位置拨向"1"位置时，电容除有初始储能外，还受外加电源 U_1 的作用，因此电路中的各物理量为非零状态下的有输入响应。

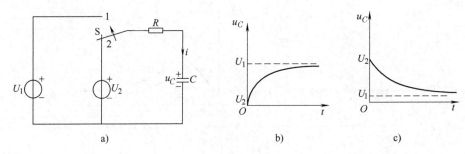

图 5-13　RC 电路的全响应

开关动作后，电路方程为

$$RC \frac{du_C(t)}{dt} + u_C(t) = U_1 \tag{5-22}$$

其中初始条件为 $u_C(0_+) = U_2$，电路时间常数为 $\tau = RC$。

根据线性电路叠加原理，全响应为内施激励（电容初始能量）信号和外施激励信号分别单独引起的响应之和，即全响应等于零输入响应和零状态响应的叠加。

由于电路中电容电压的初值 $u_C(0_+) = U_2$，根据式(5-14)得电容的零输入响应为

$$u_{C1}(t) = U_2 e^{-\frac{t}{\tau}} \tag{5-23}$$

由于电源电压为 U_1，据式(5-20)得电容的零状态响应为

$$u_{C2}(t) = U_1(1 - e^{-\frac{t}{\tau}}) \tag{5-24}$$

将电容的零输入响应和零状态响应式相加即得电容电压的全响应

$$u_C(t) = U_2 e^{-\frac{t}{\tau}} + U_1(1 - e^{-\frac{t}{\tau}}) \tag{5-25}$$

或　　　　　　　　$$u_C(t) = U_1 + (U_2 - U_1) e^{-\frac{t}{\tau}} \tag{5-26}$$

分析(5-26)式可以发现：RC 一阶电路在非零状态条件下与电源 U_1 接通后，电路电容电压全响应由暂态响应 $(U_2 - U_1) e^{-\frac{t}{\tau}}$ 和稳态响应 U_1 两部分叠加而成。

图 5-13a 所示电路中电容电压的响应可分如下三种情况：

1）当 $U_1 = U_2$ 时，由式（5-26）可知，$u_C(t) = U_1$，表明电路一经换路便进入稳定状态，无过渡过程。

2）当 $U_1 > U_2$ 时，电路在换路后将继续对电容器 C 进行充电，直到电容上的电压等于 U_1 时为止，如图 5-13b 所示。

3）当 $U_1 < U_2$ 时，电路在换路后电容器处于放电状态，由初始值的 U_2 衰减到稳态的 U_1 值，如图 5-13c 所示。

【例 5-6】 图 5-14 所示电路中，开关 S 断开前电路处于稳态。已知 $U_S = 20\text{V}$、$R_1 = R_2 = 1\text{k}\Omega$、$C = 1\mu\text{F}$。求开关断开后 $u_C(t)$、$i_C(t)$，并画出其曲线。

【解】 换路前电容相当于开路，故有

$$u_C(0_-) = \frac{R_2}{R_1 + R_2}U_S = \frac{1}{1+1} \times 20\text{V} = 10\text{V}$$

即电容的初始电压为 $u_C(0_+) = u_C(0_-) = 10\text{V}$

时间常数 $\tau = RC = 10^3 \times 10^{-6}\text{s} = 10^{-3}\text{s}$

电容电压的零输入响应为

$$u_{C1}(t) = u_C(0_+)\text{e}^{-\frac{t}{\tau}} = 10\text{e}^{-\frac{t}{10^{-3}}}\text{V} = 10\text{e}^{-1000t}\text{V}$$

电容电压的零状态响应为

$$u_{C2}(t) = U_S(1 - \text{e}^{-\frac{t}{\tau}}) = 20(1 - \text{e}^{-1000t})\text{V}$$

电容电压的全响应为

$$u_C(t) = u_{C1}(t) + u_{C2}(t) = 10\text{e}^{-1000t}\text{V} + 20(1 - \text{e}^{-1000t})\text{V} = 20 - 10\text{e}^{-1000t}\text{V}$$

显然电容处于充电状态，电容电流为

$$i_C(t) = \frac{U_S - u_C(t)}{R_1} = \frac{20 - (20 - 10\text{e}^{-1000t})}{1000}\text{A} = 0.01\text{e}^{-1000t}\text{A}$$

$u_C(t)$、$i_C(t)$ 随时间变化的曲线如图 5-15 所示。

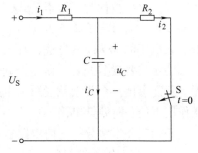

图 5-14　例 5-6 的电路

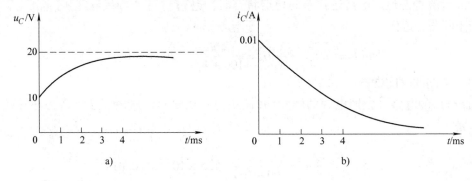

图 5-15　例 5-6 电容电压和电流随时间变化曲线

四、一阶电路的三要素法

由式（5-26）知，一阶 RC 电路的全响应等于电路的暂态响应和稳态响应之和。暂态响应是指随着时间的增长而趋于零的响应分量，当分量为零或接近零时，暂态过程结束。稳态响应是指不随时间而改变的响应分量，其值等于过渡过程结束后的稳态值。

一阶 RC 电路全响应表达式 $u_C(t) = U_1 + (U_2 - U_1)e^{-\frac{t}{\tau}}$ 中，U_1 实际上是电容电压的最终值 $u_C(\infty)$，U_2 是电容电压的初始值 $u_C(0_+)$，由此，输出全响应有另一种容易理解的写法，即

$$u_C(t) = u_C(+\infty) + [u_C(0_+) - u_C(\infty)]e^{-\frac{t}{\tau}}$$

推广到一般函数式 $f(t)$

$$f(t) = f(+\infty) + [f(0_+) - f(\infty)]e^{-\frac{t}{\tau}} \tag{5-27}$$

式 (5-27) 被称为三要素公式，$f(0_+)$、$f(\infty)$、τ 这三个量被称为求解一阶电路过渡过程的三要素。通过将三要素 $f(0_+)$、$f(+\infty)$ 和 τ 代入三要素公式 (5-27) 直接求一阶电路中的电流或电压的全响应的方法，称为三要素法。

利用三要素公式对一阶电路进行计算，既不需要列电路微分方程，也不需要解微分方程，只需求出三个要素就能写出电路的全响应。但应用中需要注意三要素法只适用于阶跃电压作用下的一阶线性电路。

利用三要素法分析一阶电路暂态过程的步骤：

1）确定初始条件 $f(0_+)$。

2）求稳态响应 $f(+\infty)$。

3）求时间常数 τ。

4）根据一阶电路响应的一般形式 (5-27)，求取电路的暂态过程。

【例 5-7】 如图 5-16 所示，已知 $U_S = 200\text{V}$、$R_1 = 100\Omega$、$R_2 = 400\Omega$、$C = 125\mu\text{F}$，在换路前电容电压 $u_C(0_-) = 50\text{V}$，求开关 S 闭合后电容电压和电流。

【解】 用三要素法求解：

（1）确定初始值。换路瞬间，电容电压初始值为

$$u_C(0_+) = u_C(0_-) = 50\text{V}$$

（2）计算稳态值。电路达到新的稳定状态时，电容相当于断路，这样

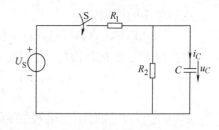

图 5-16 例 5-7 图

$$u_C(\infty) = \frac{R_2}{R_1 + R_2}U_S = \frac{400}{100 + 400} \times 200\text{V} = 160\text{V}$$

（3）电路的时间常数

S 闭合后的电路，去掉电源的影响（短路 U_S），从电容两端看进去，等效电阻为 $R_1 /\!/ R_2$，于是

$$\tau = \frac{R_1 R_2}{R_1 + R_2}C = \frac{100 \times 400}{100 + 400} \times 125 \times 10^{-6}\text{s} = 0.01\text{s}$$

（4）根据三要素公式得

$$u_C(t) = u_C(\infty) + [u_C(0_+) - u_C(\infty)]e^{-\frac{t}{\tau}} = [160 + (50 - 160)e^{-\frac{t}{0.01}}]\text{V}$$
$$= 160 - 110e^{-100t}\text{V}$$

$$i_C(t) = C\frac{du_C(t)}{dt} = 1.375e^{-100t}\text{A}$$

第三节　RL 电路的过渡过程

上节对的零输入响应、零状态响应和全响应进行了讨论。RL 电路和 RC 电路一样，在电路中含有储能的动态元件 L，电路在换路后，需要经历一个暂态过程才能最终进入新的稳定状态。根据换路定律，RL 电路中与能量有关的线圈电流不能发生突变，含有一个电感线圈的一阶线性电路遵从的规律同样是一阶微分方程。RL 电路与 RC 电路的分析方法基本相同，只不过电容上是电压不能突变，电感上是电流不能突变。下面利用与 RC 电路同样的分析方法，主要是三要素法对 RL 电路零输入响应、零状态响应及全响应进行分析。

一、RL 一阶电路的零输入响应

在无电源激励，即输入信号为零时，由电感元件的初始状态 $i_L(0_+)$ 所引起的响应，称为 RL 的零输入响应。

图 5-17 所示的一阶 RL 电路，当 $t<0$ 时，开关 S 处在位置 1，电路处于稳态，电感已储存了能量，其电流为 $i_L(0_-)=I_0$；当 $t=0$ 时，开关 S 由位置 1 扳至 2，根据换路定律则有 $i_L(0_+)=i_L(0_-)=I_0$；当 $t=0_+$ 时，电感相当 $i_L(0_+)=I_0$ 的电流源，电感上初始电压为 $u_L(0_+)=-I_0R$；当 $t>0$ 时，电感通过电阻 R 释放初始储能，电感电流 $i_L(t)$ 随着时间 t 的增加逐渐降低，电感上的初始储能逐渐被电阻消耗，直至

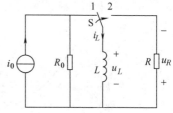

图 5-17　一阶 RL 电路

$i_L(t)$ 趋近于零，电路进入一个新的稳态 $i_L(\infty)=0$，$u_L(\infty)=0$。在 $t>0$ 时，电路中的响应仅由电感初始储能所产生，该响应为一阶 RL 电路的零输入响应。

图 5-17 所示，在 $t>0$ 时，根据 KVL 得回路电压方程为

$$u_R+u_L=0$$

将 $u_L(t)=L\dfrac{\mathrm{d}i_L(t)}{\mathrm{d}t}$，$u_R=Ri_L(t)$ 代入上式并经整理得

$$\frac{L}{R}\frac{\mathrm{d}i_L(t)}{\mathrm{d}t}+i_L(t)=0 \qquad (5\text{-}28)$$

式 (5-28) 的特征方程为

$$\frac{L}{R}s+1=0$$

特征方程的特征根为

$$s=-\frac{1}{L/R}$$

则式 (5-28) 的通解为

$$i_L(t)=A\mathrm{e}^{st}=A\mathrm{e}^{-\frac{t}{L/R}} \qquad (5\text{-}29)$$

将初始条件 $i_L(0_+)=I_0$ 代入式 (5-29)，得积分常数

$$A=i_L(0_+)=I_0$$

于是

$$i_L(t)=i_L(0_+)\mathrm{e}^{-\frac{t}{L/R}}=I_0\mathrm{e}^{-\frac{t}{L/R}}$$

由此可知，RL 一阶电路的时间常数 $\tau = \dfrac{L}{R}$，具有时间量纲。

RL 电路的零输入响应

$$i_L(t) = i_L(0_+)\mathrm{e}^{-\frac{t}{\tau}} = I_0\mathrm{e}^{-\frac{t}{\tau}} \tag{5-30}$$

电感两端的电压为

$$u_L(t) = L\frac{\mathrm{d}i_L(t)}{\mathrm{d}t} = -RI_0\mathrm{e}^{-\frac{t}{\tau}} \tag{5-31}$$

$i_L(t)$ 和 $u_L(t)$ 的波形如图 5-18a、5-18b 所示。

上述所列方程及求解过程主要用来说明该 RL 电路为一阶电路，时间常数 $\tau = L/R$。实际上，利用三要素公式可以直接获得式(5-30)和式(5-31)的结果，即

$$i_L(t) = i_L(\infty) + [i_L(0_+) - i_L(\infty)]\mathrm{e}^{-\frac{t}{\tau}} = 0 + (I_0 - 0)\mathrm{e}^{-\frac{t}{\tau}} = I_0\mathrm{e}^{-\frac{t}{\tau}}$$

$$u_L(t) = u_L(\infty) + [u_L(0_+) - u_L(\infty)]\mathrm{e}^{-\frac{t}{\tau}} = 0 + (-I_0R - 0)\mathrm{e}^{-\frac{t}{\tau}} = -RI_0\mathrm{e}^{-\frac{t}{\tau}}$$

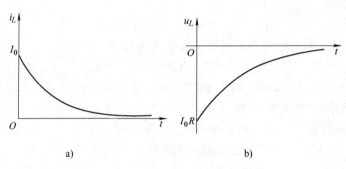

a)   b)

图 5-18　一阶 RL 电路零输入响应波形

【例 5-8】　图 5-19a 所示电路中，已知 $U_0 = 11\mathrm{V}$、$R_0 = 1\Omega$、$R_1 = 2\Omega$、$R_2 = 3\Omega$、$L = 5\mathrm{H}$，$t < 0$ 时，开关处于闭合位置，电路处于稳态，$t = 0$ 时，开关 S 打开，求 $t \geq 0$ 时的 $i_L(t)$、$u_L(t)$ 和 $u_R(t)$。

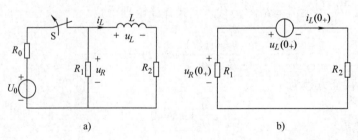

a)   b)

图 5-19　例 5-8 的图

【解】　方法一：利用式(5-30)求解。

由于 $t < 0$ 时，开关 S 闭合，图 5-19a 直流电路处于稳态，电感可视为短路，故有

$$u_R(0_-) = \frac{R_1R_2/(R_1 + R_2)}{R_0 + R_1R_2/(R_1 + R_2)}U_0 = \frac{2 \times 3/(2+3)}{1 + 2 \times 3/(2+3)} \times 11\mathrm{V} = 6\mathrm{V}$$

$$u_L(0_-) = 0\mathrm{V}$$

$$i_L(0_-) = \frac{u_R(0_-) - u_L(0_-)}{R_2} = \frac{6-0}{3}\text{A} = 2\text{A}$$

图 5-19b 为开关 S 打开瞬间，$t = 0_+$ 时刻的电路图，根据换路定律，有

$$I_0 = i_L(0_+) = i_L(0_-) = 2\text{A}$$

由 5-19b 电路可以求出

$$u_R(0_+) = -R_1 I_0 = -4\text{V}$$

$$u_L(0_+) = -(R_1 + R_2)I_0 = -10\text{V}$$

开关 S 打开后，电感 L 向 R_1 和 R_2 的串联电路放电，故时间常数为

$$\tau = \frac{L}{R} = \frac{L}{R_1 + R_2} = \frac{5}{2+3}\text{s} = 1\text{s}$$

根据式(5-30)，电感电流 $i_L(t)$ 的零输入响应为

$$i_L(t) = i_L(0_+)\text{e}^{-\frac{t}{\tau}} = I_0\text{e}^{-\frac{t}{\tau}} = 2\text{e}^{-t}\text{A}$$

$$u_L(t) = L\frac{\text{d}i_L(t)}{\text{d}t} = -10\text{e}^{-t}\text{V}$$

$$u_R(t) = -i_L(t)R_1 = -4\text{e}^{-t}\text{V}$$

方法二：利用三要素法直接写出。

$$i_L(t) = i_L(\infty) + [i_L(0_+) - i_L(\infty)]\text{e}^{-\frac{t}{\tau}} = [0 + (2-0)\text{e}^{-t}]\text{A} = 2\text{e}^{-t}\text{A}$$

$$u_L(t) = u_L(\infty) + [u_L(0_+) - u_L(\infty)]\text{e}^{-\frac{t}{\tau}} = [0 + (-10-0)\text{e}^{-t}]\text{V} = -10\text{e}^{-t}\text{V}$$

$$u_R(t) = u_R(\infty) + [u_R(0_+) - u_R(\infty)]\text{e}^{-\frac{t}{\tau}} = [0 + (-4-0)\text{e}^{-t}]\text{V} = -4\text{e}^{-t}\text{V}$$

二、RL 一阶电路的零状态响应

图 5-20 所示为一阶 RL 电路，当 $t < 0$ 时，开关 S 处于开启位置，电路处于稳态，电感的初始储能为零，其电流 $i_L(0_-) = 0$；当 $t = 0$ 时，开关 S 闭合，根据换路定律有 $i_L(0_+) = i_L(0_-) = 0$；当 $t = 0_+$ 时，由于 $i_L(0_-) = 0$，电感相当于开路状态；当 $t > 0$ 时，电流源 I_0 向 L 充电，电感通过的电流随着时间 t 的增加逐渐升高，电感上磁链不断累积，所储存的能量逐渐增加，直至充电完毕，$i_L(t)$ 趋近于 I_0，$U_L(t)$ 趋近于零，电路进入一个新的稳态。在 $t > 0$ 时，电路中电感没有初始储能，电路中的响应由外施激励 I_0 所产生，该响应为一阶 RL 电路的零状态响应。

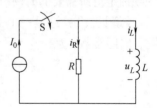

图 5-20　RL 电路(零状态)

根据换路定律求得电路的初始值为

$$i_L(0_+) = i_L(0_-) = 0$$

$$u_L(0_+) = I_0 R$$

电路的时间常数为 $\tau = \dfrac{L}{R}$。

电路达到下一个稳态时，电感短路，故电流 I_0 全部经过电感，$i_R(\infty) = 0$，$u_R(\infty) = 0$，于是

$$i_L(\infty) = I_0$$

$$u_L(\infty) = u_R(\infty) = 0$$

用三要素法，直接写出 RL 电路的 $i_L(t)$、$u_L(t)$ 表达式，即

$$i_L(t) = i_L(\infty) + [i_L(0_+) - i_L(\infty)]e^{-\frac{t}{\tau}} = I_0 + (0 - I_0)e^{-\frac{t}{\tau}}$$

$$u_L(t) = u_L(\infty) + [u_L(0_+) - u_L(\infty)]e^{-\frac{t}{\tau}} = 0 + (I_0R - 0)e^{-\frac{t}{\tau}}$$

于是，RL 电路的零状态响应为

$$i_L(t) = I_0(1 - e^{-\frac{t}{\tau}}) \tag{5-32}$$

$$u_L(t) = RI_0 e^{-\frac{t}{\tau}} \tag{5-33}$$

$i_L(t)$ 和 $u_L(t)$ 的波形如图 5-21a 和图 5-21b 所示。

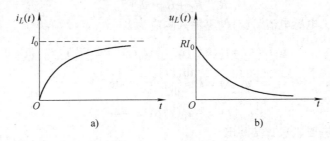

图 5-21　RL 电路零状态响应波形图

【例 5-9】　图 5-22 所示电路为一直流发电机电路简图，已知励磁电阻 $R = 20\Omega$，励磁电感 $L = 20\mathrm{H}$，外加电压为 $U_S = 200\mathrm{V}$，试求：

（1）当 S 闭合后，励磁电流的变化规律和达到稳态所需要的时间。

（2）如果将电源电压提高到 250V，求励磁电流达到额定值所需要的时间。

【解】　（1）这是一个 RL 电路的零状态响应的问题，时间常数 τ 为

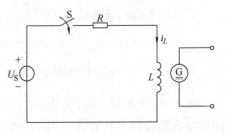

图 5-22　例 5-9 图

$$\tau = \frac{L}{R} = \frac{20}{20}\mathrm{s} = 1\mathrm{s}$$

$$I_0 = \frac{U_S}{R} = \frac{200}{20}\mathrm{A} = 10\mathrm{A}$$

$$i_L(t) = I_0(1 - e^{-\frac{t}{\tau}}) = 10(1 - e^{-t})\mathrm{A}$$

一般认为经过 $(3\sim5)\tau$ 的时间后，充电过程已经结束，取 $t = 5\tau$，则开关 S 合上后，电流达到稳态所需要的时间为 5s。

（2）由上述计算可知使励磁电流达到稳态需要 5s。为缩短励磁时间常采用"强迫励磁法"，就是在励磁开始时提高电源电压，当电流达到额定值后，再将电压调回到额定值，这种强迫励磁所需的时间 t 计算如下

$$i_L(t) = I_0(1 - e^{-\frac{t}{\tau}}) = \frac{250}{20}(1 - e^{-t})\mathrm{A} = 12.5(1 - e^{-t})\mathrm{A}$$

$$10 = 12.5(1 - e^{-t})$$

$$t = 1.6\text{s}$$

这比电压为 200V 时所需的时间短。两种情况下电流变化曲线如图 5-23 所示。

三、RL 一阶电路的全响应

当 RL 电路中的储能元件，在换路前已有初始磁能，即电感中的电流初始值不为零，同时换路瞬间又有外加激励信号作用于此电路，这种情况下的响应称为 RL 一阶电路的全响应。

如图 5-24 所示电路，设开关 S 闭合前电路已处于稳定状态，$i_L(0_-) = \dfrac{U_S}{R_0 + R}$。

开关 S 闭合瞬间，根据换路定律得

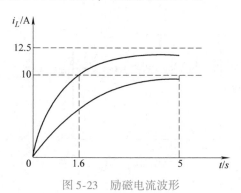

图 5-23 励磁电流波形

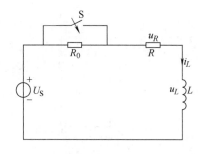

图 5-24 RL 电路的全响应

$$i_L(0_+) = i_L(0_-) = \frac{U_S}{R_0 + R}$$

当开关 S 闭合进入新稳态后，电感相当于短路，此时电路的稳态电流为

$$i_L(+\infty) = \frac{U_S}{R}$$

根据三要素法，得出电感电流为

$$i_L(t) = i_L(+\infty) + [i_L(0_+) - i_L(+\infty)]e^{-\frac{t}{\tau}} = \frac{U_S}{R} + \left[\frac{U_S}{R_0 + R} - \frac{U_S}{R}\right]e^{-\frac{t}{\tau}}$$

将换路后电路的时间常数 $\tau = L/R$ 代入，并改写上式，得

$$i_L(t) = \frac{U_S}{R_0 + R}e^{-\frac{t}{\tau}} + \frac{U_S}{R}(1 - e^{-\frac{t}{\tau}}) \tag{5-34}$$

该结果也证明了 RL 电路电流全响应可看成是零输入响应 $\dfrac{U_S}{R_0 + R}e^{-\frac{t}{\tau}}$ 和零状态响应

$\dfrac{U_S}{R}(1 - e^{-\frac{t}{\tau}})$ 两部分叠加而成。

【例 5-10】 图 5-25a 所示电路中，已知 $R_1 = 1\Omega$、$R_2 = 1\Omega$、$R_3 = 2\Omega$、$L = 3\text{H}$，$t < 0$ 时，开关 S 处于 1 位置，电路处于稳态，$t = 0$ 时，开关 S 由 1 拨向 2，求 $t \geqslant 0$ 时的 $i_L(t)$、$i(t)$ 的表达式，并绘出波形图。

【解】（1）画出 $t = 0_-$ 时的等效电路，如图 5-25b 所示。因换路前电路已处于稳态，故电感相当于短路，于是有

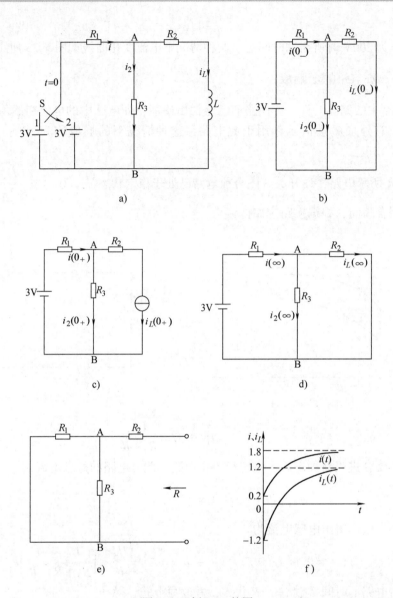

图 5-25 例 5-10 的图

$$U_{AB} = (-3) \times \frac{\dfrac{R_2 R_3}{R_2 + R_3}}{R_1 + \dfrac{R_2 R_3}{R_2 + R_3}} = (-3) \times \frac{\dfrac{1 \times 2}{1 + 2}}{1 + \dfrac{1 \times 2}{1 + 2}} V = -\frac{6}{5} V$$

$$i_L(0_-) = \frac{U_{AB}}{R_2} = \frac{-\dfrac{6}{5}}{1} A = -\frac{6}{5} A$$

（2）根据换路定律得

$$i_L(0_+) = i_L(0_-) = -\frac{6}{5} A$$

（3）画出 $t = 0_+$ 时的等效电路，如图 5-25c 所示，求 $i(0_+)$。

对 3V 电源 R_1、R_3 回路有

$$i(0_+)R_1 + i_2(0_+)R_3 = 3$$

对于节点 A 有

$$i_2(0_+) = i(0_+) - i_L(0_+)$$

将上式代入回路方程，得

$$i(0_+)R_1 + [i(0_+) - i_L(0_+)]R_3 = 3$$

即

$$i(0_+) \times 1 + \left[i(0_+) - \left(-\frac{6}{5}\right)\right] \times 2 = 3$$

$$i(0_+) = 0.2\text{A}$$

（4）画出 $t = \infty$ 时的等效电路，如图 5-25d 所示，求 $i_L(\infty)$，$i(\infty)$。

$$i(\infty) = \frac{3}{R_1 + \dfrac{R_2 R_3}{R_2 + R_3}} = \frac{3}{1 + \dfrac{1 \times 2}{1 + 2}}\text{A} = 1.8\text{A}$$

$$i_L(\infty) = i(\infty)\frac{R_3}{R_2 + R_3} = 1.8 \times \frac{2}{1+2}\text{A} = 1.2\text{A}$$

（5）在开关动作后的电路中，除去电源，将电感开路，从电感两端看进去可求等效电阻，求电阻的电路如图 5-25e 所示。等效电阻 R 为

$$R = R_2 + \frac{R_1 R_3}{R_1 + R_3} = \left(1 + \frac{1 \times 2}{1 + 2}\right)\Omega = \frac{5}{3}\Omega$$

于是有

$$\tau = \frac{L}{R} = \frac{3}{\dfrac{5}{3}}\text{s} = \frac{9}{5}\text{s}$$

根据三要素法得

$$i_L(t) = i_L(+\infty) + [i_L(0_+) - i_L(+\infty)]e^{-\frac{t}{\tau}} = [1.2 + (-1.2 - 1.2)e^{-\frac{5t}{9}}]\text{A}$$

$$= (1.2 - 2.4e^{-\frac{5t}{9}})\text{A}$$

$$i(t) = i(+\infty) + [i(0_+) - i(+\infty)]e^{-\frac{t}{\tau}} = [1.8 + (0.2 - 1.8)e^{-\frac{5t}{9}}]\text{A}$$

$$= (1.8 - 1.6e^{-\frac{5t}{9}})\text{A}$$

绘出 $i_L(t)$、$i(t)$ 的波形，如图 5-25f 所示。

第四节　过渡过程的利用

一阶电路在实际工程中得到了广泛应用，在电子技术中经常使用的微分电路、积分电路、耦合电路和加速电路等都是通过 RC 一阶电路的电容充放电实现的，另外，利用电容电压不会突变的性质组成的 RC 吸收电路，被广泛用作接触器控制电路、电力电子器件等各种高低压电路的过电压保护，以防止感应电压、浪涌电压等干扰。下面简要介绍微分电路、积分电路、耦合电路和 RC 吸收电路。

一、RC 微分电路

在模拟及数字电路中，常常用到由电阻 R 和电容 C 组成的 RC 电路，在这些电路中，电阻 R 和电容 C 的取值不同，会出现不同的输入、输出波形之间的运算关系，由此产生了 RC 电路的不同应用。

RC 微分电路如图 5-26 所示，在输入端直接输入一个周期性矩形脉冲电压，矩形脉冲电压的幅值为 U，脉冲宽度为 t_p，脉冲周期为 t_c。

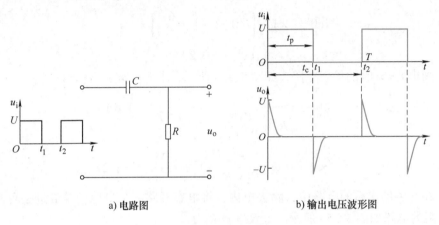

a) 电路图　　　　　　b) 输出电压波形图

图 5-26　微分电路

要组成 RC 微分电路，必须满足以下两个条件：

1）取电阻两端的电压为输出电压。

2）电容器充放电的时间常数 τ 远远小于矩形脉冲宽度 t_p。

下面分析微分电路工作原理。

在 $t=0$ 时，矩形脉冲电压到来，由于电容两端的电压不能突变，$u_C(0_+) = u_C(0_-) = 0$，所以输出电压 $u_o = u_R = U$。随后（$t>0$），电容 C 的电压按指数规律快速充电上升，输出电压随之按指数规律下降，经过大约 3τ 时，充电过程完成，$u_C = U$，$u_o = 0$，时间常数 τ 的值越小，此过程越快，输出正脉冲越窄。由于 $\tau \ll t_p$，则在到达 t_1 之前，电容器充电过程很快结束并已经进入稳态。

在 $t = t_1$ 这一时刻，$u_i = 0$，相当于输入端被短路，电容原先充有左正右负的电压 U 开始按指数规律经电阻 R 放电，开始时，同样由于电容两端的电压不能突变，$u_o = -U$，之后 u_o 随电容的放电按指数规律减小，同样经过大约 3τ 后，放电完毕，电阻上输出电压为一个负脉冲。同样由于 τ 很小，在下一个脉冲电压到来（t_2）之前，电容器的放电已经结束，这种电路就称为微分电路。在 R 两端（输出端）得到正、负相间的尖脉冲，而且是发生在方波的上升沿和下降沿，相当于对方波函数 u_i 求导，故称为微分电路。输出波形如图 5-26b 所示。

只要脉冲宽度 $t_p > (5 \sim 10)\tau$，在 t_p 时间内，电容 C 已完成充电或放电（约需 3τ），输出端就能输出正负尖脉冲，成为微分电路，因而电路的充放电时间常数 τ 必须满足：$\tau < (1/5 \sim 1/10)t_p$

下面对（$0 \sim t_1$）时间段的输入输出微分关系进行数学证明。

$$i = C \frac{\mathrm{d}u_C}{\mathrm{d}t}$$

$$u_o = u_R = iR = RC\frac{\mathrm{d}u_C}{\mathrm{d}t}$$

根据 KVL 定律

$$u_i = u_o + u_C$$

由于时间常数 $\tau \ll t_p$，即电容充、放电很快，除了在充、放电瞬间外，输出电压 u_o 近似为零，因此有

$$u_i \approx u_C$$

以 u_i 取代 u_C 代入 u_o 表达式，得

$$u_o \approx RC\frac{\mathrm{d}u_i}{\mathrm{d}t} \tag{5-35}$$

由此可见，输出电压 u_o 近似与输入电压 u_i 的微分成正比。

二、RC 耦合电路

图 5-26a 的 RC 一阶电路，如果选择电路时间常数 $\tau(RC) \gg t_p$，即变成一个 RC 耦合电路。输出波形与输入波形近似相同。如图 5-27 所示。

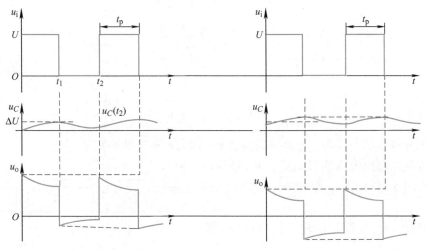

图 5-27　RC 耦合电路的波形图

在 $t=0$ 时，第一个方波到来，u_i 由 $0 \to U$，因电容电压不能突变($u_C = 0$)，故 $u_o = u_R = u_i = U$。

$0 < t < t_1$ 时，因 $\tau \gg t_p$，电容 C 缓慢充电，u_C 缓慢上升为左正右负，$u_o = u_R = u_i - u_C$，u_o 缓慢下降。

$t = t_1$ 时，u_i 由 U 突变为 0，相当于输入端被短路，此时，u_C 已充有左正右负电压 ΔU，刚开始该电压很低，经电阻 R 非常缓慢地放电。

$t = t_2$ 时，因电容未放完电 $u_C = u_C(t_2)$，第二个方波到来，电阻上的电压就不是 U，而是 $u_R = U - u_C(t_2)$，于是第二个输出方波比第一个输出方波略微往下平移，第三个输出方波比第二个输出方波又略微往下平移，……，最后，当电容在一个周期内充得的电荷与放掉的电荷相等时，输出波形就稳定不再平移，输出波形的正半周"面积"与负半周"面积"相等时，就达到了稳定状态。电路稳定后电容上的平均电压等于输入信号中电压的直流分量

（C 的隔直作用），电阻上得到只有交流分量的输出波形，该电路能传送输入信号的交流成分，因此是一个耦合电路。

以上的微分电路与耦合电路，在电路形式上是一样的，关键是 t_p 与 τ 的关系，下面比较一下 τ 与方波周期 $T(T>t_p)$ 不同时的结果。

① 当 $\tau \gg T$ 时，电容 C 的充放电非常缓慢，其输出波形近似理想方波，是理想耦合电路。

② 当 $\tau > T$ 时，电容 C 有一定的充放电，其输出波形的平顶部分有一定的下降或上升，不是理想方波。

③ 当 $\tau \ll T$ 时，电容 C 在极短时间内（t_p）已充放电完毕，因而输出波形为上下尖脉冲，是微分电路。

三、积分电路

在脉冲技术中常需要将矩形脉冲信号变为锯齿波信号，这种变换可用积分电路完成。

积分电路如图 5-28 所示，也是 RC 一阶电路，但从电容器上取输出电压 u_o。

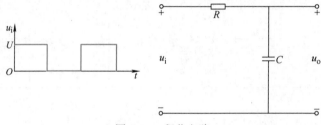

图 5-28　积分电路

构成积分电路的条件是：电路的时间常数 τ 远大于矩形脉冲宽度 t_p。

积分电路的输出电压波形相当于 RC 耦合电路波形（见图 5-27）中 u_C 的波形，如图 5-29 所示。

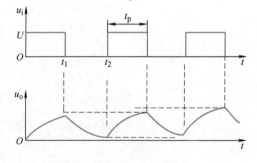

图 5-29　积分电路的波形图

下面对（$0 \sim t_1$）时间段的输入输出积分关系进行数学证明。

在 $t=0$ 时，u_i 从 0 突变到 U，因电容电压不能突变，$u_o=u_C=0$。

$0<t<t_1$ 时，电容开始充电，$u_o(u_C)$ 按指数规律上升，根据 KVL

$$u_i = u_R + u_o \qquad (5\text{-}36)$$

由于 $\tau \gg t_p$，电容充电非常缓慢，$u_o(u_C)$ 上升很小，$u_o \ll u_R$，故有

$$u_i = u_R + u_o \approx u_R = iR = U$$

即

$$i \approx \frac{U}{R}$$

将 i 表达式代入电容电压公式，有

$$u_o = \frac{1}{C}\int i\,\mathrm{d}t \approx \frac{1}{C}\int \frac{U}{R}\mathrm{d}t = \frac{U}{RC}t \qquad (5\text{-}37)$$

根据上式可知输出信号 u_o 与输入信号 u_i 的积分成正比。

积分电路必要条件 $\tau \gg t_p$ 可以保证在方波到来期间，电容只是缓慢充电，还未上升到 U 时，方波就消失，电容开始放电，以免电容电压出现一个稳定电压值，而且 τ 越大，锯齿波越接近三角波。

四、RC 吸收电路

利用电容电压不会突变的性质，可以组成 RC 吸收电路，防止电路中因各种过电压引起的元器件击穿损坏。阻容吸收、浪涌吸收装置在各种电力电子产品和高低压电路设计中被大量采用。

图 5-30 为 RC 吸收电路的几个典型应用实例。

图 5-30a 为 RC 吸收电路在电磁线圈控制电路中的接线示意图，图中的电磁线圈受开关 S 的控制，S 闭合时电磁线圈得电工作，由于(接触器、电磁阀线圈等)具有较大的电感，在开关 S 断开时，电磁线圈的电流突变到 0，由 $e_L = -L\dfrac{\mathrm{d}i}{\mathrm{d}t}$，可知线圈两端会出现较大的自感电动势，该自感电动势与电源电压一起加在电路上，会将电磁线圈或开关 S 击穿。加装 RC 吸收电路后，开关 S 断开时，电磁线圈的电流可以流过 RC 支路，不会造成电流突变或产生过大的自感电动势，而且电容的作用也限制了断电后电磁线圈两端电压的变化，对开关电路起到缓释和保护作用。

图 5-30b 为大功率开关器件(功率晶体管、功率场效应晶体管、晶闸管等)的 RC 吸收电路，由于半导体器件的过电压能力较差，阻容吸收电路可以有效地限制开关器件两端的电压变化率，延长开关器件的使用寿命。

图 5-30c 为整流电路的交流侧和直流侧 RC 过电压吸收电路。整流就是利用晶闸管整流电路将交流电变为直流电，整流过程无论对电网电压还是直流输出电压，均会带来波形的畸变，出现浪涌过电压，利用 RC 吸收电路可以限制过电压，有效地防止晶闸管整流元器件被击穿。

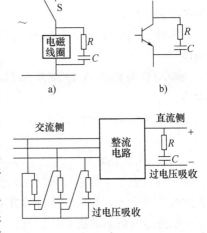

图 5-30　RC 吸收电路的应用

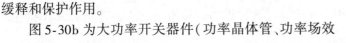

本　章　小　结

由于电路中存在电容或电感储能元件，当电路发生换路时会出现过渡过程。

1）动态元件的电压电流关系。

电容 C　　　　　　　　　　$$i_C(t) = C\frac{\mathrm{d}u_C(t)}{\mathrm{d}t}$$

电感 L　　　　　　　　　　$$u_L = L\frac{\mathrm{d}i_L(t)}{\mathrm{d}t}$$

2）换路定律。电路换路时，电容的电压不能突变，电感的电流不能突变。换路定律的

数学表达式为

$$u_C(0_+) = u_C(0_-)$$
$$i_L(0_+) = i_L(0_-)$$

注意：换路瞬间电容的电流和电感的电压是可以能突变的。

3）时间常数 τ。时间常数 τ 反映了电路中过渡过程进行的快慢程度，是描述过渡过程特性的一个重要物理量，其大小由电路本身的结构决定，与外界的激励无关。$t = (3 \sim 5)\tau$ 时，一般可以认为过渡过程已经结束。一阶 RC 电路 $\tau = RC$，一阶 RL 电路 $\tau = L/R$。

4）动态电路响应根据激励信号不同可分为零输入响应、零状态响应和全响应。

零输入响应是外施激励信号为零时，由电路中的内施激励信号即储能元件的初始储能作用产生的响应。

零状态响应是电路内施激励信号为零时，由外施激励信号（外部电源）作用产生的响应。

全响应为即存在外施激励信号，又存在内施激励信号时，二者共同作用产生的响应。

根据线性电路的叠加原理有：

全响应 = 零输入响应 + 零状态响应

5）动态电路响应，无论是零输入响应、零状态响应，还是全响应，均可表示为"输出响应 = 稳态分量 + 暂态分量"。在外施直流电源作用下，稳态分量是常量，是表征电路在暂态过程中及进入新的稳态后都存在的分量；暂态分量是按指数规律变化的量，是表征电路由一个稳态过渡到新的稳态的暂态过程中的变化量。暂态过程结束时，暂态分量衰减至零，只剩下稳态分量，意味着过渡过程结束。

6）三要素法。三要素法是求解一阶电路过渡过程的一种简便方法。三要素法求解电路响应时，表达式的一般形式为

$$f(t) = f(+\infty) + [f(0_+) - f(+\infty)]e^{-\frac{t}{\tau}}$$

式中，$f(0_+)$ 为电路的初始条件，可利用换路定律求取；$f(+\infty)$ 为电路过渡过程结束后的稳态值；τ 为电路的时间常数。

思考题与习题

1. 由换路定律知，在换路瞬间电容上的电压、电感上的电流不能突变，那么对其余各物理量，如电容上的电流、电感上的电压及电阻上的电压、电流是否也遵循换路定律？

2. 一电容 $C = 100\mu F$，端电压 $u_C = 200V$，试问电容的电流和电容的储能是否等于零？为什么？

3. 一电感 $L = 1H$，通过的电流 $i_L = 10A$，试问电感的电压和电感的储能是否都等于零？为什么？

4. 在实验测试中，常用万用表的 $R \times 1k\Omega$ 档来检查电容量较大的电容器的质量。测量前，先将被测电容器短路放电。测量时，如果（1）指针摆动后，再返回到无穷大（∞）刻度处，说明电容器是好的；（2）指针摆动后，返回速度较慢，则说明被测电容器的电容量较大。根据 RC 电路的充放电过程解释上述现象。

5. 电路如图 5-31 所示，开关 S 闭合前电路已处于稳态，$t=0$ 时开关闭合，试计算开关闭合后 $u_C(0_+)$ 和 $u_C(\infty)$。

$$(u_C(0_+)=36\text{V}, u_C(\infty)=0\text{V})$$

6. 电路如图 5-32 所示，开关 S 闭合前电路已处于稳态，$t=0$ 时开关闭合，试计算开关闭合后初始值 $u(0_+)$、$i(0_+)$ 和稳态值 $u(\infty)$、$i(\infty)$。

$$(u(0_+)=50\text{V}, i(0_+)=12.5\text{mA}; u(\infty)=0\text{V}, i(\infty)=0\text{A})$$

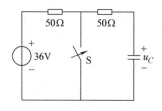 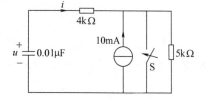

图 5-31　习题 5 的电路　　　　　　图 5-32　习题 6 的电路

7. 电路如图 5-33 所示，开关 S 闭合前电路已处于稳态，$t=0$ 时开关闭合，试计算开关闭合后图中所示电压 u_L、u_1、u_2 和电流 i_L、i_1、i_2 的初始值和稳态值。

$$(i_L(0_+)=1\text{A}, i_1(0_+)=0.5\text{A}, i_2(0_+)=0.5\text{A}; u_L(0_+)=5\text{V}, u_1(0_+)=5\text{V}, u_2(0_+)=5\text{V};$$
$$i_L(\infty)=2\text{A}, i_1(\infty)=1\text{A}, i_2(\infty)=1\text{A}; u_L(\infty)=0\text{V}, u_1(\infty)=10\text{V}, u_2(\infty)=10\text{V})$$

8. 电路如图 5-34 所示，开关闭合前电路已处于稳态，$t=0$ 时开关闭合，试计算开关 S 闭合后电压 u_L、u_C 和电流 i_L、i_C、i_R、i_S 的初始值和稳态值。

$$(i_L(0_+)=5\text{mA}, i_C(0_+)=-10\text{mA}, i_R(0_+)=0, i_S(0_+)=15\text{mA}, u_C(0_+)=20\text{V}, u_L(0_+)=$$
$$-20\text{V}; i_L(\infty)=0, i_C(\infty)=0, i_R(\infty)=0, i_S(\infty)=10\text{mA}, u_C(\infty)=0, u_L(\infty)=0)$$

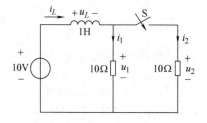 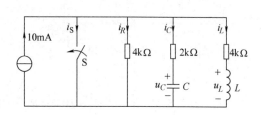

图 5-33　习题 7 的电路　　　　　　图 5-34　习题 8 的电路

9. 电路如图 5-35 所示，换路前电路已处于稳态，$t=0$ 时开关从 1 扳到 2，求换路后的 $u_C(t)$ 和 $i(t)$，并画出其变化曲线。

$$(u_C(t)=6\text{e}^{-\frac{t}{3}}\text{V}, i(t)=2\text{e}^{-\frac{t}{3}}\text{A})$$

10. 电路如图 5-36 所示，$R_1=3\text{k}\Omega$、$R_2=6\text{k}\Omega$、$R_3=3\text{k}\Omega$、$U_S=120\text{V}$、$C=10\mu\text{F}$，开关闭合前电路已处于稳态，试求开关闭合后电容两端的电压 $u_C(t)$ 和 $i(t)$，并画出其变化曲线。

$$(u_C(t)=60(1-\text{e}^{-\frac{100t}{3}})\text{V}, i(t)=10(1+\text{e}^{-\frac{100t}{3}})\text{mA})$$

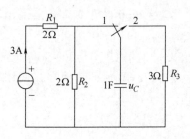

图 5-35　习题 9 的电路

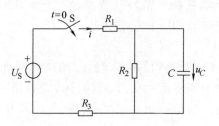

图 5-36　习题 10 的电路

11. 电路如图 5-37 所示，$R_1 = 6\text{k}\Omega$、$R_2 = 3\text{k}\Omega$、$I_S = 9\text{mA}$、$C = 2\mu\text{F}$，开关闭合前电路已处于稳态，试求开关闭合后电容两端的电压 $u_C(t)$。

$$\left(u_C(t) = (18 + 36e^{-250t})\text{V} \right)$$

12. 电路如图 5-38 所示，$R_1 = 1\text{k}\Omega$、$R_2 = 2\text{k}\Omega$、$u_1 = 3\text{V}$、$u_2 = 5\text{V}$、$C = 2\mu\text{F}$，开关换路前电路已处于稳态，试求当开关 S 由 A 扳到 B 后电容两端的电压 $u_C(t)$ 并画出其变化曲线。

$$\left(u_C(t) = \left(\frac{10}{3} - \frac{4}{3}e^{-750t} \right)\text{V} \right)$$

13. 电路如图 5-39 所示，$R_1 = 4\Omega$、$R_2 = 2\Omega$、$R_3 = 2\Omega$、$u_0 = 12\text{V}$、$L = 2\text{H}$，开关换路前电路已处于稳态，试求当开关 S 由 A 扳到 B 后电感通过的电流及两端的电压，并画出其变化曲线。

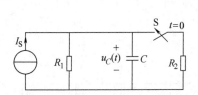

图 5-37　习题 11 的电路

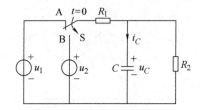

图 5-38　习题 12 的电路

$$\left(i_L(t) = 2e^{-2t}\text{A}, u_L(t) = -8e^{-2t}\text{V} \right)$$

14. 电路如图 5-40 所示，$E_S = 10\text{V}$、$R_1 = 10\Omega$、$R_2 = 20\Omega$、$R_3 = 10\Omega$、$L = 1\text{H}$，开关 S 闭合前电路已稳态，试求开关闭合后电感通过的电流及两端的电压，并画出其变化曲线。

$$\left(i_L(t) = \left(1 - e^{-\frac{20t}{3}}\right)\text{A}, u_L(t) = \frac{20}{3}e^{-\frac{20t}{3}}\text{V} \right)$$

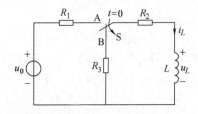

图 5-39　习题 13 的电路

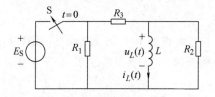

图 5-40　习题 14 的电路

15. 电路如图 5-41 所示，$I_0 = 10\text{mA}$、$R_1 = 1\text{k}\Omega$、$R_2 = 1\text{k}\Omega$、$L_1 = 15\text{mH}$、$L_2 = 10\text{mH}$、$L_3 = 10\text{mH}$，开关 S 闭合前电路已处于稳态，试求当开关闭合后的电流 i，并画出其变化曲线。

$$\left(i(t) = 5(1 - \text{e}^{-10^5 t})\,\text{mA} \right)$$

16. 电路如图 5-42 所示，$E_1 = E_2 = 3\text{V}$、$R_1 = 1\Omega$、$R_2 = 2\Omega$、$R_3 = 1\Omega$、$L = 3\text{H}$，换路前电路已处于稳态，试求当开关 S 由 1 扳至 2 后电路中的电流 i 和 i_L。

$$\left(i_L(t) = \left(\frac{6}{5} - \frac{12}{5}\text{e}^{-\frac{5t}{9}} \right)\text{A},\ i(t) = \left(\frac{9}{5} - \frac{8}{5}\text{e}^{-\frac{5t}{9}} \right)\text{A} \right)$$

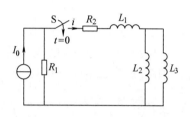

图 5-41　习题 15 的电路

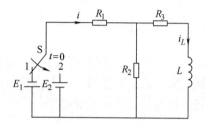

图 5-42　习题 16 的电路

17. 电路如图 5-43 所示，$u_0 = 20\text{V}$、$R_1 = 50\text{k}\Omega$、$R_2 = 50\text{k}\Omega$、$C = 4\mu\text{F}$，$t < 0$ 时，S_1 和 S_2 均为开启，电容初始储能为零并处于稳态，$t = 0$ 时，闭合 S_1，$t = 0.1\text{s}$ 时，闭合 S_2，求 S_2 闭合后的 $u_R(t)$。

$$\left(u_R(t) = 12.14\text{e}^{-10(t-0.1)}\text{V} \right)$$

18. 电路如图 5-44 所示，$u_0 = 6\text{V}$、$R_1 = 2\Omega$、$R_2 = 1\Omega$、$L_1 = 1\text{mH}$、$L_2 = 2\text{mH}$，$t < 0$ 时，换路前电路已处于稳态，S_1 和 S_2 均为开启，电感初始储能为零并处于稳态，试求

(1) S_1 闭合后的 i_1 和 i_2。

(2) S_1 闭合后后到达稳态时再闭合 S_2 的 i_1 和 i_2。

$$\left((1)\,i_1(t) = i_2(t) = 2(1 - \text{e}^{-1000t})\text{A};\ (2)\,i_1(t) = (3 - \text{e}^{-2000t})\text{A},\ i_2(t) = 2\text{e}^{-500t}\text{A} \right)$$

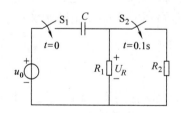

图 5-43　习题 17 的电路

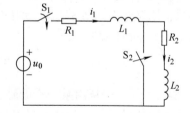

图 5-44　习题 18 的电路

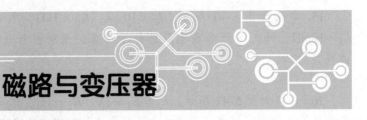

第六章

磁路与变压器

第一节　磁路的基本知识

一、磁路的概念

磁力线是定性描述磁场的方法。由右手定则可知，磁力线上任一点的切线方向和该点处的磁场方向一致；磁场强的地方，磁力线较密，反之，磁力线较疏。不同形状的电流所产生的磁场的磁力线如图6-1所示。

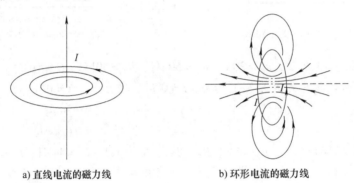

a) 直线电流的磁力线　　　　　b) 环形电流的磁力线

图 6-1　电流与磁力线的关系

下面介绍磁场的基本物理量。

（1）磁感应强度 B　磁感应强度是磁场的基本物理量，它是根据洛仑兹力来定义的，是一个矢量，用符号 B 来表示。它与电流之间的方向关系可用右手螺旋定则来确定，其大小可用以下公式来衡量。

$$B = \frac{F}{LI} \tag{6-1}$$

式(6-1)表明，磁场内某一点的磁感应强度可用该点磁场作用于1m长，通有1A电流的导体上的力 F 来衡量，该导体与磁场方向垂直。

磁感应强度 B 的单位：特斯拉(T)即韦伯/米²（Wb/m²），$1T = 1Wb/m^2$。

通常用磁感应强度线来描绘磁场中各点的情况。其方向代表该点磁感应强度的方向，其大小用该点附近磁感应强度线的疏密程度来表示。

磁感应强度线是连续的闭合曲线，且任意两根磁感应强度线不可能相交。通过导线或线圈电流的方向与它所产生磁场的磁感应强度线的方向之间的关系符合安培定则，用右手可以判断电流周围的磁场方向。

（2）磁通 Φ　磁感应强度的通量称为磁通，是一个标量，用符号 Φ 来表示。如果磁场内各点的磁感应强度大小相等，方向相同，这样的磁场称为均匀磁场。若是均匀磁场，磁感应强度 B 与垂直于磁场方向的面积 S 的乘积，称为通过这块面积的磁通。用数学式表示的磁通定义为

$$\Phi = BS \tag{6-2}$$

可见，磁感应强度在数值上可以看成是与磁场方向相垂直的单位面积所通过的磁通，所以，磁感应强度也称为磁通密度。

如果磁场是不均匀，则磁通是磁感应强度的面积分。

$$\Phi = \int_S B\mathrm{d}S \tag{6-3}$$

可以形象地用穿过某一面积磁感应强度线的根数来表示。

在国际单位制(SI)中，磁通的单位是韦[伯]，符号为 Wb。

(3) 磁导率 μ 磁导率 μ 是表示物质导磁性能的物理量。它的单位是亨/米(H/m)。

实验证明，自然界中大多数物质，如各种气体、非金属材料、铜、铝、高镍不锈钢等金属对磁场的影响都很小，与真空情况极为接近，这类物质统称为非磁性物质。由实验测定，真空的磁导率为 $\mu_0 = 4\pi \times 10^{-7}\,\mathrm{H/m}$。还有一类物质如：铁、钴、镍、钇、镝及其合金，它们的导磁性能远比真空好，通常这类物质统称为铁磁物质。非磁性物质也称非铁磁物质。

在说明物质的导磁性能时，往往不直接用磁导率 μ，而用 μ 与真空磁导率 μ_0 的比值 μ_r 表示，μ_r 被称为相对磁导率，即

$$\mu_r = \frac{\mu}{\mu_0} \tag{6-4}$$

或 $\mu = \mu_r \mu_0$

用相对磁导率的大小来区分铁磁性和非铁磁性材料，其区分方式如下：

$$\mu_r = \frac{\mu}{\mu_0} \begin{cases} \mu_r \gg 1，则称为铁磁材料 \\ \mu_r \approx 1，则称为非铁磁材料 \end{cases}$$

非铁磁物质 μ_r 近似为 1，铁磁物质的 μ_r 远大于 1，其值从几百到几万。铁的 μ_r 在 200 以上，硅钢片的 μ_r 可达 10000 以上。在制造电机、变压器等电气设备时，将线圈套在铁磁物质上，目的就是用同样的电流和同样匝数的线圈，得到尽可能强的磁感应强度。几种常用磁性材料的磁导率见表6-1。

表6-1 几种常用磁性材料的磁导率

材 料 名 称	铸 铁	硅 钢 片	镍锌铁氧体	锰锌铁氧体	坡 莫 合 金
相对磁导率 $\mu_r = \dfrac{\mu}{\mu_0}$	200 ~ 400	7000 ~ 10000	10 ~ 1000	300 ~ 5000	$2 \times 10^4 \sim 2 \times 10^5$

真空的磁导率 μ_0 是一个常数，而铁磁物质的磁导率 μ 不是常数，当励磁电流改变时，μ 也改变。

(4) 磁场强度 H 由于铁磁物质的磁导率不是常数，磁场的计算就比较复杂，为了简化计算，引入磁场强度这一辅助物理量。磁场强度只与产生磁场的电流以及这些电流的分布情况有关，而与磁介质的磁导率无关。磁场强度的单位是安/米(A/m)。

磁场强度 H 的大小与磁感应强度 B 的大小之间的关系是

$$H = \frac{B}{\mu} \text{或} B = \mu H \tag{6-5}$$

二、磁路欧姆定律

图 6-2a 中，一个没有铁心的载流线圈所产生的磁通是弥散在整个空间的；而在图 6-2b 中，同样的线圈绕在闭合的铁心上时，由于铁心的磁导率 μ 很大(数量级通常 $10^2 \sim 10^6$ 以上)，远远高于周围空气的磁导率，这就使绝大多数的磁通集中到铁心内部，并形成一个闭合通路。

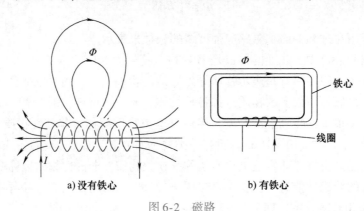

a) 没有铁心　　　　　　b) 有铁心

图 6-2　磁路

这种大部分磁通通过的闭合的路径，称为磁路。

1. 安培环路定律

参考图 6-3，安培环路定律的内容为：沿磁场中任何闭合回路绕行一周，磁场强度的线积分，等于通过这个闭合路径内电流的代数和，用公式表示为

$$\oint H \cdot \mathrm{d}l = \sum I \tag{6-6}$$

如果电流方向和磁场强度的方向符合右手定则，则电流取正；反之取负。

显然，图 6-3 中的三个电流都为正。即

$$\oint H \cdot \mathrm{d}l = I_1 + I_2 + I_3$$

图 6-4 所示为无分支的均匀磁路，即磁路各段材料和截面积相同的情况，因各处的磁场强度相等，故安培环路定律可简化为

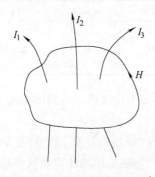

图 6-3　安培环路定律

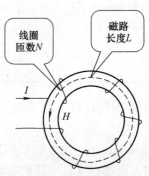

图 6-4　无分支的磁路

$$HL = \sum I = NI = F \tag{6-7}$$

式中，$F = NI$ 称为磁动势，单位是安（A）；HL 也被称为磁压降。如果将磁动势理解为电动势，HL 被理解为电压降的话，这样的定义与电路类似。

【例 6-1】 如图 6-4 所示，在一均匀的环形铁心上紧密地绕有线圈。线圈匝数 $N = 500$ 匝，磁路平均半径 $R = 20\text{cm}$，线圈中通过的电流 $I = 0.4\text{A}$，求磁路平均长度上的磁场强度。

【解】 磁路平均长度上各点的磁场强度 H 相等，且方向处处与中心线的切线方向相同，故取中心线为计算回路，沿与磁场一致的方向绕行。因此有

$$HL = NI$$

磁路的平均长度为

$$L = 2\pi R = 2\pi \times 20\text{cm} = 125.7\text{cm}$$

则磁场强度为

$$H = \frac{NI}{L} = \left(500 \times \frac{0.4}{125.7 \times 10^{-2}}\right)\text{A/m} = 159.1\text{A/m}$$

2. 磁路中的欧姆定律

在图 6-4 所示的无分支的均匀磁路中，有

$$\Phi = BS = \mu HS = \mu \frac{NI}{L} S = \frac{NI}{\dfrac{L}{\mu S}} = \frac{F}{R_{\text{m}}} \tag{6-8}$$

式中，$F = NI$ 为磁动势；$R_{\text{m}} = \dfrac{L}{\mu S}$ 为磁阻，这就是磁路欧姆定律的基本形式。

磁阻 R_{m} 是表示磁路对磁通具有阻碍作用的物理量；μ 是磁路材料的磁导率；L 是磁路的平均长度；S 为磁路的截面积。继续与电路进行类比，会发现磁路中的磁阻 $R_{\text{m}} = \dfrac{L}{\mu S}$ 类似于电路中的电阻 $R = \dfrac{L}{\gamma S}$。

对于由不同材料或不同截面的几段磁路串联而成的磁路，包括有气隙的磁路，磁路的总磁阻为各段磁阻之和。于是，磁路欧姆定律表达式与全电路欧姆定律类似，为

$$\Phi = \frac{F}{\sum R_{\text{m}}} \tag{6-9}$$

磁路欧姆定律应用注意事项：对于铁磁材料，由于 μ 不是常数，故 R_{m} 也不是常数。因此，磁路欧姆定律主要被用来定性分析磁路，一般不能直接用于磁路计算。

分析实例：如果一个磁路有的段是铁心，有的段是空心，由于铁心的磁导率 μ 比空气的磁导率 μ_0 大许多倍，故磁路中的铁心段磁阻很小，即使空气隙的长度 L_0 很小，其磁阻 R_{m} 仍会很大，就是说，磁路中的总磁阻主要是空气隙段的磁阻。进一步分析可以发现：如果磁路提供的磁动势 F 不变，磁路中空气隙越大，磁通 Φ 就越小。如果励磁线圈的匝数 N 一定，要保持磁通 Φ 不变，空气隙（磁阻）越大，所需的励磁电流 I 也越大。

总之，磁路欧姆定律，建立了磁路物理量 Φ 与电路物理量 I 之间的关系，是综合分析磁路与电路问题的桥梁。

3. 磁路和电路比较

磁路和电路是紧密关联的，两者具有相似的特性，磁路和电路的比较见表 6-2。

表6-2　磁路和电路的比较

磁　路	电　路
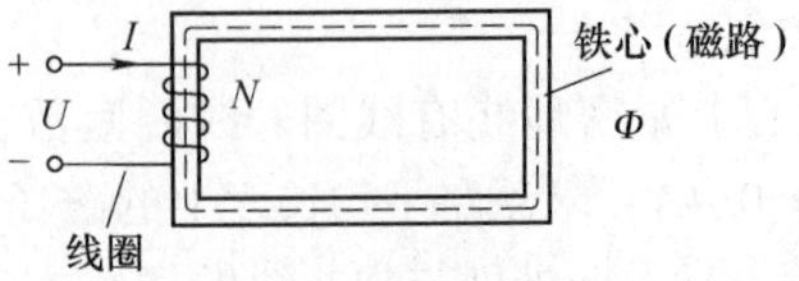	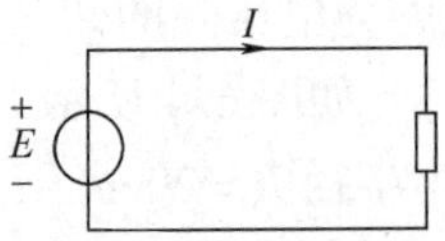
磁动势 F	电动势 E
磁通 Φ	电流 I
磁感应强度 B	电流密度 J
磁阻 $R_{\mathrm{m}} = \dfrac{L}{\mu S}$	电阻 $R = \dfrac{L}{\gamma S}$
欧姆定律 $\Phi = \dfrac{NI}{R_{\mathrm{m}}}$	欧姆定律 $I = \dfrac{E}{R}$

三、铁磁材料

自然界中有导磁性能好的材料，如表6-3列举的铁、镍、钴等，也有导磁性能差的材料，如表6-3列举的汞、铜、银等。按导磁性能的好坏，大体上可将物质分为两类：磁性材料（也称为铁磁材料）和非磁性材料。

表6-3　磁性和非磁性材料

	磁 性 材 料	非磁性材料
材 料 名 称	铁、钴、镍、钆及其合金	汞、铜、硫、氯、氢、银、金、锌、铅、氧、氮、铝、铂等

铁磁材料具有高导磁性、磁饱和性和磁滞性。

1. 高导磁性

在外磁场作用下，铁磁材料具有很强的导磁能力。铁磁材料这种高导磁性是由其内部结构决定的。在铁磁材料内部存在着许多自然磁性小区域，是由分子电流引起的，称为磁畴。

在没有外磁场作用时，磁畴的方向是杂乱无章的，对外不呈现磁性，如图6-5a所示。在一定强度外磁场的作用下，这些内部磁畴受到外磁场的作用力，其方向会趋向于规则排列，磁畴规则排列产生的附加磁场，会极大增强原来的磁场，这种现象称为铁磁材料的磁化，如图6-5b所示。

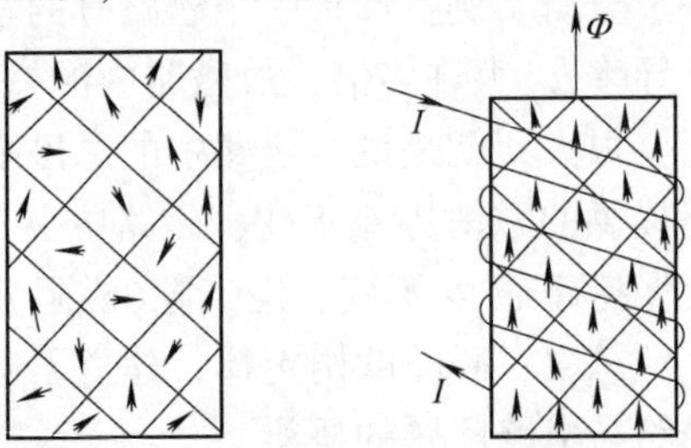

由于铁磁材料具有很强的磁化特性，因此变压器、电动机等电工设备的线圈都绕在铁心上，以尽可能小的励磁电流，获得尽可能强的工作磁场，减少励磁线圈的匝数和用铜量，减小电器设备的体积和重量。而非铁磁材料没有磁畴结构，因此导磁性能差。图6-6a、b分别为铁磁材料和非铁磁材料的磁化曲线。图中横坐标为磁场强度或励磁电流，纵坐标为磁感应强度或磁通。

a)　　　　b)

图6-5　磁畴和铁磁材料的磁化

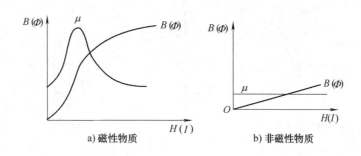

a) 磁性物质　　　　　b) 非磁性物质

图 6-6　磁化曲线

2. 磁饱和性

如图 6-6a 所示的 B—H 磁化曲线，对磁性物质来说，磁化所产生的磁化磁场不会随着外磁场的增强而无限地增强。因为当外磁场（或励磁电流）增大到一定值时，全部磁畴的磁场方向都已经转向与外磁场的方向一致，这时磁化磁场的磁感应强度达到饱和值。即使再增加励磁电流，铁磁材料的磁场也不能变得更强。

当有磁性物质存在时，B 与 H 不成正比，所以磁性物质的磁导率 $\mu = B/H$，不是一个常数，随 H 或 I 的变化而变化。

如图 6-6b 所示，对于非磁性材料来说：

1）$B(\Phi)$ 正比于 $H(I)$，无磁饱和现象。

2）$\mu = \dfrac{B}{H}$ 为一常数，μ 不随 $H(I)$ 的变化而变化。

3. 磁滞现象

铁磁材料中，B 的变化滞后于 H 的变化，或者说，磁通 Φ 滞后于励磁电流 I 的变化，被称之为磁滞特性。

1）当铁心线圈通正向电流 I 时，铁心受到磁化，励磁电流越大，励磁磁场就增大，如图 6-7 曲线的 0—1 段所示。

2）当逐渐减小励磁电流 I（或外磁场 H），磁场 $B(\Phi)$ 也减小，但比电流减小得慢一些，如图 6-7 曲线的 1—2 段所示。当励磁电流减到 $I = 0$ 或外磁场消失 $H = 0$ 时，铁心仍保留部分磁性，被称为剩磁。

3）若需要剩磁消失，即 $B = 0$，则应继续加反向励磁电流或反向外磁场直到 3 点，此时的磁场强度 H 值称为矫顽力。

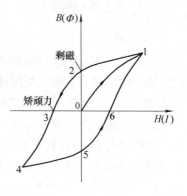

图 6-7　磁滞现象

4）反向励磁的曲线特征与正向类似。

表示 B 与 H 的变化关系的闭合曲线称为磁滞回线。

铁心反复磁化所具有的磁滞现象将产生热量，并耗散功率，称为磁滞损耗，其大小与磁滞回线的面积成正比、与通电频率成正比。磁滞损耗是铁心发热的原因之一。

4. 铁磁材料的种类和用途

如图 6-8 所示，根据磁滞回线的面积的大小，又可继续将磁性材料分为三类：软磁材料如图 6-8a 所示，硬磁材料如图 6-8b 所示，矩磁材料如图 6-8c 所示。

（1）软磁材料　软磁材料的特点是磁导率高，磁滞特性不明显，矫顽力和剩磁都小，

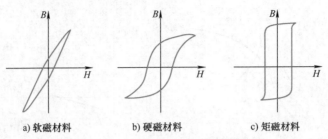

a) 软磁材料　　　　b) 硬磁材料　　　　c) 矩磁材料

图6-8　铁磁材料的磁滞回线

磁滞回线较窄，磁滞损耗小。软磁材料又分为低频和高频两种，低频软磁材料常用于工频交流电路中，有铸钢、硅钢片、坡莫合金等，硅钢片常用于变压器和交流电机的铁心。高频软磁材料常用于电子电路，主要有软磁铁氧体，它是用几种氧化物的粉末烧结而成的，如锰锌铁氧体、镍锌氧体等。半导体收音机的磁棒、中周变压器的铁心，都是用软磁铁氧体制成的。

（2）硬磁材料　硬磁材料的特点是剩磁和矫顽力均较大，磁滞性明显，磁滞回线较宽。由于这类材料磁化后有很强的剩磁，宜制作永久磁铁。硬磁材料广泛用于各种磁电系测量仪表和扬声器等。常用的有碳钢、钴钢等。新型的硬磁材料钕铁硼合金，有极高的磁感应强度，能使永久磁铁的体积大为减少。

第二节　交流铁心线圈与电磁铁

一、交流铁心线圈

1. 电磁关系

线圈是用包有绝缘层的铜线或铝线缠绕而成的，缠绕一圈称为一匝，匝与匝之间相互绝缘。线圈通电后有电流，线圈构成了电路的主体，完成电能的传输或信号的传递。为了获得较大的电感量，常在线圈中放入铁心，这种线圈叫做铁心线圈。

图6-9所示即为铁心线圈，当它接入交流电压 u 时，线圈将有电流 i 通过。若线圈为 N 匝，则磁动势 Ni 将在线圈中产生磁通，磁通中的大部分通过铁心闭合，形成主磁通 Φ，少部分磁通通过空气或者其他非导磁媒介闭合，形成漏磁通 Φ_σ。这两个磁通分别在线圈中产生主电动势 e_L 和漏电动势 e_σ。

由 KVL 定律可得电路方程

$$u = u_R + (-e_L) + (-e_\sigma)$$

$$= Ri + N\frac{\mathrm{d}\Phi}{\mathrm{d}t} + N\frac{\mathrm{d}\Phi_\sigma}{\mathrm{d}t}$$

一般情况下 u_R 很小，漏磁通 Φ_σ 很小，感应电动势 e_σ 也很小，为了计算方便通常忽略不计，因此电路方程式可以简化为

$$u \approx N\frac{\mathrm{d}\Phi}{\mathrm{d}t}$$

假设 $\Phi = \Phi_m \sin\omega t$，则

$$u \approx N\Phi_m \omega \cdot \cos\omega t$$

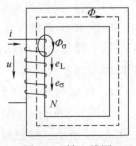

图6-9　铁心线圈

即
$$u \approx 2\pi f N \Phi_{\mathrm{m}} \cos\omega t$$

式中，N 是线圈匝数；f 是电源频率；Φ_{m} 是铁心中交变磁通的幅值。

于是，铁心线圈的电压最大值 $U_{\mathrm{m}} \approx 2\pi f N \Phi_{\mathrm{m}}$，铁心线圈的电压有效值为

$$U = \frac{U_{\mathrm{m}}}{\sqrt{2}} \approx 4.44 f N \Phi_{\mathrm{m}} \tag{6-10}$$

【例 6-2】　有一个铁心线圈接在 220V、50Hz 的交流电源上，铁心中磁通的最大值为 0.001Wb，问铁心上的线圈至少应绕多少匝？若铁心上的线圈只绕了 100 匝，线圈通电后会产生什么后果？

【解】　由公式 $U \approx 4.44 f N \Phi_{\mathrm{m}}$ 得：

$$N \approx \frac{U}{4.44 f \Phi_{\mathrm{m}}} = \frac{220}{4.44 \times 50 \times 0.001} \text{匝} = 991 \text{匝}$$

如果铁心中的线圈只绕了 100 匝，线圈接在 220V、50Hz 的交流电源后，磁通最大值由 $\Phi_{\mathrm{m}} \approx \dfrac{U}{4.44 f N}$ 计算，必然会超过规定的磁通最大值，参考图 6-6a 的铁磁材料磁化曲线，考虑磁饱和，对应线圈中的励磁电流会远远超过正常值，导致线圈被烧坏。

2. 功率损耗

交流铁心线圈的功率损耗 ΔP，由铁心线圈的电阻损耗（铜损 $\Delta P_{\mathrm{Cu}} = I^2 R$）和铁心损耗（铁损）两部分组成。

$$\Delta P = \Delta P_{\mathrm{Cu}} + \Delta P_{\mathrm{Fe}} = \Delta P_{\mathrm{Cu}} + \Delta P_{\mathrm{h}} + \Delta P_{\mathrm{e}} \tag{6-11}$$

铁损又包括磁滞损耗 ΔP_{h} 和涡流损耗 ΔP_{e}。

（1）磁滞损耗 ΔP_{h}　磁滞损耗是由铁磁材料内部磁畴在交流电的作用下反复转向、相互摩擦引起的发热损耗。因为磁滞损耗的大小与磁滞回线的面积成正比、与通电频率成正比，所以如果希望减少磁滞损耗，就要选用磁滞回线面积较小的软磁材料。在变压器和电机中使用的硅钢片就属于软磁材料。

（2）涡流损耗 ΔP_{e}　铁心线圈铁心中的感应电流被称为涡流，涡流在铁心中做功所产生的损耗就是涡流损耗。可以证明，涡流损耗与电源频率的二次方成正比，与铁心磁感应强度最大值的二次方成正比。涡流的形成如图 6-10 所示。

由于铁磁材料既导磁又导电，如果铁心线圈通入交流电流 i，该电流产生的磁通 Φ 必然是交变的，图 6-10a 中的铁心用整块铁磁材料构成，设磁通 Φ 正在增强，则铁心中出现的感应电动势（电流）应产生与 Φ 相反的磁场，于是铁心中感应电动势会在与

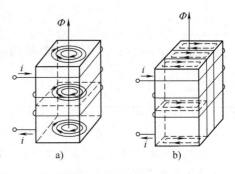

图 6-10　铁心中的涡流

磁场垂直的平面上围绕磁力线呈旋涡状，由于铁心导电，故形成旋涡状感应电流，被称为涡流。在整块铁磁材料的情况下，由于同心圆路径很短，电阻很小，由此引起的感应电流（涡流）就会很大，这样形成的涡流损耗会造成铁心急剧发热。

在一般交流电路中，我们需要加铁心来增强磁场，但又不希望涡流发热，那么如何减小涡流损耗呢？答案是不要使用整块铁心，而将铁磁材料分割成彼此绝缘的薄片来叠成铁心，

如图 6-10b 所示，显然，这时涡流回路变长变细，如果铁心冲片足够薄，回路电阻会变得很大，涡流就变得很小，这样，小的涡流损耗就不容易造成铁心发热。变压器和交流电机的铁心由硅钢片叠成，厚度一般为 0.3~1.0mm，硅钢片有冷轧与热轧之分，冷轧性能较好，但价格也较贵。

当然，涡流损耗也有有益的一面，如中频感应加热炉就可以有效地利用涡流来冶炼金属。它将被冶炼的矿石(铁磁原料)作为(整块)铁心，在外部线圈中通入几百赫兹的交流电，利用铁磁原料感应的涡流将矿石熔化。

二、交流电磁铁

电磁铁是根据电磁感应原理，利用通电铁心线圈中产生电磁场吸引衔铁动作的一类电器。

在生产和生活中，电磁铁可以用来吸持或固定钢铁零件，搬运铁磁物件，牵引机械装置完成预期动作。电磁阀门中的电磁铁可以控制供物(气路、油路、粮食输送等)管路的切换；各种电磁型开关、继电器中的电磁铁可以控制电路的切换。

电磁铁的结构也由通电线圈和铁心组成，与普通铁心线圈的主要区别在于：普通铁心线圈的铁心是固定的，而电磁铁的铁心中有一部分是可移动的。

常见的电磁铁的结构形式有马蹄式、拍合式和螺管式，如图 6-11 所示。它们都由(静)铁心、线圈和衔铁(动铁心)三个基本部分组成。工作时在线圈中通以励磁电流，铁心中产生磁场，吸引衔铁吸合；断电时励磁电流消失，磁场也消失，衔铁即被释放。

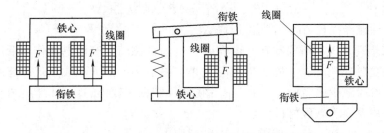

图 6-11　电磁铁的结构形式

电磁铁线圈通电后，铁心对衔铁的电磁吸力计算公式为

$$F = \frac{10^7}{8\pi} \frac{\Phi^2}{S} \tag{6-12}$$

式中，Φ 为空气隙中的磁通，可近似看作与铁心里的磁通相等，单位是韦伯(Wb)；S 为空气隙的有效面积，单位是 m^2；F 为电磁吸力，单位是牛顿(N)。

按照励磁电流种类的不同，电磁铁可分为直流电磁铁和交流电磁铁两种。

对直流电磁铁来说，当线圈加额定励磁电压时，由于直流电路没有电抗，线圈内阻基本不变，故直流电磁铁的励磁电流是恒定不变的直流，其磁动势 IN 也是恒定不变的。随着衔铁的吸合过程，空气隙变小，吸合后空气隙将消失，磁路的磁阻显著减小，因而磁通 Φ 在吸合过程中要增大。由式(6-12)可知，吸合后的电磁力要比吸合前大得多。

对交流电磁铁来说，交变的电流、空气隙的变化、电路的电抗作用对其电磁吸力都会产生影响，情况比直流电磁铁要复杂。具体分析如下：

交流电磁铁的励磁电流是交变的，铁心磁场也是交变的，设电磁铁空气隙处的磁通为

$$\Phi = \Phi_m \sin\omega t$$

交变磁场引起交变的电磁吸力

$$f = \frac{10^7}{8\pi} \frac{(\Phi_m \sin\omega t)^2}{S}$$

可推得

$$f = \frac{1}{2}F_m - \frac{1}{2}F_m \cos 2\omega t \qquad (6-13)$$

式中，$F_m = \dfrac{10^7}{8\pi}\dfrac{\Phi_m^2}{S}$，为电磁吸力的最大值。

图 6-12 为交流电磁铁电磁吸力的瞬时值曲线，吸力平均值 F 为

$$F = \frac{1}{2}F_m = \frac{10^7}{16\pi}\frac{\Phi_m^2}{S} \qquad (6-14)$$

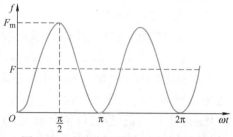

图 6-12　交流电磁铁的电磁吸力曲线

根据前面对交流铁心线圈的分析，在外加电源电压一定的条件下，交流磁路中磁通的最大值基本不变，且 $\Phi_m \approx \dfrac{U}{4.44Nf}$。因此，交流电磁铁在吸合衔铁的过程中，电磁吸力的平均值应该基本不变。随着气隙的减小以至消失，磁路的磁阻在显著减小，说明磁动势 IN 随着吸合过程会减小，故交流电磁铁吸合前的励磁电流要比吸合后的励磁电流大得多。从电抗作用的分析也可以得到这个结论：由于空气隙变小时电感量增大，在外加电压一定的条件下，电流必然减小。因此，交流电磁铁在工作时衔铁和铁心之间一定要吸合好，否则，线圈中会因长期通过较大的电流而过热烧毁。另外，对交流电磁铁的频繁吸合操作也同样会带来频繁的大电流，造成线圈发热，在使用中应加以注意。

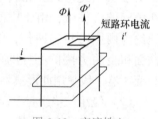

图 6-13　交流铁心
端面上的短路环

从吸力曲线还可以看出，交流电磁铁的吸力是周期性变化的，有些瞬间会出现吸力为零的情况，对单相供电的电磁铁会带来振动和噪声。解决这个问题的方法是在铁心端面上嵌入一个闭合的短路环，如图 6-13 所示。在交变主磁通 Φ 的作用下，短路环上出现感应电流 i'，i' 建立的磁场比原磁场相位滞后，原磁场 Φ 与 i' 磁场的叠加形成短路环内的磁场 Φ'，由于 Φ 与 Φ' 不会同时过零，于是交流电磁铁就避开了吸力零点，以足够的电磁吸力保证电磁机构工作稳定。

第三节　变　压　器

一、变压器的用途、结构和分类

1. 变压器的用途

变压器是一种基于电磁感应原理而工作的静止电工设备，它可将某一数值的交流电量，如电压、电流、阻抗，变换成同频率的另一数值交流电量。

在电力系统中，发电厂发出的交流电需要用升压变压器，将低电压变换成适合输送的高

电压。在电力用户端，由于用电设备使用的是低电压，并且条件不同，用电电压也不完全相同。例如，一般电动机、电热设备和照明设备等使用的电压为380V、220V；在工厂车间的机床上，为了保证工作人员的安全，一般照明灯采用的电压为24V、36V等。因此，又需要用降压变压器将高电压变换成适合各种用电设备需要的低电压。

除了电力系统之外，变压器还有其他广泛的用途。在电子线路中变压器可以用来传递信号，实现阻抗变换等；特殊的变压器如电压互感器、电流互感器可以完成对高电压或大电流的检测。

2. 变压器的结构

变压器的基本结构由闭合的铁心和绕组两部分组成，如图6-14所示。

（1）铁心 铁心是变压器的磁路部分，为了提高磁路的导磁能力和减少铁损耗（磁滞和涡流损耗），变压器的铁心是采用0.35mm或0.5mm厚的硅钢片叠成的，并且每层硅钢片的两面都涂有绝缘漆。按铁心的形式可将变压器分为心式和壳式两种，分别如图6-14a和图6-14b所示。心式变压器的绕组绕在两边的两个心柱上，电力变压器多采用此形式；壳式变压器的绕组绕在中间的心柱上，由于中间心柱通过的磁通约为两侧心柱的两倍，因此中间心柱的截面积也约为两侧心柱的两倍，小容量单相变压器一般采用此形式。

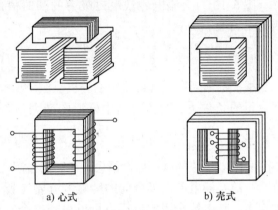

a) 心式　　　　b) 壳式

图6-14　心式和壳式变压器

（2）绕组 绕组是变压器的电路部分，是由具有圆形或矩形截面的绝缘导线绕制成的一组具有一定形状的线圈。

通常的变压器具有两种绕组，电压高的绕组称为高压绕组，电压低的绕组称为低压绕组。

3. 变压器的分类

变压器的种类很多，按照相数可分为单相或三相变压器。按照用途分类有：输配电系统用的电力变压器；电子线路用的级间耦合变压器、脉冲变压器；测量仪表中用的仪用互感器；实验室用的自耦变压器；焊接用的电焊变压器等。虽然变压器的种类很多，但它们具有相同的基本结构和工作原理。

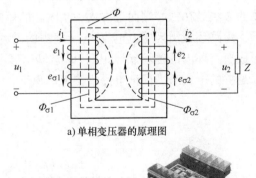

a) 单相变压器的原理图

二、变压器的工作原理

最简单的单相变压器由铁心和两个绕组组成。其原理如图6-15a所示。图6-15b为单相变压器的符号，图6-15c为一种单相变压器的外形图。

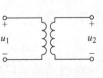

b) 单相变压器的符号

c) 单相变压器的外形

图6-15　变压器原理、符号和外形

设变压器的一次绕组匝数为 N_1，电压为 u_1，电流为 i_1，主磁电动势为 e_1，漏磁电动势为 $e_{\sigma1}$；二次绕组匝数为 N_2，电压为 u_2，电流为 i_2，主磁电动势为 e_2，漏磁电动势为 $e_{\sigma2}$。

1. 电压变换作用

一次绕组的电压方程为

$$\dot{U}_1 = R_1\dot{I}_1 + jX_1\dot{I}_1 - \dot{E}_1$$

式中，R_1、X_1 分别为一次绕组的电阻和建立漏磁通 $\Phi_{\sigma1}$ 对应的漏电抗，其数值很小，如果忽略 R_1 和 X_1 上的电压，则 $U_1 \approx E_1 = 4.44fN_1\Phi_m$。

二次绕组的电压方程为

$$\dot{U}_2 = \dot{E}_2 - R_2\dot{I}_2 - jX_2\dot{I}_2$$

式中，R_2、X_2 分别为二次绕组的电阻和建立漏磁通 $\Phi_{\sigma2}$ 对应的漏电抗。

空载时二次绕组电流 $\dot{I}_2 = 0$，电压 $\dot{U}_{20} = \dot{E}_2$，则电压有效值 $U_{20} = E_2 = 4.44fN_2\Phi_m$。

于是

$$\frac{U_1}{U_{20}} \approx \frac{E_1}{E_2} = \frac{N_1}{N_2} = k$$

上式表明，变压器在空载时，一、二次绕组的电压比等于绕组的匝数比 k。于是匝数比 k 又被称为电压比。

在负载状态下，由于二次绕组的电阻 R_2 和漏抗 $X_{\sigma1}$ 很小，其上电压远小于 E_2，仍有

$$\dot{U}_2 \approx \dot{E}_2$$

其有效值

$$U_2 \approx E_2 = 4.44fN_2\Phi_m$$

故负载状态下的电压变换公式仍为

$$\frac{U_1}{U_2} \approx \frac{E_1}{E_2} = \frac{N_1}{N_2} = k \tag{6-15}$$

式 (6-15) 表明，不论空载还是负载，变压器一、二次绕组的电压比等于匝数比 k。

当 $N_1 > N_2$ 时，$k > 1$，则 $U_1 > U_2$，变压器降压。当 $N_1 < N_2$ 时，$k < 1$，则 $U_1 < U_2$，变压器升压。这就是变压器的电压变换作用。

2. 电流变换作用

由 $U_1 \approx E_1 = 4.44fN_1\Phi_m$ 可知，如果变压器的外加电压 U_1 和通电频率 f 不变时，主磁通最大值 Φ_m 也基本不变。因此，无论空载还是负载，变压器会保持近似不变的主磁通。由于产生主磁通的磁路磁阻是一定的，因此由磁路欧姆定律得知，变压器空载时的磁动势应等于负载时的磁动势。因为变压器空载时的磁动势由一次电流产生，为 i_0N_1，负载时的磁动势由一次电流和负载电流共同产生，是一个合成磁动势 $(i_1N_1 + i_2N_2)$，于是，有

$$i_1N_1 + i_2N_2 = i_0N_1$$

其相量形式为

$$\dot{I}_1N_1 + \dot{I}_2N_2 = \dot{I}_0N_1 \tag{6-16}$$

由于空载电流 i_0 很小，可忽略不计，因此式 (6-16) 可简化为

$$\dot{I}_1N_1 \approx -\dot{I}_2N_2$$

可得一、二次电流有效值的比值为

$$\frac{I_1}{I_2} \approx \frac{N_2}{N_1} = \frac{1}{k} \qquad (6-17)$$

式(6-17)表明，变压器一、二次绕组电流之比近似等于绕组匝数比的倒数，这就是变压器的电流变换作用。负载越接近额定值，线圈电阻和漏抗上的压降相对比例越小，近似计算就越准确。

3. 阻抗变换作用

若在变压器二次侧接一阻抗 Z，如图6-16a所示，那么从一次侧两端来看，等效电阻为

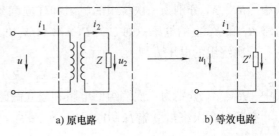

a) 原电路   b) 等效电路

$$Z' = \frac{U_1}{I_1} = \frac{kU_2}{\dfrac{I_2}{k}} = k^2 \frac{U_2}{I_2} = k^2 Z$$

即 $\qquad Z' = k^2 \cdot Z \qquad (6-18)$

图 6-16　变压器的阻抗变换

式中，Z' 称为折算阻抗。用折算阻抗代替原电路，如图 6-16b 所示。式(6-18)表明折算阻抗 Z' 是原阻抗 Z 的 k^2 倍，说明变压器起到了阻抗变换作用。阻抗变换作用常用来实现电子电路的阻抗匹配，如在音响电路扬声器之前加入适当变比的变压器，可以获得最佳输出阻抗和最大输出功率。

【例6-3】 有一电压比为 220V/110V 的降压变压器，如果二次侧接上 55Ω 的电阻，求变压器一次侧的等效输入阻抗。

【解】　方法一：

二次电流 $\qquad\qquad I_2 = \dfrac{U_2}{|Z_2|} = \dfrac{110}{55}\mathrm{A} = 2\mathrm{A}$

由于变压比 $\qquad\qquad k = \dfrac{N_1}{N_2} \approx \dfrac{U_1}{U_2} = \dfrac{220}{110} = 2$

则一次电流 $\qquad\qquad I_1 = \dfrac{I_2}{k} = \dfrac{2}{2}\mathrm{A} = 1\mathrm{A}$

因此输入阻抗 $\qquad\qquad |Z_1| = \dfrac{U_1}{I_1} = \dfrac{220}{1}\Omega = 220\Omega$

方法二：

由于变压比 $\qquad\qquad k = \dfrac{N_1}{N_2} \approx \dfrac{U_1}{U_2} = \dfrac{220}{110} = 2$

所以输入阻抗 $\qquad |Z_1| \approx \left(\dfrac{N_1}{N_2}\right)^2 |Z_2| = k^2 |Z_2| = 4 \times 55\Omega = 220\Omega$

4. 变压器的同极性端(同名端)

(1) 同极性端的标记　当电流分别流入(或流出)两个绕组时，若两绕组产生的磁通方向相同，则这两个绕组流入(或流出)端称为同极性端(同名端)，我们用 "·" 来表示，如图6-17 所示。图6-17a 图所示的绕组接法中，1、3 为同极性端；图6-17b 图的线圈接法中，1、4 为同极性端。

(2) 同极性端的测定　只要知道绕组的绕向，用右手定则，不难判断出同极性端，但

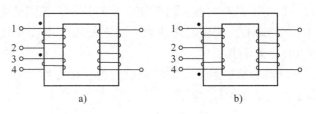

图 6-17　变压器绕组极性及连接

是在实际应用中，我们并不知道绕组的绕向，因此，同极性端也不易辨认。这时可以采用实验的方法来测定同极性端。实验方法有直流法和交流法两种。

① 直流法。测量电路如图 6-18a 所示，接入电压值很小的直流电源，在合上开关 S 的瞬间，如果毫安表的指针正偏，则 1 和 3 是同极性端，反偏则 1 和 4 是同极性端。

② 交流法。测量电路如图 6-18b 所示，当有效值 $U_{13} = U_{12} - U_{34}$ 时，1 和 3 是同极性端；而 $U_{13} = U_{12} + U_{34}$ 时 1 和 4 是同极性端。

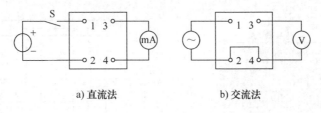

a) 直流法　　　　　　　b) 交流法

图 6-18　同极性端测定

三、变压器的额定值

生产厂家为用户规定的变压器在给定的工作条件下能正常运行的容许工作数据称为额定值，它们通常标注在变压器的铭牌上，并用下标"N"表示，如额定电压 U_N、额定电流 I_N、额定功率 P_N 等。用户在使用变压器的时候，不要在超过规定额定值的情况下运行，否则会引起不必要的损坏。

（1）额定电压　额定电压是根据变压器的绝缘强度和允许温升而规定的电压值，以伏或千伏为单位。变压器的额定电压有一次侧额定电压 U_{1N} 和二次侧额定电压 U_{2N}。U_{1N} 指一次侧应加的电源电压，U_{2N} 指一次侧加上 U_{1N} 时二次侧绕组的空载电压。应该注意，三相变压器一次侧和二次侧的额定电压都是指其线电压。

（2）额定电流　额定电流是根据变压器允许温升而规定的电流值，以安或千安为单位。变压器的额定电流有一次侧额定电流 I_{1N} 和二次侧额定电流 I_{2N}。同样应注意，三相变压器一次侧和二次侧的额定电流都是指其线电流。

（3）额定容量 S_N　变压器额定容量是指其二次侧的额定视在功率 S_N，以伏安或千伏安为单位。额定容量反映了变压器传递电功率的能力。S_N 和 U_{2N}、I_{2N} 间的关系如下：

单相变压器为

$$S_N = U_{2N}I_{2N} \approx U_{1N}I_{1N} \tag{6-19}$$

三相变压器为

$$S_N = \sqrt{3}\,U_{2N}I_{2N} \approx \sqrt{3}\,U_{1N}I_{1N} \tag{6-20}$$

（4）额定频率 f_N　指变压器一次侧绕组所加电压的频率。我国的电力变压器的额定频率为 50Hz，有些国家则为 60Hz，使用时应注意。改变使用频率会导致变压器某些电磁参数、损耗和效率发生变化，影响其正常工作。

（5）额定温升　变压器的额定温升是以环境温度为 +40℃作参考，规定在运行中允许变压器的温度超出参考环境温度的最大温升。

四、三相电力变压器

电力系统中，输配电都采用三相制，变换三相交流电的电压需要使用三相变压器，因此三相变压器的应用非常广泛。

图 6-19a 是一种应用较广泛的油浸式电力变压器的外形图，图 6-19b 为三相电力变压器的原理图。三个高压绕组分别用 $U_1 U_2$、$V_1 V_2$、$W_1 W_2$ 表示，三个低压绕组分别用 $u_1 u_2$、$v_1 v_2$、$w_1 w_2$ 表示。

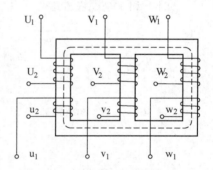

a) 三相油浸式电力变压器外形图　　　　　　b) 三相电力变压器原理图

图 6-19　三相电力变压器

三相变压器的一、二次绕组可以分别接成星形或三角形，工厂供电用电力变压器三相绕组常用的联结方式有 Y_{yn}（即 Y/Y$_0$）和 Y_d（即 Y/Δ）两种。Y、Yn 表示一次侧为星形，二次侧为有中线引出的星形联结方法，这种接法常用于车间配电变压器，其优点在于不仅给用户提供三相电源，同时还提供单相电源，通常使用的动力与照明混合供电的三相四线制系统，就是用 Y_{yn} 联结方式的变压器供电的；Y_d 联结的变压器原边接成星形，二次侧接成三角形，主要用在变电站作升压或降压使用的变压器上。

五、特殊用途变压器

1. 自耦变压器

图 6-20a 为自耦变压器的原理图，其二次绕组 PB 是一次绕组 AB 的一部分，一、二次绕组不但有磁的联系，也有电的联系。这是自耦变压器区别于一般变压器的特点。

使用时，改变滑动端 P 的位置，便可得到不同的输出电压。实验室中用的自耦调压器就是根据此原理制作的。图 6-20b 给出了两种自耦变压器的外形图。

从图 6-20a 可知，当一次侧加上额定电压后，若不考虑电阻的压降和漏感电动势，有

$$\frac{U_1}{U_2} \approx \frac{N_1}{N_2} = k \tag{6-21}$$

式中，k 为自耦变压器的变压比。当自耦变压器接上负载，二次侧有电流 i_2 输出时，有

$$\frac{I_1}{I_2} \approx \frac{N_2}{N_1} = \frac{1}{k} \tag{6-22}$$

自耦变压器的优点是：结构简单，节省材料，效率高。其缺点是二次绕组和一次绕组有电的联系，不能用于变比较大(一般不大于2)和容量较大的场合。

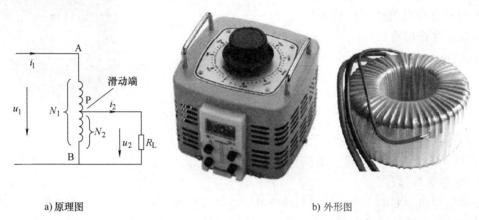

a) 原理图　　　　　　　　　　b) 外形图

图 6-20　自耦变压器

2. 电流互感器

电流互感器为仪用互感器，原理电路与外形如图 6-21a 所示，其一次绕组的线径较粗，匝数很少，与被测电路负载相串联；二次绕组线径较细，匝数很多，与电流表、功率表、电度表、继电器等检测装置的电流线圈相串联。用于将大电流变换为小电流。使用时要注意电流互感器的二次绕组电路不允许开路。

被测电流可通过以下公式计算得出

$$I_1 = \frac{N_2}{N_1}I_2 = \frac{1}{k}I_2 \tag{6-23}$$

式中，I_1 是被测电流的有效值，I_2 是电流表的读数。

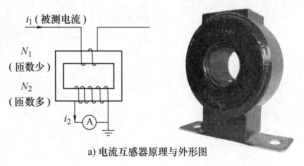

a) 电流互感器原理与外形图

常用的钳形电流表也是一种电流互感器，其原理与外形如图 6-21b 所示。它由一个与电流表接成闭合回路的二次绕组和一个铁心构成，其铁心是活动的，既可开合。测量时，打开铁心将待测电流的一根导线放入钳口中，再合上铁心，电流表上可直接读出被测电流的大小。

3. 电压互感器

电压互感器也为仪用互感器，其原理和外形如图 6-22 所示，电压互感器的

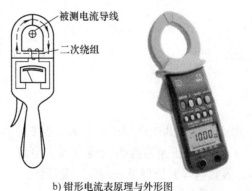

b) 钳形电流表原理与外形图

图 6-21　电流互感器

一次绕组匝数很多,并联于待测电路两端;二次绕组匝数较少,与电压表、电度表、功率表、继电器等检测装置的电压线圈并联。用于将高电压变换成低电压。使用时要注意电压互感器的二次绕组不允许短路。

被测电压可通过以下公式计算

$$U_1 = \frac{N_1}{N_2}U_2 = kU_2 \quad (6\text{-}24)$$

式中,U_1 是被测电压的有效值,U_2 是电压表的读数。

图 6-22　电压互感器

4. 电焊变压器

交流电焊机主要由一台变压器和一个可变电抗器组成,其原理如图 6-23a 所示,调节可变电抗器的空气隙长度可以调节交流铁心线圈的电抗,从而调节焊接电流。交流电焊机外形如图 6-23b 所示。图 6-23c 给出了交流电焊机的外特性。

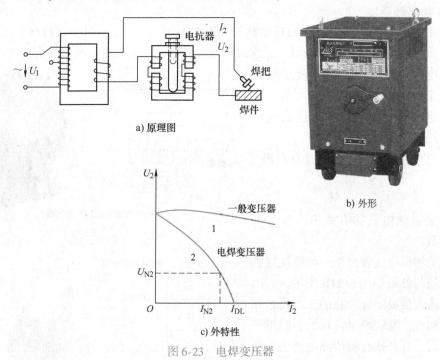

图 6-23　电焊变压器

根据电焊机的工作要求,交流电焊变压器应具有以下特点:

① 为了保证容易点火形成电弧,电焊变压器未焊接时,即空载时输出电压为:60 ~ 70V,因此电焊变压器是一台降压变压器。

② 为了保证在焊条与焊件刚刚接触时电焊变压器二次绕组的短路电流 I_{DL} 不会太大,希

望当焊条与焊件接触产生电弧后，电焊变压器的输出电压为30V。因此当焊接点火时电焊变压器输出电压必须迅速下降，其外特性如图6-23c中的曲线2所示。

③ 为了适应焊接不同焊件和使用不同规格的焊条，焊接电流的大小应该能够被改变，当调节铁心电抗器，使得电抗器的气隙长度变短时，焊接电流会增大，反之减小。

本　章　小　结

1）磁路就是磁通集中通过的闭合路径。为了用较小的励磁电流产生较强的磁场，通常将励磁线圈绕在由铁磁材料制成的铁心上。磁路的基本物理量有：磁感应强度 B、磁通 Φ、磁导率 μ 和磁场强度 H。

2）磁路和电路具有可比性，磁通与电流、磁动势与电动势、磁阻与电阻、磁路欧姆定律与电路欧姆定律具有一一对应关系，可以通过磁路和电路的比较，进一步理解磁路的基本物理量和基本规律。磁路中的磁通 Φ、磁动势 F 和磁阻 R_m 之间的关系称为磁路的欧姆定律

$$\Phi = \frac{F}{R_m} = \frac{IN}{\dfrac{l}{\mu S}}$$

磁路欧姆定律一般用来定性分析磁路的工作状况。

3）在交流铁心线圈电路中，i 交变，Φ 也交变，$\Phi_m \approx \dfrac{U}{4.44fN}$ 基本维持不变，I 由磁路情况决定。交流电磁铁的铁心由硅钢片叠成，并装有短路环以减弱振动，电磁吸力的平均值 $F_m = \dfrac{10^7}{8\pi} \dfrac{\Phi_m^2}{S}$，吸合过程中磁通和吸力基本不变，电流减小。

4）变压器是利用电磁感应原理制成的重要电工设备，理想变压器的变压、变流、变阻抗的关系式为

$$\frac{U_1}{U_2} = \frac{N_1}{N_2} = k$$

$$\frac{I_1}{I_2} = \frac{N_2}{N_1} = \frac{1}{k}$$

$$|Z_1| = |Z_2| k^2$$

5）仪器设备中的小功率电源变压器常有多个绕组，各绕组之间的电压比仍为匝数比，一次绕组的电流和输入功率由各个二次绕组的电流和输出功率决定。绕组串、并联时必须认清同名端。

6）三相电力变压器是用于变换三相交流电压的变压器。三相变压器的一、二次绕组可以分别接成星形或三角形，工厂供电用电力变压器三相绕组常用的联结方式有 Y_{yn} 和 Y_d 两种。

7）仪用互感器是用来扩大测量仪表量程，并使仪表、设备与高压电路隔离的特殊变压器。仪用互感器有电压互感器和电流互感器。电压互感器用于测量高电压，一次侧与待测电路并联，使用时二次侧不允许短路；电流互感器用于测量大电流，一次侧串联于待测电路中，使用时二次侧不允许开路。

思考题与习题

1. 有两个如图 6-4 所示的环形金属，外套绕组，大小完全相同，一个是铁的，另一个是铜的，所套绕组的匝数和通过的电流相等，试问

(1) 两环中的 H 和 B 是否相等？

(2) 如果在两环上各开一个相同的缺口，两环中的 H 和 B 有何变化？

2. 如果交流电源电压的有效值和直流电源电压相等，试比较以下四种情况通过线圈的电流和功率的大小，并说明其理由。

(1) 将一个空心线圈接到直流电源。

(2) 将一个空心线圈接到交流电源。

(3) 这个线圈中插入铁心后接到直流电源。

(4) 这个线圈中插入铁心后接到交流电源。

3. 将铁心线圈接在直流电源上，当发生下列三种情况时，线圈中的电流和铁心中的磁通有何变化？

(1) 铁心截面积增大，其他条件不变。

(2) 线圈匝数增加，导线电阻及其他条件不变。

(3) 电源电压降低，其他条件不变。

4. 将铁心线圈接到交流电源上，当发生上题中三种情况时，线圈中的电流和铁心中的磁通又有何变化？

5. 有一交流铁心线圈接在 220V、50Hz 的正弦交流电源上，线圈的匝数为 733 匝，铁心截面积为 $13cm^2$，求

(1) 铁心中的磁通最大值和磁感应强度最大值是多少？

(2) 若在此铁心上再套一个匝数为 60 的线圈，则此线圈的开路电压是多少？

((1) 1.04T;(2) 18V)

6. 什么是硬磁材料和软磁材料？各有何用处？

7. 什么叫变压器？它有什么用途？变压器铁心的作用是什么？变压器不用铁心行不行？

8. 变压器是否可以用来变换直流电压？一台 220V/36V 的变压器，其高压绕组若接入 220V 的直流电源，将会产生什么后果？

9. 变压器一、二次绕组之间没有电的直接联系，那么一次绕组电路输入的电能是怎样传递到二次绕组电路中的？变压器负载减小时，一次绕组电路供给的电能随之减小，试分析这一过程。

10. 有人从国外带来一台额定频率为 60Hz 的变压器，能不能在国内使用？为什么？

11. 一台额定容量为 10kVA、额定电压为 3300V/220V 单相照明变压器，现要在二次测接 220V、60W 的白炽灯，若要求变压器在额定状态下运行，可接多少盏灯？一、二次绕组的额定电流是多少？

(166;3.02A;45.3A)

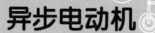

第七章

异步电动机

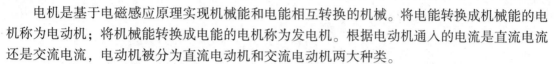

电机是基于电磁感应原理实现机械能和电能相互转换的机械。将电能转换成机械能的电机称为电动机；将机械能转换成电能的电机称为发电机。根据电动机通入的电流是直流电流还是交流电流，电动机被分为直流电动机和交流电动机两大种类。

本章讨论交流电动机中运用最为广泛的三相异步电动机和单相异步电动机。

三相异步电动机结构简单、运行可靠、运行效率高、维修方便、价格便宜，是工业生产中最常用的电动机。单向异步电动机采用单相电源供电，容量较小，常用在家电产品和医疗器械中。

第一节　三相异步电动机的结构和工作原理

一、三相异步电动机的结构

三相异步电动机按转子结构来分，可分为笼型转子和绕线型转子两大类，无论是笼型转子异步电动机还是绕线转子异步电动机，其基本结构都由静止的定子和转动的转子两部分组成，在定子与转子之间留有很小的空气隙，三相异步电动机的外形与结构如图 7-1 所示。其

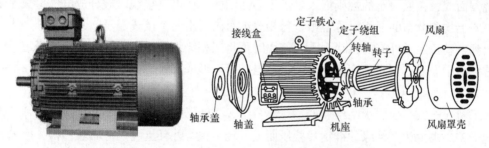

a) 笼型异步电动机的外形　　　b) 笼型异步电动机的结构图

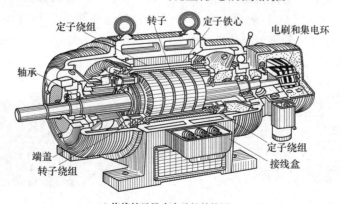

c) 绕线转子异步电动机结构图

图 7-1　三相异步电动机的外形与结构图

中图7-1a、b为笼型异步电动机的外形和结构图，图7-1c为绕线转子异步电动机的结构图。

1. 定子

定子主要由机座、定子铁心和定子绕组组成。

机座的作用是固定和支撑定子铁心，常用铸铁和铸钢制成。

定子铁心是一个安装在机座内的圆筒形铁心，其内环上均匀分布着凹槽，槽内放置定子绕组，如图7-2所示。定子铁心采用导磁性良好的0.5mm厚的硅钢片叠压而成，以减少磁滞损耗，硅钢片两边涂绝缘漆作为片间绝缘，以减少涡流效应。定子铁心的作用是闭合磁路和放置定子绕组。

a) 定子铁心　　　　　　b) 放入机座的带绕组定子铁心

图7-2　定子铁心　　　　　　　　　　图7-3　定子三相对称绕组模型

定子内壁上均匀分布着多个定子线圈，如图7-3所示。这些线圈一般采用绝缘的铜线或铝线绕制而成，按照一定的规则嵌入定子铁心的凹槽，在电气接线时被分成电气参数完全一致、空间上均匀分布的三相对称绕组。每相绕组对外引出两个接线端子，共有6个接线端子被引出到电动机定子外壳的接线盒上，使用时可将三相绕组接成星形或三角形。当定子的三相对称绕组中通以三相对称交流电时，可在电动机内形成旋转磁场。

2. 转子

转子由转子铁心、转子绕组和转轴三部分组成。转子绕组分为笼型和绕线型两种结构。

转子铁心也由相互绝缘的硅钢片叠压而成。转子铁心外环上均匀分布着凹槽，槽内放置转子绕组。转子铁心是电动机磁路的一部分。转子铁心固定在转轴上。

笼型绕组是在转子铁心凹槽中放置导条，并将两端用短路环连接在一起制成的，如图7-4所示。中小功率的笼型电动机一般采用铸铝导条，一些特殊用途的笼型电动机采用铜导条。

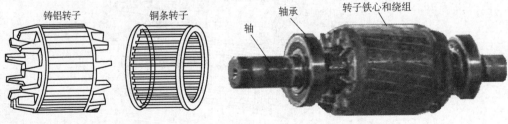

a) 笼型绕组　　　　　　　　　　　　　b) 笼型转子

图7-4　笼型电动机的笼型转子

绕线型绕组与定子绕组类似，如图 7-5 所示。三相绕组的末端联结在一起，形成星形联结。三相绕组的首端接到转轴的 3 个集电环，再通过定子部分的电刷使转子绕组与外电路连接。通过这 3 个集电环上的电刷可以在转子电路中串入电阻。

图 7-5 绕线式转子

二、三相异步电动机的工作原理

定子的三相绕组中通以三相对称电流，即在电动机定子内部产生旋转磁场。转子绕组与旋转磁场的相对运动产生感应电动势和感应电流。感应电流再在旋转磁场的作用下产生电磁转矩，驱动转子转动。这就是三相异步电动机的工作原理。

1. 定子旋转磁场

（1）两极电动机的旋转磁场 图 7-6a 为最简单的两极电动机定子绕组的空间分布图，三相绕组在空间上互差 120° 均匀分布，三相首末端分别记作 U_1—U_2、V_1—V_2 和 W_1—W_2。将三相对称绕组用 3 个线圈来代替，并采用星形联结方式，可作出图 7-6b 所示的电路图。

在 3 个线圈中通以三相对称电流，在图 7-6b 的参考方向下，电流表达式为

$$i_U = I_m \sin\omega t$$
$$i_V = I_m \sin(\omega t - 120°) \qquad (7-1)$$
$$i_W = I_m \sin(\omega t + 120°)$$

三相对称电流波形如图 7-7 所示。

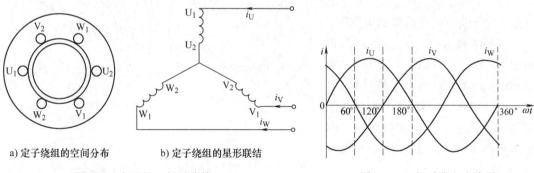

a) 定子绕组的空间分布　　b) 定子绕组的星形联结

图 7-6 定子的三相对称绕组　　　图 7-7 三相对称电流波形

当 $\omega t = 0°$ 时，$i_U = 0$，$i_V < 0$，$i_W > 0$，如图 7-8a 所示。根据右手螺旋定则，此时三相对称电流产生的合成磁场方向水平指向左方，形成两极磁场，定子的 N 极在右边（U_2 处）、S 极在左边（V_1 处）。

当 $\omega t = 60°$ 时，$i_U > 0$，$i_V < 0$、$i_W = 0$，如图 7-8b 所示，合成磁场在空间上逆时针旋转了 60°。定子磁场的 N 极转到 W_1 处、S 极转到 W_2 处。

当 $\omega t = 120°$ 时，$i_U > 0$，$i_V = 0$，$i_W < 0$，如图 7-8c 所示，合成磁场在空间上逆时针继续转过 60°。定子磁场的 N 极转到 V_2 处、S 极转到 V_1 处。

当 $\omega t = 180°$ 时，$i_U = 0$、$i_V > 0$、$i_W < 0$，如图7-8d所示，合成磁场仍然逆时针转过60°，定子磁场的N极转到 U_1 处、S极转到 U_2 处，与 $\omega t = 0°$ 时的磁场方向相反。

可见，当三相电流完成半个周期的变化时，合成磁场也完成了半周的旋转。如果三相电流完成1个周期360°的电角度变化，合成磁场在空间上也会相应地完成一周360°机械旋转角度。显然，如果这个两极电动机的定子被接入50Hz的三相交流电源，旋转磁场的转速就为50r/s或者是3000r/min。

该合成磁场就是两极电动机的旋转磁场。旋转方向由U相到V相再旋转到W相，与通电电流相序一致。

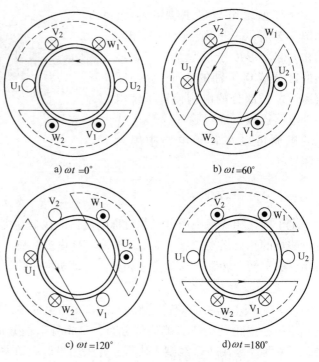

a) $\omega t = 0°$　　　　b) $\omega t = 60°$

c) $\omega t = 120°$　　　　d) $\omega t = 180°$

图7-8　两极电动机的旋转磁场示意图

（2）四极电动机的旋转磁场　图7-9为一种简单的四极电动机旋转磁场示意图，该定子内壁有12个槽，每相占据对称的4个槽，U相绕组由 U_1—U_2、U_1'—U_2' 两个绕组串联而成，V相绕组由 V_1—V_2、V_1'—V_2' 串联组成，W_1 相绕组由 W_1—W_2、W_1'—W_2' 串联组成，图7-10为该电机6个定子绕组的星形联结电路图。

三相电流 i_U、i_V、i_W 的波形仍如图7-7所示。当 $\omega t = 0°$ 时，$i_U = 0$、$i_V < 0$、$i_W > 0$，根据右手螺旋定则，此时可以判断 $\omega t = 0°$ 时合成磁场的如图7-9a所示，形成四极磁场，两个N极在 U_2' 和 U_2 处，两个S极在 U_1 和 U_1' 处。

当 $\omega t = 60°$ 时，$i_U > 0$、$i_V < 0$、$i_W = 0$，可以判断合成磁场在空间上逆时针旋转了30°。如图7-9b所示，定子磁场的两个N极转到 W_1' 和 W_1 处，两个S极转到 W_2 和 W_2' 处。

当 $\omega t = 120°$ 时，$i_U > 0$、$i_V = 0$、$i_W < 0$，可以判断合成磁场在空间上逆时针又旋转过30°。如图7-9c所

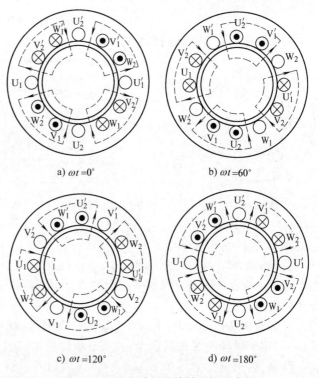

a) $\omega t = 0°$　　　　b) $\omega t = 60°$

c) $\omega t = 120°$　　　　d) $\omega t = 180°$

图7-9　四极电动机的旋转磁场示意图

示，定子磁场的两个 N 极转到 V_2' 和 V_2 处，两个 S 极转到 V_1 和 V_1' 处。

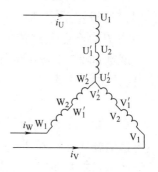

图 7-10　四极电动机定子绕组的星形联结电路

当 $\omega t = 180°$ 时，$i_U = 0$、$i_V > 0$、$i_W < 0$，可以判断合成磁场在空间上再逆时针旋转 30°。如图 7-9d 所示，定子磁场的两个 N 极转到 U_1 和 U_1' 处，两个 S 极转到 U_2 和 U_2' 处。

可见，在四极异步电动机中，当三相电流完成 1/2 周期的变化时，合成磁场只完成了 1/4 周的旋转。如果三相电流完成 1 个周期 360°的电角度变化，合成磁场在空间上只会完成 180°机械旋转角度(转过 1 对磁极)。显然，如果这个四极电机的定子被接入 50Hz 的三相交流电源，旋转磁场的转速为 50/2r/s = 25r/s，或者 1500r/min。

旋转方向仍然与两极电动机一样，由 U 相到 V 相再旋转到 W 相，与通电电流相序一致。

(3) 旋转磁场的性质　通过对两极和四极电动机的旋转磁场分析，可以获得关于异步电动机定子旋转磁场性质的一般结论：

当(时间上)三相对称的电流被接到(空间上)三相对称的绕组，必然会产生一个大小不变，且在空间上以一定的转速不断旋转的旋转磁场。

旋转磁场的旋转速度为

$$n_0 = \frac{f_1}{p}(\,\mathrm{r/s}\,) = \frac{60f_1}{p}(\,\mathrm{r/min}\,) \tag{7-2}$$

式中，f_1 是定子绕组通入的三相电源频率；p 是电动机的磁极对数。对于两极电动机 $p = 1$，对于四极电动机 $p = 2$。

旋转磁场的转速被称为异步电动机的同步转速，单位为 r/min。当电源频率 $f = 50$Hz 时，各种磁极对数的异步电动机在工频电源下的同步转速见表 7-1。

表 7-1　异步电动机的同步转速

p	1	2	3	4	5	6
$n_0/(\mathrm{r/min})$	3000	1500	1000	750	600	500

旋转磁场的旋转方向由三相绕组中通入的电流的相序决定。即当通入三相对称绕组的对称三相电流的相序发生改变时，即将三相电源中的任意两相绕组接线互换，旋转磁场就会改变方向。

2. 转子转动原理

(1) 转子绕组在旋转磁场中的感应电流　定子绕组中通以三相对称电流，会产生同步转速为 n_0 的旋转磁场。旋转磁场与转子之间存在着相对运动，转子上的导体就会切割旋转磁场的磁力线。根据右手定则，可以判断转子导体中的感应电动势方向如图 7-11 中的"⊙"和"⊗"所示，由于转子绕组是一个闭合回路，就形成了电流，电流方向与感应电动势的方向一致。

(2) 转子感应电流受力与转子运动　转子绕组中的电流在磁场中会受到电磁力的

作用，根据左手定则，可以判断受力方向如图 7-11 中 F 所示。电磁力 F 会产生电磁转矩 T，方向与旋转磁场转向一致。

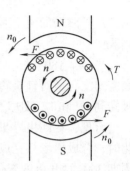

该电磁转矩 T 将驱动转子随着旋转磁场的方向转动。这就是异步电动机的工作原理。

3. 转差率与三相异步电动机的转速公式

在一般情况下，转子转速 n 低于旋转磁场的同步转速 n_0。因为只有这两者之间存在速度差，转子和磁场之间才会存在相对运动，才能产生感应电动势、感应电流和电磁转矩。所以，转子转速与旋转磁场转速之间的差值是必然存在的，即转子的速度与旋转磁场两者无法同步运转，这也是被称之为异步电动机的原因。由于转子电流是由于电磁感应而产生，所以也称为感应电动机。

图 7-11　异步电动机的工作原理

同步转速 n_0 与转子转速 n 的差值被称为转差 Δn。

$$\Delta n = n_0 - n \tag{7-3}$$

转差 Δn 与同步转速 n_0 的比值被定义为转差率 s。

$$s = \frac{n_0 - n}{n_0} \tag{7-4}$$

s 反映了转子转速 n 与同步转速 n_0 之间的相差程度，是异步电动机的重要参变量。采用 s 表示电动机的实际转速，有

$$n = n_0(1 - s) = \frac{60f}{p}(1 - s) \tag{7-5}$$

在正常运行的情况下，异步电动机的转速 n 略低于同步转速 n_0，所以转差率 s 很小。空载时转差率 s 在 0.005 以下，满载时一般为 0.02 ~ 0.05。

【例 7-1】　一台额定转速 $n_N = 1460\mathrm{r/min}$ 的三相异步电动机，试求额定负载运行时的转差率。

【解】　由于一般情况下电动机的转速 n 略小于同步转速 n_0，可知此电动机的同步转速

$$n_0 = 1500\mathrm{r/min}$$

$$s_N = \frac{n_0 - n_N}{n_0} = \frac{1500 - 1460}{1500} = 0.027$$

三、三相异步电动机的铭牌

每一部电动机的外壳上都有一个铭牌，说明这部电动机的型号和主要参数等。如图 7-12 所示。

（1）型号　电动机的型号一般由产品代号、规格代号和工作环境代号三部分组成。

异步电动机的产品代号和汉语意义见表 7-2。

三相异步电动机				
型号	Y100L2–4	功率	2.2kW	频率	50Hz
电压	220/380V	电流	8.7/5.0A	接法	△/Y
转速	1420r/min	效率	81%	功率因数	0.82
工作方式	连续	绝缘等级	B	重量	33kg
标准编号		出厂日期			
×××电机厂				

图 7-12　电动机的铭牌举例

表7-2 异步电动机的产品代号和汉语意义

产 品 名 称	代 号	汉字意义	产 品 名 称	代 号	汉字意义
异步电动机	Y	异	防爆型异步电动机	YB	异爆
绕线转子异步电动机	YR	异绕	多速异步电动机	YD	异多
高起动转矩异步电动机	YQ	异起	高滑差率电动机	YH	异滑

规格代号是指电动机的中心高、机座号和极数。

例如型号为 Y100L2—4 的电动机，其中的汉语拼音字母 Y 表示异步电动机，数字 100 表示电机的中心高为 100mm，英文字母 L 表示电机的机座属于长号机座（M 表示中号机座，S 表示短号机座），数字 2 表示电机铁心的长度号，数字 4 表示电机的磁极数。异步电动机的型号很多，可参阅产品目录。

特殊工作环境代号用字母表示。如 TH——湿热带用，TA——干热带用，G——高原用，W——户外用，F——化工防腐用。

（2）额定功率 P_N　是指电动机在额定状态运行时，电动机转轴向外输出的机械功率，单位为千瓦（kW）。

（3）额定电压 U_N　是指电动机在额定状态运行时，外加在定子绕组上的线电压，单位为伏（V）。

（4）额定电流 I_N　是指电动机在额定电压下运行，轴上输出额定功率时，定子绕组的线电流，单位为安（A）。

三相异步电动机的额定功率与额定电压、电流之间的关系是

$$P_N = \sqrt{3}\, U_N I_N \eta_N \cos\varphi_N \qquad (7-6)$$

（5）额定转速 n_N　指电动机在额定状态下运行时，转子的转速，单位为 r/min。

（6）额定频率 f_N　我国电网的频率为 50Hz，所以电动机的额定频率是 50Hz。

（7）接法　指定子绕组的联结方式，有星形和三角形两种联结，标示分别为 Y、△。为了接线方便，三相绕组的 6 个端头引至接线盒中，三相绕组的首端标识为 U_1、V_1、W_1，三相绕组的末端标识为 U_2、V_2、W_2。接线方法如图7-13所示。

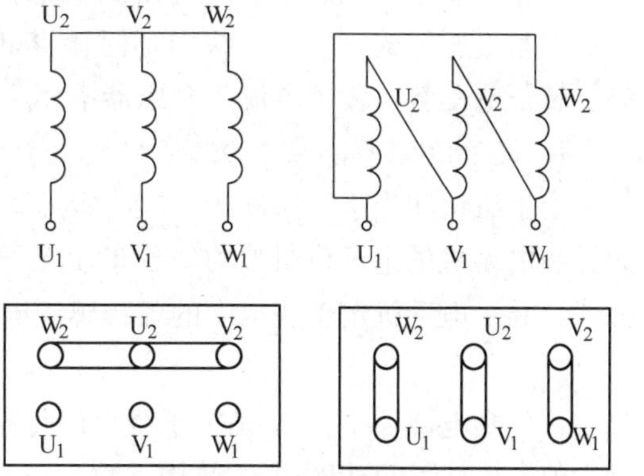

（8）工作方式　根据负载持续时间的不同，电动机的工作方式分为"连续""短时""断续周期"和"连续周期"等 10 种工作制。

a) 星形联结　　　b) 三角形联结

图7-13　定子绕组的接线方法

（9）绝缘等级　电动机在运行时发热所容许的最高温度决定于电动机所用的绝缘材料的耐热程度，称为绝缘等级。电动机通常有 3 种绝缘等级，分别见表7-3。若工作温度高于绝缘等级所规定的最高温度，会加速绝缘材料的老化，影响电动机的使用寿命。

表7-3 绝缘等级

绝 缘 等 级	B	F	H
允许长期使用的最高温度/℃	130	155	180

（10）功率因数 $\cos\varphi$ 电动机是感性负载，功率因数指感性功率因数，φ 是指各相定子相电流滞后于定子相电压的角度。

图 7-12 所示的铭牌中的额定电压、额定电流标注，应理解为该电动机的定子绕组采用 △ 接法时，定子额定线电压为 220V，额定线电流为 8.7A；定子绕组采用Y接法时，定子额定线电压为 380V，额定线电流为 5.0A。

第二节 三相异步电动机的电磁转矩与机械特性

电动机的机械特性曲线是指在一定条件下，转子转速 n 与电磁转矩 T 之间的关系，是电动机重要的运行特性，常用来分析电动机的运行情况。

一、电磁转矩

定子绕组接入三相电流时会产生旋转磁场。此磁场与定子绕组和转子绕组都交链，必然会在定子绕组和转子绕组中产生感应电动势 e_1 和 e_2。由于转子绕组是闭合导体，在感应电动势 e_2 的作用下，就会形成转子电流 I_2。转子上的载流导体在旋转磁场中受电磁力作用，该电磁力就会形成电磁转矩。

三相异步电动机的定子绕组和转子绕组没有电的直接联系，是通过磁场联系在一起的。这一点与变压器的一、二次绕组通过磁路相互联系的情况很相似，所以电动机的定子电动势、转子电动势、转子电流与变压器中相应的公式是类似的。

1. 定子绕组的感应电动势 $\dot{E}_1$

定子绕组相当于变压器的一次绕组，不同的是，变压器的一次绕组是集中绕在铁心上，而异步电动机的定子绕组被均匀分布在定子铁心槽中。参考变压器的一次绕组的感应电动势公式，异步电动机定子绕组中的各相感应电动势 $\dot{E}_1$ 的有效值为

$$E_1 = 4.44 f_1 N_1 \Phi_m K_1 \tag{7-7}$$

式中，f_1 是电源频率；N_1 是定子绕组的每相串联的线圈匝数；Φ_m 是旋转磁场的每极主磁通最大值；K_1 是定子相绕组的结构系数，与定子相绕组的结构（分布、短矩）有关，略小于 1。

由于定子是静止的，旋转磁场切割定子绕组的相对速度为同步转速 n_0，所以定子电动势 $\dot{E}_1$ 的频率与电源频率 f_1 相等。

如果忽略定子绕组的电阻和漏磁通，定子电动势 $\dot{E}_1$ 与定子相绕组端电压 $\dot{U}_1$ 相平衡，有

$$U_1 \approx E_1 = 4.44 f_1 N_1 \Phi_m K_1 \tag{7-8}$$

则每极磁通

$$\Phi_m = \frac{E_1}{4.44 f_1 N_1 K_1} \approx \frac{U_1}{4.44 f_1 N_1 K_1} \tag{7-9}$$

可见，只要定子电压 $\dot{U}_1$ 不变，旋转磁场的每极主磁通就基本不变。

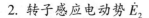

2. 转子感应电动势 $\dot{E}_2$

转子绕组相当于变压器的二次绕组。不同的是，变压器的二次绕组是静止的，而异步电动机的转子绕组是旋转的。

当转子静止时，旋转磁场与转子的转差率 $s = \dfrac{n_0 - 0}{n_0} = 1$，转子绕组与旋转磁的相对转速是同步转速 n_0，此时转子感应电动势的频率与电源频率相等，感应电动势 $\dot{E}_{20}$ 也较大，有效值为

$$E_{20} = 4.44 f_1 N_2 \Phi_m K_2 \tag{7-10}$$

式中，N_2 是转子绕组每相串联线圈的匝数；K_2 是转子绕组的结构系数，略小于 1。

当转子以转速 n 旋转，旋转磁场与转子的转差率 $s = \dfrac{n_0 - n}{n_0} < 1$，转子绕组与旋转磁场的相对转速减慢为 sn_0。于是转子感应电动势 $\dot{E}_2$ 的频率变慢，即

$$f_2 = s f_1 \tag{7-11}$$

转子感应电动势 $\dot{E}_2$ 的有效值也变小，为

$$E_2 = 4.44 f_2 N_2 \Phi_m K_2 = 4.44 s f_1 N_2 \Phi_m K_2 = s E_{20} \tag{7-12}$$

可见，在异步电动机的转子不转，即 $s = 1$ 时，转子获得与定子通电频率相同的感应电流频率和最大的感应电动势 E_{20}。当转子旋转之后，由于转子感应电流的频率变为静止时 s 倍，转子感应电动势的大小也变为静止时 s 倍，因此，转子的转速 n 越高，转差率 s 越小，转子电动势越小和频率越低。

实际普通电动机在工频下带额定负载运行时，$s = 0.01 \sim 0.05$，f_2 也仅为 $0.5 \sim 2.5 \mathrm{Hz}$，转子的感应电动势有效值 E_2 很小。

3. 转子电流 $\dot{I}_2$

转子的每相绕组中不仅存在绕组电阻 R_2，还存在因漏磁产生的漏电感 L_2，显然，漏电感的感抗 $X_2 = 2\pi f_2 L_2$，与转子感应电的频率成正比。

转子静止时，$s = 1$，$f_2 = f_1$，此时的漏电感的感抗为

$$X_{20} = 2\pi f_1 L_2 \tag{7-13}$$

转子转动时，$f_2 = s f_1$，所以漏电感 L_2 的感抗为

$$X_2 = 2\pi f_2 L_2 = 2\pi s f_1 L_2 = s X_{20} \tag{7-14}$$

于是，转子电路的阻抗为

$$Z_2 = R_2 + j s X_{20}$$

转子电流 $\dot{I}_2$ 的有效值

$$I_2 = \frac{E_2}{|Z_2|} = \frac{s E_{20}}{\sqrt{R_2^2 + (s X_{20})^2}} \tag{7-15}$$

由式 (7-15) 可以看出，当转子静止时，转子电流有效值最大；随着转子转速 n 上升，转差率 s 逐渐下降，转子电流有效值 I_2 也会逐渐下降。转子电流与转子电动势具有相同的频率。

由于漏电感的存在，转子电路中的电动势超前于电流 φ_2。因此，转子电路的功率因数为

$$\cos\varphi_2 = \frac{R_2}{|Z_2|} = \frac{R_2}{\sqrt{R_2^2 + (s X_{20})^2}} \tag{7-16}$$

可见，当转子静止时，$s = 1$，转子电路的功率因数最低；当转子转速 n 上升时，转差率

s 下降，转子电路的功率因数随之上升。

4. 电磁转矩 T

电动机的电磁转矩是转子电流在磁场中受力产生的，所以电磁转矩应该与转子电流的大小和磁场的强弱成比例，电磁转矩对负载作功，使得轴上输出机械功率。由于转子电流中的无功分量无法作功，所以电磁转矩与转子电流中的有功分量 $I_2\cos\varphi_2$ 有关。电磁转矩的物理表达式为

$$T = K_T \Phi_m I_2 \cos\varphi_2 \tag{7-17}$$

式中，K_T 是转矩系数，是一个与电动机结构有关的常数。

将式(7-15)代入式(7-17)，得到三相异步电动机的电磁转矩表达式

$$T \approx K \frac{s R_2 U_1^2}{R_2^2 + (s X_{20})^2} \tag{7-18}$$

式中，K 是结构系数，是一个与电动机结构有关的常数。

由式(7-18)可知，电磁转矩 T 与定子相电压 U_1 的二次方成正比，可见电源电压对电磁转矩的影响较大；转子电阻 R_2 也会影响电磁转矩。

二、机械特性

根据以上推导的电磁转矩表达式，可作出转速 n（或者转差率 s）与电磁转矩 T 间的关系曲线 $n = f(T)$ 或 $s = f(T)$，这就是三相异步电动机的机械特性曲线，如图7-14所示。通过机械特性曲线，可以看出电动机在某一转速时所对应的电磁转矩的大小。

1. 机械特性的稳定区与非稳定区

图7-14中，机械特性曲线以最大转矩 T_m 对应的临界转差率 s_m 为分界线，被分为两部分。分界线上方较为平坦的 AB 段是机械特性的稳定区，分界线下方的 BC 段是不稳定区。

当电动机工作在 AB 段，如负载增大，电动机的转速必然降低，按照 AB 段特性，速度降低后电磁转矩增大，因此拖动转矩会增大去适应负载直至达到新的平衡，当拖动转矩等于负载转矩，就在较低的速度下重新稳速运行；反之，如负载减小，电动机的转速必然升高，按照 AB 段特性，速度升高后电磁转矩减小，因此拖动转矩会

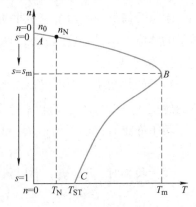

图7-14 三相异步电动机的机械特性

减小去适应负载直至达到新的平衡，当拖动转矩等于负载转矩，就在较高的速度下重新稳速运行。总之，在 AB 段，当电动机转轴上的负载转矩发生变化时，电动机的电磁转矩能随之向适应负载的方向改变，最终运行在新的平衡状态，所以 AB 段称为稳定区。

当电动机工作在 BC 段时，如负载增大，电动机的转速必然降低，按照 BC 段特性，速度降低后电磁转矩也减小，因此，电动机会更加拖不动负载，转速继续降低，直至停车；如负载减小，电动机的转速必然升高，按照 BC 段特性，速度升高后电磁转矩也升高，因此，电磁转矩更大于负载转矩，电动机会持续加速，直至进入 AB 段。总之，在 BC 段，当电动机转轴上的负载转矩发生变化时，电磁转矩无法随着负载的改变达到新的平衡，所以 BC 段称为不稳定区。

2. 额定转矩、最大转矩和起动转矩

（1）额定转矩 T_N　额定转矩是电动机在额定状态运行时，电动机转子轴上输出的转矩。

额定状态时电动机的输出机械功率为 P_N，额定转速为 n_N。根据铭牌数据可计算出额定转矩为

$$T_N = 9550 \frac{P_N}{n_N} \tag{7-19}$$

式中，P_N 为功率，单位为 kW；n_N 为转速，单位为 r/min；T_N 为转矩，单位为 N·m。

（2）最大转矩 T_m

从机械特性曲线可知，当转差率为临界转差率 s_m 时，电动机所获得最大转矩 T_m。

对式（7-18）的机械特性表达式，令 $\dfrac{dT}{ds} = 0$，求出临界转差率 s_m 为

$$s_m = \frac{R_2}{X_{20}} \tag{7-20}$$

可见，临界转差率 s_m 与转子电阻成正比，与电源电压 U_1 无关。

将 s_m 代入转矩表达式（7-18），可得

$$T_m = K \frac{U_1^2}{2X_{20}} \tag{7-21}$$

可见，机械特性的最大转矩 T_m 与电源电压 U_1 的二次方成正比，而与转子电阻 R_2 无关。

在定子绕组上加载额定频率、额定电压的交流电，且转子绕组不串入电阻时，电动机的机械特性称为固有机械特性。人为地改变电动机参数或电源参数得到的机械特性则称为人为机械特性。

当通电频率不变，且转子不串入电阻时，如果降低电源电压 U_1，则各条机械特性曲线的临界转差率 s_m 不变，最大转矩 T_m 按电源电压 U_1 的二次方减小，降低电压的人为机械特性曲线如图 7-15 所示。可见，降低定子电压时电动机的过载能力下降。

当电源电压 U_1 不变、通电频率不变、转子串入不同电阻时，各条机械特性曲线的最大转矩 T_m 不变，但 R_2 的增加会引起临界转差率变大，转子串电阻的人为机械特性曲线如图 7-16 所示，机械特性曲线特征是运行段向下倾斜，意味着电动机串入电阻之后，随着负载的增加，电动机的转速下降很快，一般称为机械特性变软。

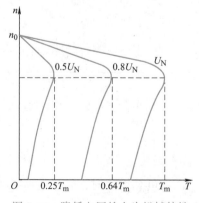

图 7-15　降低电压的人为机械特性

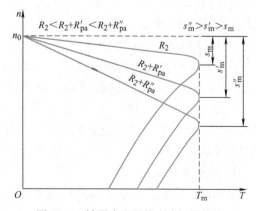

图 7-16　转子串电阻的人为机械特性

电动机的最大转矩反映了电动机过载能力。过载能力 λ 一般用最大转矩 T_m 与额定转矩 T_N 的比值来表示，即

$$\lambda = \frac{T_m}{T_N} \tag{7-22}$$

实际电动机的过载能力 λ 一般在 $1.8 \sim 2.2$ 之间。

如果负载转矩大于最大转矩，电动机将因拖不动负载而停转，停转时由于电动机定子的反电动势为零，定子电压都加在内阻上，引起定子电流迅速上升，转子电流也急剧上升，绕组会因过热而烧毁。电动机运行时，最大过载能力只允许电动机在短时间内电磁转矩接近最大转矩。

（3）起动转矩　起动初始，$n = 0$，$s = 1$，这时的电磁转矩称为起动转矩 T_{ST}。将 $s = 1$ 代入方程，得

$$T_{ST} = K \frac{U_1^2 R_2}{R_2^2 + X_{20}^2} \tag{7-23}$$

可见，起动转矩 T_{ST} 与电源电压 U_1 和转子电阻 R_2 有关。参考图 7-15，当电源电压 U_1 减小时，起动转矩 T_{ST} 随之成二次方倍地减小；参考图 7-16，适当增大转子电阻 R_2 时，T_{ST} 会有所增大，当 R_2 增大到一定数值时使 $s_m = 1$ 时，T_{ST} 会等于 T_m，此后如果 R_2 继续增大的话，T_{ST} 反而会减小。

起动转矩反映了电动机的起动能力，起动能力 K_S 用起动转矩 T_{ST} 与额定转矩 T_N 的比值来表示。

$$K_S = \frac{T_{ST}}{T_N} \tag{7-24}$$

当 $T_{ST} > T_L$（负载转矩）时，电动机才能起动。在额定负载下，$K_S > 1$ 的电动机才能起动。

三、工作特性

电动机的工作特性是指在定子绕组上接入额定频率、额定电压时，电动机的转速 n、定子电流 I_1、功率因数 $\cos\varphi$、电磁转矩 T、效率 η 等与输出功率的关系，即 n、I_1、$\cos\varphi$、T、η 曲线，如图 7-17 所示。

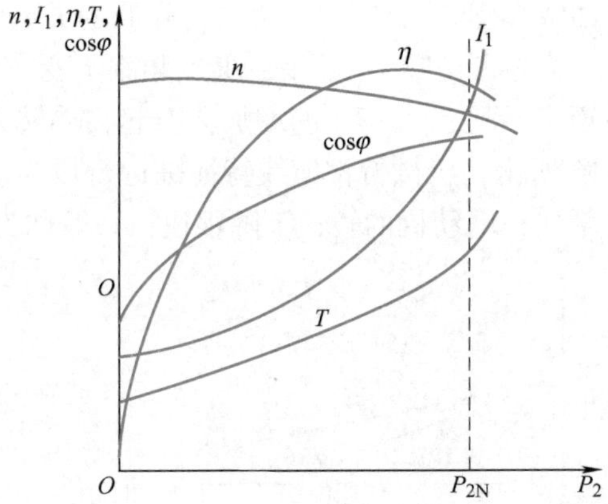

1. 转速特性 $n = f(P_2)$

空载时，电动机的转速 n 几乎等于同步转速 n_0。当负载增大时，转速下降，转差率增大，感应电动势 E_2 和转子电流 I_2 增大，电磁转矩 T 增大，以平衡增大的负载转矩。总体来说，随输出功率增大，转速有一定减小。

2. 定子电流 $I_1 = f(P_2)$

空载时，电动机的定子电流 I_1 很小，约为励磁电流 I_m。当负载增大时，转子电流 I_2 增大，输出功率增大，输入功率随之增大，定子电流 I_1 也随之增大。

图 7-17　三相异步电动机的工作特性

3. 功率因数$\cos\varphi = f(P_2)$

当电动机运行时，定子从电网吸收无功功率建立磁场，所以功率因数 $\cos\varphi$ 总是小于1。当电动机空载时，定子电流主要用于励磁，无功成分很大，所以功率因数很低。当负载增大，定子电流中的有功电流随之增大，功率因数随之增高。

4. 电磁转矩 $T = f(P_2)$

空载时，电磁转矩 T 仅与电动机的空载转矩 T_0 相平衡。负载增大，电磁转矩随之增大，以平衡负载转矩。

5. 效率特性 $\eta = f(P_2)$

异步电动机的效率为

$$\eta = \frac{P_2}{P_1} = \frac{P_2}{P_2 + \sum p} \tag{7-25}$$

式中，$\sum p$ 是损耗功率，包括了铜耗、铁耗、机械损耗和附加损耗等。

空载时，输出功率 $P_2 = 0$，效率 $\eta = 0$。负载增大，输出功率增大，效率随之增高。在输出功率为 $(3/4 \sim 1)P_N$ 范围内，效率达到最高。

【例7-2】　一台三相笼型异步电动机，已知 $P_N = 10\text{kW}$、$U_N = 380\text{V}$、$I_N = 20\text{A}$、△接法、$\cos\varphi_N = 0.87$、$\eta_N = 87.5\%$、$n_N = 1450\text{r/min}$、$I_{ST}/I_N = 7.0$、$T_{ST}/T_N = K_S = 1.4$、$T_m/T_N = \lambda = 2.0$。试求：

（1）额定转矩 T_N。

（2）额定转差率 s_N。

（3）起动电流 I_{ST}。

（4）起动转矩 T_{ST}。

（5）最大转矩 T_m。

【解】　（1）电动机的额定转矩 T_N 为

$$T_N = 9550 \frac{P_N}{n_N} = \left(9550 \times \frac{10}{1450}\right)\text{N} \cdot \text{m} = 65.9\text{N} \cdot \text{m}$$

（2）额定转差率 s_N 为

$$s_N = \frac{n_0 - n}{n_0} = \frac{1500 - 1450}{1500} = 0.033$$

（3）起动电流 I_{ST} 为

$$I_{ST} = 7.0 I_N = (7.0 \times 20)\text{A} = 140\text{A}$$

（4）起动转矩 T_{ST} 为

$$T_{ST} = K_S T_N = (1.4 \times 65.9)\text{N} \cdot \text{m} = 92.3\text{N} \cdot \text{m}$$

（5）最大转矩 T_m 为

$$T_m = \lambda T_N = (2.0 \times 65.9)\text{N} \cdot \text{m} = 131.8\text{N} \cdot \text{m}$$

第三节　三相异步电动机的起动

三相异步电动机通以三相交流电流，电动机从静止状态开始转动，不断升速至某一转速，并以此转速稳定运行的过程称为起动。

起动初始，电动机转速为零，旋转磁场与转子导体的相对速度很大，感应电动势很大，转子电流很大，此时的定子起动电流 I_{ST} 也很大。若起动转矩大于负载转矩，转子转动起来。转子在电磁转矩的作用下加速，转速迅速上升，磁场与转子导体的相对速度减小，感应电动势减小，转子电流与定子电流都会迅速下降。

异步电动机的起动过程如图7-18所示，起动时电动机的工作点从 C 点开始沿机械特性的 BC 段上升，电磁转矩从 T_{ST} 增大到 T_m，电动机不断加速；工作点进入 AB 段后，电磁转矩随转速的上升而减小但仍大于负载转矩 T_L，电动机继续加速；当运行到 D 点时，电磁转矩等于负载转矩，电动机就以 D 点的转速 n_D 进入稳定运行。

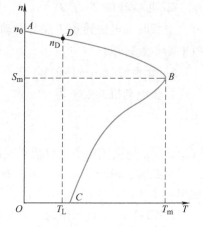

对于电动机的起动，一般有以下的几个基本要求：

1）起动转矩 T_{ST} 足够大，一般 $T_{ST} \geqslant (1.1 \sim 2.2)T_L$。

2）起动电流 I_{ST} 需限制在一定的范围内，一般 $I_{ST} \leqslant (4 \sim 7)I_N$。

3）起动设备简单、可靠。

由于转子的类型不同，笼型异步电动机与绕线转子异步电动机的起动方法有所不同。

图7-18 三相异步电动机的起动过程

一、笼型异步电动机的起动方法

三相笼型异步电动机有直接起动与减压起动两种起动方法。

1. 直接起动

定子绕组加额定电压起动的方法，称为直接起动，也称为全压起动。

直接起动是最简单的起动方法，起动电流可达到额定电流的 $5 \sim 7$ 倍。过大的起动电流会引起电动机发热，从而影响电动机的寿命，还会引起电网电压显著地波动，对电动机与电网都不利。因此，一般只允许功率较小（例如 7.5kW）的电动机采用直接起动。

2. 减压起动

如果笼型异步电动机不能采用直接起动，可以采用减压起动。减压的目的是限制起动电流。

起动时，通过起动设备，给定子绕组通入低于额定电压的电压；当电动机转速接近稳定值时，再通入额定电压，使电动机在全电压下稳定运行。

减压起动的方法主要有串电阻或串电抗减压起动、Y-△换接起动和自耦补偿起动等。

（1）串电阻减压或串电抗减压起动　图7-19为串电阻减压或串电抗减压起动原理示意图，QS 为隔离开关，S 为起动到运行的切换开关。起动时将换接开关 S 投向"起动"位置，三相电阻或电抗接入定子绕组，降低了定子电压，电动机减压起动；当转速接近稳定值时，将换接开关 S 投向"运行"位置，定子绕组接通电源电压，电动机最终稳定运行。

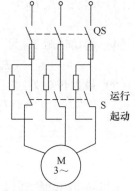

图7-19 笼型异步电动机
串电阻减压起动原理图

（2）丫-△换接起动　图7-20为丫-△起动原理示意图。起动时将换接开关 S 投向"丫"位置，定子绕组采用星形联结，定子绕组上的相电压为电源线电压的 $\dfrac{1}{\sqrt{3}}$，电动机减压起动。

当转速接近稳定值时，将换接开关 S 投向"△"位置，定子绕组变成三角形联结，定子绕组的相电压为电源线电压，最终在全压下稳定运行。

采用丫-△换接起动，电动机起动时的相电压为运行时相电压的 $\dfrac{1}{\sqrt{3}}$ 倍，由于起动转矩正比于电压的二次方，所以丫-△换接起动的起动转矩仅为全压直接起动的 $\dfrac{1}{3}$。

星形联结时，电动机线电流 = 电动机相电流 = $\dfrac{1}{\sqrt{3}}$ × 电源线电压/各相阻抗

三角形联结时，电动机线电流 = $\sqrt{3}$ × 电动机相电流 = $\sqrt{3}$ × 电源线电压/各相阻抗。

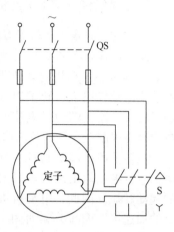

图 7-20　丫-△起动原理图

因此，星形联结时的电动机线电流是三角形联结时电动机线电流的 $\dfrac{1}{3}$，就是说，丫-△换接起动时，起动线电流是采用△全压起动时线电流的 $\dfrac{1}{3}$。

这种方法只适用于负载正常工作时，定子绕组为三角形联结的电动机，且只适用于空载或轻载起动的场合。

（3）自耦补偿起动　自耦补偿起动利用自耦变压器降低加载到定子绕组的电压，减小起动电流。

图7-21为自耦补偿起动原理示意图。起动时将换接开关 S 投向"起动"位置，自耦变压器的一次绕组上加载全压，定子绕组接自耦变压器的二次绕组，定子电压低于额定电压，电动机减压起动。当转速接近稳定值时，将换接开关投到"工作"位置，自耦变压器被切除，定子绕组获得全电压，电动机最终稳定运行。

为了满足不同负载的需要，自耦变压器的二次绕组可以有不同的抽头供选择，提供的电压通常有 $40\% U_{\mathrm{N}}$、$60\% U_{\mathrm{N}}$ 和 $80\% U_{\mathrm{N}}$ 等。

自耦变压器的电压比 $k = \dfrac{N_1}{N_2}$，起动时，定子电压为 $\dfrac{1}{k} U_{\mathrm{N}}$，起动转矩是全压起动时的 $\left(\dfrac{1}{k}\right)^2$，电动机定子绕组中的起动电流为全压起动时的 $\dfrac{1}{k}$，由于电源接在自耦变压器的一次绕组，定子绕组接在自耦变压器的二次绕组，一次绕组的电流是二次绕组电流的 $\dfrac{1}{k}$，所以电源提供的起动电流是全压起动时的 $\left(\dfrac{1}{k}\right)^2$。

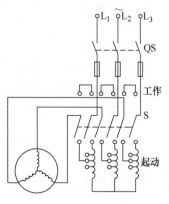

图 7-21　自耦补偿起动原理图

自耦补偿起动适合中小容量的低压电动机，或者正常运行为星形而无法采用Y-△换接起动的电动机。由于减压起动时的起动转矩较小，也只适用于空载或轻载起动场合。

二、绕线转子异步电动机的起动方法

绕线转子异步电动机可以采用转子串电阻的起动方法。转子绕组通过集电环和电刷与外部电阻串联起来，如图7-22所示。

起动时，电动机的转速为零，产生的感应电动势很大，转子串入的电阻限制了转子电流，随转子电流变化的定子电流也被限制在允许的范围内。

从转子串电阻的特性可知，适当地增大转子电路的电阻，可以增大电动机的起动转矩。因此，电动机可以获得较大的加速度，缩短起动时间。为了平滑起动过程，起动电阻常分为几级，在起动过程中被逐级切除。

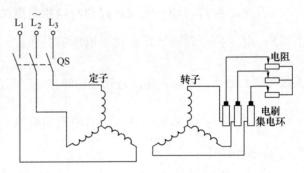

图7-22 绕线转子异步电动机转子串电阻起动原理图

【例7-3】 一台笼型异步电动机，已知 $P_N = 40\text{kW}$、$U_N = 380\text{V}$、$I_N = 80\text{A}$、△接法、$\cos\varphi_N = 0.87$、$n_N = 1450\text{r/min}$、$I_{ST}/I_N = 7.0$、$T_{ST}/T_N = K_S = 1.4$、$T_m/T_N = \lambda = 2.0$，起动时负载转矩为 $T_L = 100\text{N·m}$，供电系统要求 $I_{ST} < 200\text{A}$。试求：

（1）电动机能否直接起动？

（2）电动机能否采用Y-△换接起动？

（3）若采用 $40\% U_N$、$55\% U_N$ 和 $80\% U_N$ 三种抽头的自耦变压器进行起动，应选用哪个抽头？

【解】 （1）电动机的额定转矩为

$$T_N = 9550\frac{P_N}{n_N} = \left(9550 \times \frac{40}{1450}\right)\text{N·m} = 263.45\text{N·m}$$

直接起动时的起动转矩为

$$T_{ST} = K_S T_N = (1.4 \times 263.45)\text{N·m} = 368.83\text{N·m}$$

负载转矩为 $T_L = 100\text{N·m}$，$1.1T_L = (100 \times 1.1)\text{N·m} = 110\text{N·m}$

可见 $T_{ST} > 1.1T_L$

起动电流为 $\qquad I_{ST} = 7.0I_N = 7.0 \times 80\text{A} = 560\text{A} > 200\text{A}$

由以上计算可知，虽然起动转矩满足起动要求，但起动电流大于供电系统的限制电流，所以电动机不能采用直接起动。

（2）若电动机采用Y-△换接减压起动

起动转矩为 $\quad T_{ST} = \frac{1}{3}K_S T_N = \left(\frac{1}{3} \times 1.4 \times 263.45\right)\text{N·m} = 122.94\text{N·m}$

起动电流为 $\quad I_{ST} = \frac{1}{3} \times 7.0 \times I_N = \left(\frac{1}{3} \times 7.0 \times 80\right)\text{A} = 187\text{A} < 200\text{A}$

可见，$T_{ST} > 1.1T_L$，起动转矩满足要求；$I_{ST} < 200\text{A}$，起动电流满足要求，所以此电动机可以采用Y-△换接减压起动。

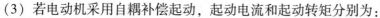

（3）若电动机采用自耦补偿起动，起动电流和起动转矩分别为：

$40\% U_N$　　　$T'_{ST} = (0.4)^2 T_{ST} = (0.16 \times 368.83) \mathrm{N \cdot m} = 59.01 \mathrm{N \cdot m}$

　　　　　　　　$I'_{ST} = (0.4)^2 I_{ST} = (0.16 \times 560) \mathrm{A} = 89.6 \mathrm{A}$

$55\% U_N$　　　$T'_{ST} = (0.55)^2 T_{ST} = (0.3025 \times 368.83) \mathrm{N \cdot m} = 111.57 \mathrm{N \cdot m}$

　　　　　　　　$I'_{ST} = (0.55)^2 I_{ST} = (0.3025 \times 560) \mathrm{A} = 169.4 \mathrm{A}$

$80\% U_N$　　　$T'_{ST} = (0.8)^2 T_{ST} = (0.64 \times 368.83) \mathrm{N \cdot m} = 236.05 \mathrm{N \cdot m}$

　　　　　　　　$I'_{ST} = (0.8)^2 I_{ST} = (0.64 \times 560) \mathrm{A} = 358.4 \mathrm{A}$

可见，只有 $55\% U_N$ 的抽头提供的起动转矩和起动电流满足起动要求。$40\% U_N$ 抽头提供的起动转矩过小；$80\% U_N$ 抽头的起动电流过大。

第四节　三相异步电动机的调速

由三相异步电动机的转速公式 $n = \dfrac{60f}{p}(1-s)$ 可以分析三相异步电动机的调速方法。

1）改变电源频率 f，将改变同步转速 n_0。由于异步电动机正常运行时，转子转速仅略低于同步转速，可见如果同步转速 n_0 发生变化，电动机的转速会随之变化。这种改变定子通电频率的调速方法称为变频调速。

2）改变磁极对数 p，同步转速 n_0 也发生变化，电动机的转速也会随之改变，这种方法称为变极调速。

3）改变转差率 s，不改变同步转速 n_0，但改变电动机转速 n 与同步转速 n_0 之间的差值，即改变转差率 $s\left(s = \dfrac{n_0 - n}{n_0}\right)$，从而造成电动机转速的变化。改变转差率 s 可以通过改变电源电压，转子串电阻等措施来进行。

一、变频调速

变频调速是通过变频器完成的。通用变频器的主电路（强电电路）由整流器、滤波环节和逆变器组成，如图 7-23a 所示。变频器的产品的控制核心是单片计算机或 DSP（数字信号处理器），在程序控制下，弱电信号控制强电电路的工作：首先，整流器将工频的三相交流电整流成直流电，经电容滤波环节进行滤波，然后，逆变器再将直流电逆变成电压和频率可调的三相交流电，供给电动机作为变频电源，对交流电动机实现无级调速。

变频调速的基本机械特性如图 7-23b 所示，特性曲线中的最大拖动转矩数值与变频器的内部参数设置有关，理论分析比较复杂，其推导过程可参考相关书籍。图 7-23c 为变频器的外形图。由于变频器的调速范围广、机械特性硬、调速性能优良，因此目前被广泛应用于机械、造纸、冶金、印染、建筑、交通和建材等各行各业。

二、变极调速

有一种专门设计的三相异步电动机，改变其定子绕组的接法可以改变电动机的磁极对数，被称为多速电动机。这种通过改变定子磁极对数来调速的方法称为变极调速。

这种电动机的定子铁心槽内嵌放多套绕组或绕组具有抽头。这些绕组的两端或抽头引至

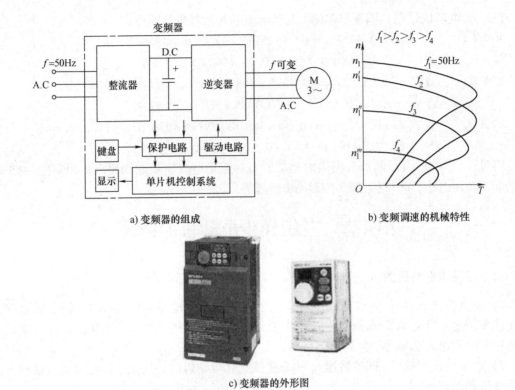

a) 变频器的组成   b) 变频调速的机械特性

c) 变频器的外形图

图 7-23   变频器及其机械特性

电动机的接线盒中。只需改变定子绕组的接法就可以改变磁极对数。多速电动机均采用笼型转子。

变极调速具有较硬的机械特性，稳定性较好。但变极调速时，磁极对数只能按 $p=1$、$p=2$、$p=3$ 的规律变化，不能进行连续、平滑的调速。

三、变转差率调速

我们知道，改变转差率 s 可以通过改变定子供电电压和转子串电阻等措施来进行。由于降低定子电压的调速方法，电磁转矩变小，机械特性变软，因此降低定子电压的方法通常用于起动，而较少用于调速。

转子绕组中串入电阻的调速方法简单、经济，是在变频器之前常用的调速方法，在起重机吊钩和天车移动中被广泛使用。

利用转子串电阻机械特性，可分析转子绕组串电阻的降速过程：设电动机原来处于匀速运动状态，在转子绕组串入电阻的瞬间，从转子电路分析可知转子电流 I_2 立即减小，电磁转矩下降，从图 7-24 的电动机机械特性曲线也可以看出来这个结果。因为串入电阻瞬间机械特性由上方曲线变成下方曲线，但电动机的转速不能突变，所以工作点由 A 移到 B

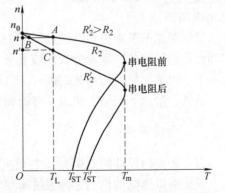

图 7-24   转子绕组串电阻改变 s 的调速过程

点，对应电磁转矩减小。由于拖动转矩小于负载转矩，电动机减速，转子与旋转磁场的相对速度增大，感应电动势上升，电流增大，电磁转矩将回升。当电磁转矩回升到等于负载转矩时，即图中的 C 点电动机进入稳定运行。转子绕组串入的电阻越大，转差率 s 越大，电动机最终的稳定转速就越小。

第五节　三相异步电动机的制动

电动机在与转向相反的转矩作用下转速迅速降低或者停转的过程，称为制动。制动可分为机械制动和电气制动。

机械制动一般采用电磁制动器。制动时，用弹簧将抱闸紧紧压在转子轴上，利用摩擦转矩使转子停止转动。

电气制动是使电动机产生一个与转速方向相反的电磁转矩，这个转矩称为制动转矩。电气制动有能耗制动、反接制动和回馈制动三种方法。

一、能耗制动

这种制动方法是在切断定子的三相电源后，立即将定子的两相绕组中接入直流电，原理如图 7-25a 所示。由于直流电流产生一个恒定磁场，转子由于惯性要维持原来的转动，就会切割恒定磁场的磁力线，产生感应电动势和电流。根据电磁感应定律，转子感应电流受力的方向必然阻碍相对运动，转子的电磁转矩就成为制动转矩。转子感应电流及受力见图7-25b。制动转矩的大小与通入的直流电流有关，直流电流一般为电动机额定电流的 0.5～1 倍。由于这种制动方法将转子的动能转换成电能，消耗在转子回路的电阻上，所以称为能耗制动。

能耗制动的特点是制动准确、平稳，但需要额外的直流电源。

二、反接制动

反接制动方法是将定子绕组两相反接，改变定子电流的相序，使旋转磁场的转向随之改变，从而迫使转子停转的制动方法。控制原理如图 7-26a 所示，当 KM_1 不通、KM_2 接通时，电动机接受正常相序；当 KM_2 不通、KM_1 接通时，电动机的左边两根相线换接。图 7-26b

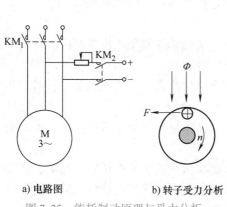

a) 电路图　　b) 转子受力分析

图 7-25　能耗制动原理与受力分析

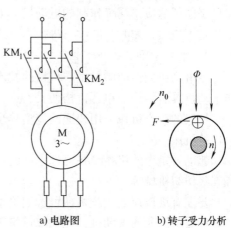

a) 电路图　　b) 转子受力分析

图 7-26　反接制动原理与受力分析

为受力分析图。当改变定子电流的相序后，旋转磁场改变方向，与转子导体高速切割，感应电动势和转子电流方向如图所示，产生的电磁力 F 与转子转速方向相反，出现制动转矩。当电动机的转速接近零时，应及时断开电源，防止电动机反转。

反接制动的特点是制动简单、制动效果好。但反接时，旋转磁场与转子的相对速度很大，转子感应电流很大，制动冲击也很大。因此，当功率较大的电动机进行反接制动时，需要在绕线转子异步电动机的转子绕组或笼型异步电动机的定子绕组中串入电阻进行限流。

三、回馈制动

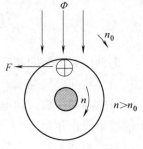

如果电动机在外力的作用下（例如机车下坡、起重机下放重物），转子转速 n 超过同步转速 n_0，转子切割旋转磁场的方向将发生改变，感应电动势、感应电流均反向，如图 7-27 所示，这时转子受到的电磁力与转子的转向相反，为制动转矩。此时电磁转矩会阻止重物的加速下降，迫使电动机匀速下降，同时进入发电

图 7-27 回馈制动

状态，将转子上的动能转换成电能，通过定子的三相绕组反馈回电网，故称为回馈制动。

第六节 三相异步电动机的选择

三相异步电动机在工业中的应用很普遍，选择合适的电动机可以满足生产需求，充分利用设备，提高生产效率。电动机的选择首先要选择功率，再确定电动机的种类和转速等。

1. 功率选择

电动机的功率主要根据所带负载的功率进行选择。一般电动机的功率应比负载功率大一些，还需考虑电动机的过载能力和起动能力。电动机的功率若过大，长期轻载运行，容量利用不充分，运行效率低，费用高。电动机的功率若过小，长期过载运行，电动机温度升高，绝缘老化快，寿命短。因此正确选择电动机的功率是很重要的。

功率选择时，电动机的发热是最关键的因素。电动机工作时，负载持续时间的长短对发热情况影响很大，因此电动机的工作制分为连续工作制、短时工作制和断续周期工作制。电机厂制造了适应不同工作制的电动机，如专用于断续工作制的 **YZ** 和 **YZR** 系列异步电动机，并规定了连续、短时、断续三种工作方式下的功率定额，供不同性质的负载选配。

2. 种类选择

在电动机的性能满足生产机械的技术指标的前提下，优先选择笼型异步电动机。笼型异步电动机具有结构简单、价格便宜、运行可靠和维修方便等优点。

一般的生产机械采用普通的笼型异步电动机就可以满足生产需求，比如水泵、通风机和普通的机床。

起动转矩大的机械设备可选用高起动转矩的笼型异步电动机，比如皮带传送机、压缩机和某些纺织机械等。

要求有级调速的生产机械可选用笼型多速电动机，比如某些机床和电梯等。起动、制动频繁且需要调速的电动机，比如起重机等，传统上常采用绕线转子异步电动机。但这些有级变速方案已经在逐渐被由变频器供电的笼型异步电动机取代。

3. 转速选择

额定功率相同的电动机，额定转速越高，电动机的体积越小、重量越轻、价格越低。一般电动机的转速选择应接近生产机械的转速。这样可以简化传动机构，减小功率消耗，提高传动效率。

第七节　单相异步电动机

由单相交流电源供电的异步电动机称为单相异步电动机。在家用电器、医疗器械和电动工具上应用较多，如电风扇、洗衣机和电冰箱等电器上使用的电动机就是单相异步电动机。这类电动机的输出功率较小，一般在 1kW 以内。本节介绍单相异步电动机的工作原理和起动方法。

一、工作原理

单相异步电动机的结构与三相异步电动机相似，由定子和转子组成。转子大多数是笼型转子，定子绕组则是一个单相绕组。

1. 定子绕组的脉振磁场

单相异步电动机工作时，定子绕组接单相交流电源，设定子绕组的单相交流电流波形如图 7-28a 所示，电动机内就会产生一个交变的脉振磁场。磁场 N、S 极如图 7-28b 所示，这个磁场在空间位置上是固定的，不会旋转，磁场的方向始终与绕组的轴线保持一致。但磁场的强弱和方向随交流电流的大小呈周期性变化。图 7-28c 为不同时刻磁场沿转子表面的位置分布情况，实线是 t_7 时刻的转子表面磁场分布。

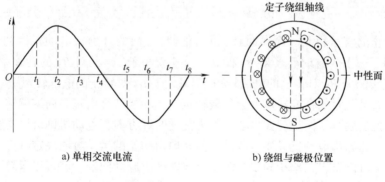

a) 单相交流电流　　　　　　b) 绕组与磁极位置

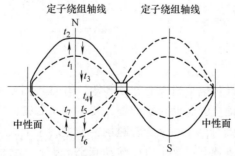

c) 脉振磁场在转子外表面上的分布

图 7-28　脉振磁场

2. 脉振磁场的分解

如图 7-29 所示，一个脉振磁场可以分解为两个大小相等、转速相等、方向相反的旋转磁场 B_1 和 B_2 的合成磁场。就是说，单相异步电动机的脉振磁场相当于两个大小相等、方向相反的旋转磁场。因此，在单相异步电动机转子静止时，顺时针旋转磁场 B_1 与转子作用产生顺时针的电磁转矩 T_1，逆时针旋转磁场 B_2 与转子作用产生逆时针的电磁转矩 T_2。这两个转矩大小相等、方向相反，合成转矩为零，所以单相异步电动机无法自行起动。

3. 机械特性

图 7-30 为单相异步电动机的机械特性(T-s)关系曲线，总电磁转矩 T 是 T_1 和 T_2 的合成转矩。转子静止时，对旋转磁场 B_1 的转差率和对旋转磁场 B_2 的转差率均为1。

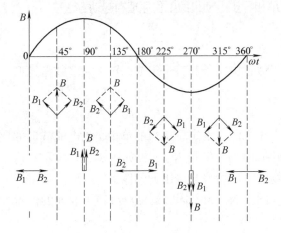
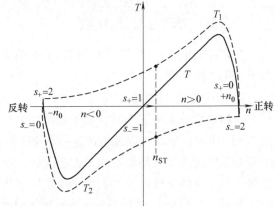

图 7-29　脉动磁场分解成两个反向的旋转磁场　　图 7-30　单相异步电动机的机械特性

设原来静止的转子得到一个顺时针(设为正转)方向的外力，电动机以初速度 n_{ST} 沿顺时针稍微转动了一下，这时转子对 B_1 的转差率 s 就小于1，而对 B_2 的转差率 s 大于1，参看图 7-30，旋转磁场 B_1 对转子的电磁转矩 T_1 将大于 B_2 对转子的电磁转矩 T_2，它们的合成转矩将为正。如果此时的合成转矩大于负载转矩，电动机就会沿正方向继续转动起来，最终达到某一转速稳定运行。同理，如果初始外力是逆时针方向，电动机则会沿逆时针方向转动起来。可见，单相异步电动机只要能起动，则转向由初始的运动方向决定。

从以上分析可以看出，单相异步电动机只要能解决起动问题，就可以运转了。

但无论向哪个方向旋转，由于反向转矩始终存在，所以其效率和带负载能力都不及三相异步电动机。

二、起动方法

从机械特性可知，单相异步电动机没有起动转矩，并且转向是不定的，这会对使用造成不便。因此我们需要解决电动机的起动转矩问题，使电动机获得固定的起动转矩和转向。

如果在起动瞬间，电动机内存在一个旋转磁场，笼型转子上就会产生起动转矩，且方向与旋转磁场转向相同，电动机就会沿这个方向转动起来。因此，我们需要在起动时产生一个旋转磁场。根据产生旋转磁场方法的不同，单相异步电动机被分为罩极式和分相式两种主要类型。

1. 分相式单相异步电动机

分相式单相异步电动机的定子上嵌有两个单相绕组，一个称为主绕组（工作绕组），一个称为辅助绕组（起动绕组）。两个绕组在空间上互差90°电角度。辅助绕组中串入了适当的电阻或电容。当两个绕组接在同一单相电源时，由于两个绕组的阻抗不同使得流过两个绕组的电流相位不同，两个绕组电流产生的磁通合成，在电动机内形成一个旋转磁场，从而产生起动转矩。分相式电动机可分为电阻分相式和电容分相式两种。

（1）电阻分相式电动机　如图7-31所示，电阻分相式电动机的主绕组导线较粗，匝数较多，故电阻小、电感大；辅助绕组导线较细，匝数较少，故电阻大、电感小。当两个绕组接入同一交流电源时，由于阻抗不同，两个绕组中电流存在着相位差，一般辅助绕组的电流超前于主绕组的电流。两个绕组电流的磁通合成产生了一个旋转磁场，产生起动转矩。起动后，当转速达到一定的数值时，开关S打开，将辅助绕组与电源切断。辅助绕组是按照短时运行状态来设计的。

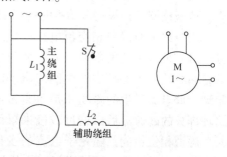

图7-31　电阻分相式电动机的接线图

由于两个绕组都是感性的，所以两个电流的相位差不会达到90°，相位差的数值也不大，形成的旋转磁场椭圆度大，所以电阻分相式电动机起动转矩较小，起动电流较大。

（2）电容分相式电动机

1）单电容分相起动式电动机。如图7-32所示，单电容分相式电动机在结构上和电阻分相式电动机相似，只是在辅助绕组中串入了一个电容。选择合适的电容，可以使得辅助绕组中的电流超前主绕组的电流90°，两个绕组的电流产生的磁通合成了一个旋转磁场，其椭圆度较小，可以获得较大的起动转矩。电动机起动后，当转速达到一定的数值时，开关S将辅助绕组与电源切断。电容是短时工作的，一般选用电解电容器。

电容分相式电动机的起动转矩较大，起动电流较大，适用于各种满载起动的装置，如电冰箱、空调等。

2）双电容分相起动式电动机。如图7-33所示，双电容分相起动式电动机的辅助绕组中串入并联的两个电容。电容 C_1 称为工作电容，电容 C_2 称为起动电容。起动时，开关S闭合，电容 C_1 和 C_2 并联接入辅助绕组中，参与起动；当转速达到一定的数值时，开关S打开，电容 C_2 被切除，电容 C_1 和辅助绕组仍继续接在电源上。辅助绕组串入的工作电容不仅解决起动时的起动转矩的问题，而且在运行期间改善电动机的功率因数，提高电动机的过载能力。由于工作电容是长期工作的，因此采用油浸式电容器。

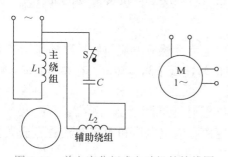

图7-32　单电容分相式电动机的接线图

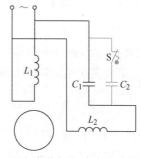

图7-33　双电容分相起动式电动机的接线图

3）单电容分相起动并运行式电动机。将图7-33中开关S、电容C_2去掉，电动机即为单电容分相起动并运行式电动机，该单相异步电动机目前应用较多。

2. 罩极起动式单相异步电动机

罩极起动式单相异步电动机分为凸极式电动机和隐极式电动机，这里只介绍前者。

如图7-34所示，凸极式电动机的定子铁心用硅钢片叠压成的，磁极是凸出的。每个磁极上安装有集中绕组，是主绕组。在每个定子磁极的端面一侧开有一个小槽，嵌入短路环，作为罩极线圈。凸极式电动机的转子采用笼型转子结构。

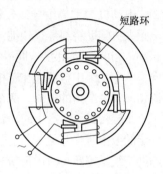

短路环

主绕组中通以单相交流电，产生脉振磁通。脉振磁通一部分通过磁极未罩住的部分，另一部分通过短路环。通过短路环的磁通必然在短路环中产生感应电动势，产生电流。根据楞次定理，此电流产生的磁场总是阻碍磁通的变化。这使得通过短路环部分的磁通滞后于通过磁极未罩部分的磁通，也就是说这两个磁通相位不同。随定子电流的变化，这两个磁通的角度不断变化，合成后形成旋转磁场。在旋转磁场的作用下，转子产生起动转矩，电动机转动起来。

罩极式电动机结构简单、制造容易、价格便宜。它的主要缺点是起动转矩较小，工作效率较低。罩极式电动机容量很小，一般在几十瓦以下，适用于小台扇、电吹风、录音机中。

图7-34 凸极式电动机的结构示意图

本 章 小 结

本章主要介绍了三相异步电动机的结构、工作原理、机械特性、工作特性，介绍了三相异步电动机的起动、制动、调速方法。对于单相异步电动机，则主要阐述了其工作原理、起动方法和应用。

1. 三相异步电动机

1）三相异步电动机又称为感应电动机，主要由定子和转子两部分组成。定子铁心、转子铁心和气隙组成了电动机的磁路部分。定子绕组和转子绕组组成了电动机的电路部分。根据转子绕组的不同，电动机分为笼型和绕线型两种。

2）在定子的三相对称绕组中通以三相对称电流，产生旋转磁场。旋转磁场的转速称为同步转速 $n_0 = \dfrac{60f_1}{p}$（r/min），它的高低由电源频率和磁极对数决定；旋转磁场的旋转方向由电源的相序决定。

3）旋转磁场切割转子导体产生感应电动势和感应电流。感应电流与旋转磁场作用产生电磁转矩，驱动转子沿旋转磁场的转向转动。电动机的转速低于同步转速，存在转差率：

$$s = \frac{n_0 - n}{n_0}$$

4）异步电动机的铭牌给出了电动机的型号和额定值。额定电压和额定电流是定子绕组的额定线电压和线电流，输出功率是指转子轴上输出的机械功率。

5）电磁转矩与每极磁通和转子电流的有功分量成正比：$T = K_T \Phi_m I_2 \cos\varphi_2$。机械特性是指电动机的转速（或者转差率）与电磁转矩间的关系，$T \approx K \dfrac{sR_2 U_1^2}{R_2^2 + (sX_{20})^2}$。三相异步电动机的机械特性曲线以临界转差率 s_m 为界，分为稳定区和不稳定区。电动机的参数不变时的机械特性称为固有机械特性；参数改变时的机械特性称为人为机械特性。一般改变电动机的电源电压或转子电阻来得到人为机械特性。

6）机械特性曲线上有三个特殊转矩：额定转矩 T_N、最大转矩 T_m 和起动转矩 T_{ST}。额定转矩是电动机带额定负载运行时输出的电磁转矩。最大转矩是电动机输出的最大电磁转矩 T_m，对应的转差率为临界转差率 s_m。过载系数 $\lambda = \dfrac{T_m}{T_N}$ 反映了电动机的过载能力。$K_S = \dfrac{T_{ST}}{T_N}$ 衡量电动机的起动能力。

7）三相异步电动机的工作特性是指在定子绕组上接入额定频率的额定电压时，电动机的转速、定子电流、功率因数、电磁转矩、效率与输出功率的关系。

8）较小功率三相异步电动机可以采用直接起动，较大功率与频繁起动的电动机不能直接起动。笼型异步电动机常采用电阻或电抗减压起动、Y-△换接起动和自耦补偿起动等起动方法。绕线转子异步电动机采用转子串电阻的起动方法。

9）三相异步电动机的调速方法有变频调速、变极调速和改变转差率调速。变频调速是通过变频器改变三相电源的频率来调速，是无极调速，是目前应用最广的调速方法。变极调速是通过改变定子绕组的接线改变定子磁极对数来调速。转子串电阻调速是通过在转子绕组中串入电阻，改变转差率进行调速。

10）三相异步电动机的制动方法有机械制动和电气制动。电气制动包括能耗制动、反接制动和回馈制动。

2. 单相异步电动机

1）单相异步电动机由定子和转子组成。转子大多是笼型的，定子绕组是单相绕组。

2）在单相异步电动机的定子绕组中通以单相交流电流，形成一个在空间上固定，大小和方向随电流变化的磁场，称为脉振磁场。脉振磁场可分解为两个大小相等、方向相反、旋转速度相等的旋转磁场。

3）脉振磁场分解成的两个磁场与转子作用产生的电磁转矩大小相等、方向相反，无法起动。如果给转子一个起动转矩，转子将顺着起动转矩的方向转动起来。

4）单相异步电动的起动需要电动机内存在一个旋转磁场。根据旋转磁场产生的方法不同，单相异步电动机分为分相式电动机和罩极式电动机。

5）单相异步电动机广泛应用于家用电器和医疗器械中。

思考题与习题

1. 三相异步电动机主要由哪几部分组成？各部分的作用是什么？

2. 三相异步电动机的转子转速能否与旋转磁场的转速相等，为什么？

3. 简述三相异步电动机的工作原理。

4. 为什么说感应电动机是异步电动机？

5. 三相电源的相序对旋转磁场有何影响?

6. 什么是转差率 s? 通常异步电动机的 s 约为多少?

7. 三相异步电动机的电磁转矩能否随负载变化而变化? 如何变化?

8. 三相异步电动机如果有一相开路, 会发生什么后果?

9. 三相异步电动机带额定负载运行, 电源电压突然下降, 电动机的转速、转子电流、定子电流、电磁转矩如何变化?

10. 为什么异步电动机的起动电流很大而起动转矩不大? 异步电动机在满载和空载起动时, 其起动电流和起动转矩是否相同?

11. 绕线转子异步电动机串电阻起动, 是否串入电阻越大起动转矩越大?

12. 三相异步电动机反接制动时, 为什么需要在定子或转子绕组中串入一个大电阻?

13. 三相异步电动机有几种调速方式? 各有什么特点?

14. 简述绕线转子异步电动机转子串电阻调速的调速过程。

15. 单相异步电动机为什么没有起动转矩? 单相异步电动机的起动方法有哪些?

16. 一台三相异步电动机, $p=2$, 试分别写出电源频率为 $f=50\mathrm{Hz}$ 和 $f=60\mathrm{Hz}$ 时的同步转速。

$$(n_0 = 1500\mathrm{r/min}, n_0 = 1800\mathrm{r/min})$$

17. 一台三相异步电动机, 已知电源频率 $f=50\mathrm{Hz}$, 额定转速 $n_\mathrm{N}=1450\mathrm{r/min}$, 求磁极对数 p 和转差率 s。

$$(p = 2, s = 0.033)$$

18. 一台三相异步电动机在某一负载下运行, 测得输入电功率为 4kW、线电压 380V、线电流为 10A。试求: (1)功率因数 $\cos\varphi$; (2)若输出功率为 3.2kW, 求电动机的效率。

$$(\cos\varphi = 0.608, \eta = 0.80)$$

19. 一台三相异步电动机, $P_\mathrm{N}=10\mathrm{kW}$、$U_\mathrm{N}=380\mathrm{V}/220\mathrm{V}$、接法 $\curlyvee/\triangle$、$n_\mathrm{N}=1460\mathrm{r/min}$、$\cos\varphi_\mathrm{N}=0.86$、$\eta_\mathrm{N}=0.88$。试求额定运行时, 定子绕组分别接成 $\curlyvee$ 形或 $\triangle$ 形时的输入功率 P_1、额定转矩 T_N 和额定电流 I_N。

$$(P_1 = 11.36\mathrm{kW}; T_\mathrm{N} = 65.41\mathrm{N \cdot m}; \curlyvee 形接法时, I_\mathrm{N} = 20.08\mathrm{A}; \triangle 形接法时, I_\mathrm{N} = 34.68\mathrm{A})$$

20. 一台三相异步电动机, $P_\mathrm{N}=2.2\mathrm{kW}$、$U_\mathrm{N}=380\mathrm{V}$、$f_\mathrm{N}=50\mathrm{Hz}$、额定转速 $n_\mathrm{N}=1440\mathrm{r/min}$、$\eta_\mathrm{N}=89.5\%$、$\cos\varphi_\mathrm{N}=0.89$、$\curlyvee$ 接法。试求: (1)磁极对数; (2)额定转差率 s_N; (3)额定电流 I_N; (4)额定转矩 T_N。

$$(p = 2; s_\mathrm{N} = 0.04; I_\mathrm{N} = 4.20\mathrm{A}; T_\mathrm{N} = 14.59\mathrm{N \cdot m})$$

21. 一台三相异步电动机, $P_\mathrm{N}=15\mathrm{kW}$、$n_\mathrm{N}=965\mathrm{r/min}$、$T_\mathrm{ST}=310\mathrm{N \cdot m}$、$T_\mathrm{m}=295\mathrm{N \cdot m}$。试求电动机的起动能力 K_S, 过载能力 λ。

$$(K_\mathrm{S} = 2.09; \lambda = 1.99)$$

22. 一台笼型异步电动机, 已知 $P_\mathrm{N}=70\mathrm{kW}$、$U_\mathrm{N}=380\mathrm{V}$、$f_\mathrm{N}=50\mathrm{Hz}$、$\curlyvee$ 接法、$\cos\varphi_\mathrm{N}=0.87$、$\eta_\mathrm{N}=0.92$、$n_\mathrm{N}=1450\mathrm{r/min}$、$I_\mathrm{ST}/I_\mathrm{N}=7.0$、$T_\mathrm{ST}/T_\mathrm{N}=K_\mathrm{S}=2.0$、$T_\mathrm{m}/T_\mathrm{N}=\lambda=2.2$。试求: (1)额定转矩 T_N; (2)额定电流 I_N; (3)最大转矩 T_m; (4)起动转矩 T_ST; (5)起动电流 I_ST。

$$(T_\mathrm{N} = 461.03\mathrm{N \cdot m}; I_\mathrm{N} = 132.88\mathrm{A}; T_\mathrm{m} = 1014.27\mathrm{N \cdot m}; T_\mathrm{ST} = 922.06\mathrm{N \cdot m}; I_\mathrm{ST} = 930.16\mathrm{A})$$

23. 一台三相异步电动机, 已知 $P_\mathrm{N}=70\mathrm{kW}$、$U_\mathrm{N}=380\mathrm{V}$、$f_\mathrm{N}=50\mathrm{Hz}$、$\triangle$ 接法、$\cos\varphi_\mathrm{N}=$

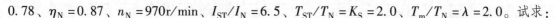

0.78、$\eta_N = 0.87$、$n_N = 970\text{r/min}$、$I_{ST}/I_N = 6.5$、$T_{ST}/T_N = K_S = 2.0$、$T_m/T_N = \lambda = 2.0$。试求:

（1）采用Y-△换接起动时的起动转矩和起动电流。

（2）Y-△换接起动时，负载转矩分别为额定转矩的 60% 和 80%，电动机能否起动?

（3）采用自耦补偿起动，起动转矩为额定转矩的 80%，求自耦变压器的电压比 k。

（4）采用(3)中的自耦变压器进行自耦补偿时，电动机的起动电流和电网电流。

（$T_{ST} = 459.45\text{N}\cdot\text{m}$，$I_{ST} = 339.58\text{A}$；负载转矩为额定负载 60% 时,可以采用Y-△换接起动；负载转矩为额定负载 80% 时,不可以采用Y-△换接起动；$k = 1.581$；$I_{ST} = 644.37\text{A}$；$I_1 = 407.57\text{A}$）

24. 一台三相异步电动机，已知 $P_N = 32\text{kW}$、$U_N = 380\text{V}$、$f_N = 50\text{Hz}$、△接法、$\cos\varphi_N = 0.89$、$\eta_N = 0.87$、$n_N = 970\text{r/min}$、$I_{ST}/I_N = 6.5$、$T_{ST}/T_N = K_S = 2.0$、$T_m/T_N = \lambda = 2.0$。起动时负载转矩为 $T_L = 185\text{N}\cdot\text{m}$，供电系统要求 $I_{ST} < 130\text{A}$。试求:

（1）电动机能否直接起动?

（2）电动机能否采用Y-△换接起动?

（3）若采用 $40\%U_N$、$55\%U_N$ 和 $80\%U_N$ 三种抽头的自耦变压器进行起动，应选用哪个抽头?

（$I_{ST} = 408.15\text{A} > 130\text{A}$,此电动机不可以直接起动；采用Y-△换接起动时,$T_{ST} = 210.02\text{N}\cdot\text{m} > T_L$,$I_{ST} = 136.05\text{A} > 130\text{A}$,此电动机不可以采用Y-△换接起动；

若采用 $40\%U_N$ 抽头,$T_{ST} = 100.81\text{N}\cdot\text{m} < T_L$,$I_{ST} = 65.30 < 130\text{A}$,不可用于起动；

若采用 $55\%U_N$ 抽头,$T_{ST} = 190.59\text{N}\cdot\text{m} > T_L$,$I_{ST} = 123.46 < 130\text{A}$,可用于起动；

若采用 $80\%U_N$ 抽头,$T_{ST} = 403.23\text{N}\cdot\text{m} > T_L$,$I_{ST} = 261.21 > 130\text{A}$,不可用于起动）

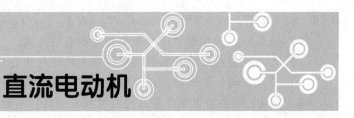

第八章

直流电动机

直流电机是一种实现直流电能和机械能相互转换的电磁装置。将直流电能转换成机械能的称为直流电动机；将机械能转换成直流电能的称为直流发电机。

随着电力电子技术的发展，直流发电机已逐步被大功率可控整流电源所替代。

直流电动机的优点是调速性能好，起动转矩较大。缺点是制造工艺复杂、价格高、体积大且维护困难。在生产过程中，一些机械对调速性能和起动性能要求较高，传统的三相异步电动机有级变速无法满足拖动要求，常用直流电动机作为原动力。目前尽管采用变频调速的交流电动机应用更加广泛，但直流电动机在许多小场合仍有应用，例如在轧铝、轧钢机械中，主轧机常采用直流电动机调速拖动，而其他工作轴则采用交流电动机调速拖动。

本章介绍直流电动机的结构、原理、机械特性和分类，并分析直流电动机的起动、制动和调速性能。

第一节　直流电动机的结构与工作原理

一、直流电动机的结构

直流电动机主要由静止的定子和转动的转子组成，在定子和转子之间有一个很小的气隙，图 8-1 是直流电动机的结构图。

1. 定子

直流电动机的定子主要由主磁极、换向极、机座、端盖和电刷装置组成，如图 8-2 所示。定子的主要作用是产生磁场和机械支撑。

主磁极是一个电磁铁，由主磁极铁心和套在主磁极铁心上的励磁绕组组成，如图 8-3 所示。主磁极铁心采用硅钢片叠压而成。励磁绕组由绝缘导线绕制成集中绕组套在主磁极铁心外部。当励磁绕组中通入直流电流时，主磁极产生恒定磁场。主磁极总是成对出现，按照 N 极和 S 极交替排列在定子内壁上。

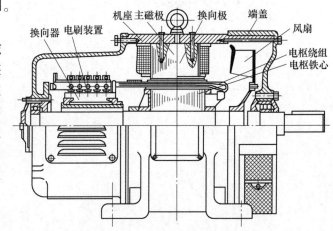

图 8-1　直流电动机的结构图

换向极的结构与主磁极类似，由换向极铁心和换向极绕组组成。它安装在相邻两个主磁极之间。当换向极的绕组中通入直流电流时，会产生一个附加的磁场，用于改善换向。

机座有两个作用：一是用来固定主磁极和换向磁极；二是作为磁路的一部分。端盖用来固定轴承和电刷装置。

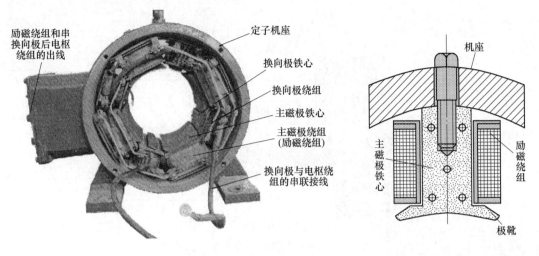

图 8-2 定子 图 8-3 主磁极

电刷装置由电刷、刷握、铜丝辫和压紧弹簧组成，如图 8-4 所示。电刷用石墨制成，放置在刷握内，被弹簧压紧在换向器上。电刷的作用是将直流电流引入电枢绕组。

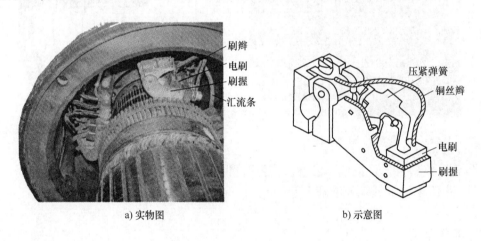

a) 实物图　　　　　　　　　b) 示意图

图 8-4 电刷

2. 转子

直流电动机的转子由电枢铁心、电枢绕组和换向器组成，如图 8-5 所示。

转子的电枢铁心用涂有绝缘漆的硅钢片叠压而成，叠成后外壁有凹槽，嵌入电枢绕组。电枢铁心也是直流电动机磁路的一部分。

电枢绕组是用导线绕成的线圈按一定的连接规则连接而成的。电枢绕组嵌入电枢铁心的凹槽中，并与换向器连接。电枢绕组的作用是通入电流，产生感应电动势和电磁转矩。电枢绕组是是直流电动机的主要电路，是进行机电能量转换的重要部件。

换向器的放大图如图 8-6 所示。换向器由许多换向片组成，片与片之间用云母绝缘。换向器与电枢绕组连接，固定在转轴上，随转轴转动。换向器的作用是通过与电刷的配合，将电刷两端引入的直流电流转换成电枢绕组中的交流电流。

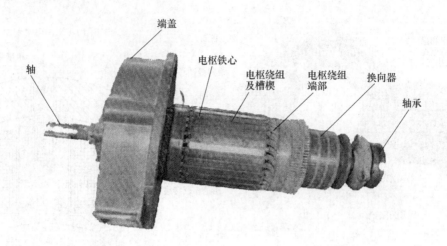

图 8-5　直流电动机的转子

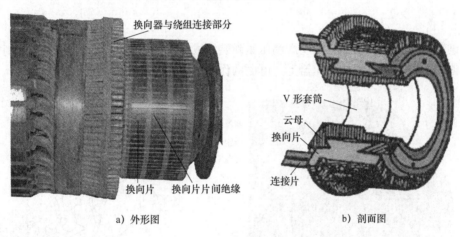

a）外形图　　　　　　　　　　　　　b）剖面图

图 8-6　换向器

二、直流电动机的工作原理

1. 工作原理

图 8-7 为一个只有一个电枢绕组（线圈 AX）、两个换向片、两个电刷（B_1、B_2）的简单直流电动机原理图。电枢绕组的引出端 A、X 分别与两个换向片 1、2 相连，电刷与换向片接触，将电枢绕组与外电路相连。

将外加直流电压 U 加在电刷 B_1、B_2 两端，电刷 B_1 接电源正极，电刷 B_2 接电源负极。转子在图 8-7 所示位置，直流电流 I_a 由电枢绕组 A 端流入，由 X 端流出。根据左手定则，N 极下方的导体产生的电磁力的方向是逆时针，S 极下方的导体产生的电磁力的方向也是逆时针，这两个电磁力产生逆时针的电磁转

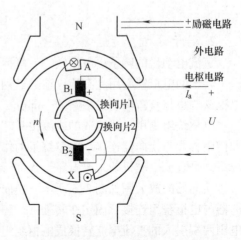

图 8-7　直流电动机的工作原理

矩，转子将顺着逆时针方向开始旋转。当 A 导体到达 S 极下、X 导体到达 N 极下，即原来处于 N 极下方的导体运动到了 S 极下方，原来处于 S 极下方的导体运动到了 N 极下方的时候，由于换向片 1、2 跟随 AX 线圈一起转动，电刷不动，所以换向片 1 开始与电刷 B_2 接触，使绕组 A 端接通外电路的负极；换向片 2 开始与电刷 B_1 接触，使绕组 X 端接通外电路的正极。就是说，在电机内部，当 A 导体向下转到 S 极下的时候由于电刷和换向片的作用，电流变成 "·"，X 导体向上转到 N 极下的时候电流变成 "⊗"，转子继续受到逆时针方向的作用力连续运转。

以上分析说明，直流电动机通过电刷与换向器的配合，将外部的直流电流转换成绕组内部的交流电流，使得 N 极下方导体内的电流始终保持 "⊗" 方向，S 极下导体内的电流始终保持 "·" 方向，转子始终获得逆时针方向电磁转矩，从而实现了连续运转。这就是直流电动机的工作原理。

改变电枢电流 I_a 或励磁电流的方向，可以改变直流电动机旋转方向。

2. 电磁转矩与电压平衡方程

（1）电磁转矩　直流电动机的电磁转矩是电枢电流在磁场中受力产生的，是转子上所有导体受力产生的转矩之和。因此，电磁转矩应与磁通强弱成正比，与电枢电流成正比，电磁转矩表达式如下

$$T = C_T \Phi I_a \tag{8-1}$$

式中，Φ 是每个磁极下方的磁通，单位为韦伯（Wb）；I_a 是电枢电流，单位为安培（A）；C_T 称为转矩常数，是一个与电动机结构有关的常数。

（2）电枢电动势　电枢绕组在磁场中作切割磁力线运动，会产生感应电动势。两个电刷之间所有串联的导体产生的电动势之和称为电枢电动势。因此，感应电动势与磁通强弱成正比，与运动速度成正比，表达式如下

$$E_a = C_e \Phi n \tag{8-2}$$

式中，Φ 是每个磁极下方的磁通，单位为韦伯（Wb）；n 是电动机的转速，单位为转/分（r/min）；C_e 称为电动势常数，也是一个与电动机结构有关的常数，可以证明 $C_T = 9.55 C_e$。

在直流电动机中，是电枢电流 I_a 的受力引起了电枢的转动，而电枢感应电动势 E_a 应该产生感应电流去阻碍电枢的转动，因此，电枢中感应电动势 E_a 的方向与电枢电流 I_a 的方向相反，是一个反电动势。

直流电动机的外加电压 U、直流电流 I_a、感应电动势 E_a 的方向如图 8-8 所示。

（3）电枢回路的电压平衡方程式　利用图 8-8 的电枢电路，可写出直流电动机的电枢回路电压平衡方程式，为

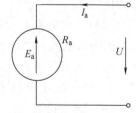

图 8-8　直流电动机的电枢电路

$$U = E_a + I_a R_a \tag{8-3}$$

式中，R_a 是电枢绕组的电阻。

三、直流电动机的分类和铭牌数据

1. 直流电动机的分类

直流电动机可以按照励磁方式的不同进行分类。励磁方式是指励磁电流的供给方式，分为他励和自励两大类。

他励电动机的励磁绕组由独立电源供给，与电枢绕组无电的直接连接，如图8-9a所示。

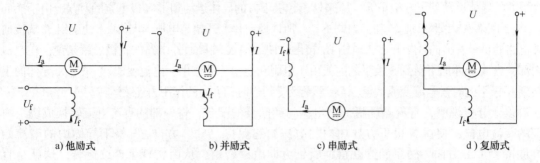

a) 他励式　　　　　　b) 并励式　　　　　　c) 串励式　　　　　　d) 复励式

图8-9　直流电动机的励磁方式

自励电动机的励磁绕组与电枢绕组由同一直流电源供电，与电枢绕组有直接的电连接。根据两个绕组连接方式的不同，自励又分为并励、串励和复励。

并励电动机的励磁绕组与电枢绕组并联，电源电流 I 等于电枢电流 I_a 与励磁电流 I_f 之和，如图8-9b所示。

$$I = I_a + I_f \tag{8-4}$$

串励电动机的励磁绕组与电枢绕组串联，电源电流 I 与电枢电流 I_a、励磁电流 I_f 相等，如图8-9c所示。

$$I = I_a = I_f \tag{8-5}$$

复励电动机的一部分励磁绕组与电枢绕组并联，一部分励磁绕组与电枢绕组串联，如图8-9d所示。如果并联励磁绕组与串联励磁绕组产生的磁场方向相同，称为积复励；反之，称为差复励。

2. 直流电动机的铭牌数据

直流电动机的铭牌数据主要标注电动机的额定值。

（1）额定电压 U_N　电动机的额定电压是指电动机正常运行所规定的直流电源电压，单位为伏（V）。

（2）额定电流 I_N　电动机的额定电流是指电动机加以额定电压、带额定负载运行时电动机的输入电流，单位为安培（A）。

（3）额定功率 P_N　电动机的额定功率是指电动机在额定工况（额定励磁、额定电压、额定负载、额定电流下）工作时转子轴上输出的机械功率，单位为千瓦（kW）。

（4）额定转速 n_N　电动机的额定转速是指电动机在额定电压、额定励磁电流状况下，带额定负载运行时，电动机的转速，单位为（r/min）。

（5）额定励磁电流 I_{fN} 和励磁方式　额定励磁电流是指电动机产生正常的主磁通所需的励磁电流，单位为安培（A）。

励磁方式是指电动机正常运行时，励磁电流的供给方式，包括有他励、并励、串励和复励等。

除此之外，额定值还包括了额定转矩 T_N、额定效率 η_N、工作方式和温升等。

直流电动机的额定输入功率

$$P_{1N} = U_N I_N \tag{8-6}$$

额定输出功率

$$P_N = \eta_N P_{1N} = \eta U_N I_N \tag{8-7}$$

额定转矩可以根据额定功率和额定转速求得

$$T_N = 9550 \frac{P_N}{n_N} \tag{8-8}$$

【例8-1】 一台直流电动机，$P_N = 90\text{kW}$，$U_N = 220\text{V}$，$n_N = 1500\text{r/min}$，$\eta_N = 0.89$，求额定电流 I_N，额定转矩 T_N，输入功率 P_{1N}。

【解】 由 $P_N = 90\text{kW}$，$\eta_N = 0.89$

得

$$I_N = \frac{P_N}{\eta_N U_N} = \frac{90\text{kW}}{0.89 \times 220\text{V}} = 459.65\text{A}$$

$$T_N = 9550 \frac{P_N}{n_N} = \left(9550 \times \frac{90}{1500}\right)\text{N}\cdot\text{m} = 573\text{N}\cdot\text{m}$$

$$P_{1N} = \frac{P_N}{\eta_N} = \frac{90\text{kW}}{0.89} = 101.12\text{kW}$$

第二节 直流电动机的机械特性

直流电动机的机械特性是指电动机转速 n 与电磁转矩 T 之间的关系。本节介绍他励直流电动机和串励直流电动机的机械特性。

一、他励直流电动机的机械特性

他励直流电动机的电动势方程为

$$E_a = C_e \Phi n$$

他励直流电动机的电枢电压平衡方程式为

$$U = E_a + I_a R_a$$

联立以上两式，可以得到他励直流电动机的转速方程

$$n = \frac{U}{C_e \Phi} - \frac{I_a R_a}{C_e \Phi} \tag{8-9}$$

由他励直流电动机的电磁转矩方程 $T = C_T \Phi I_a$，可知 $I_a = \dfrac{T}{C_T \Phi}$，将 I_a 代入式(8-9)，可得他励电动机的机械特性为

$$n = \frac{U}{C_e \Phi} - \frac{R_a}{C_T C_e \Phi^2} T = n_0 - \beta T \tag{8-10}$$

他励电动机的机械特性是一条向下倾斜的直线，如图8-10所示。

机械特性曲线中，n_0 是空载(即 $T = 0$)时电动机的转速，称为理想空载转速。

$$n_0 = \frac{U}{C_e \Phi} \tag{8-11}$$

β 是机械特性的斜率，表征了机械特性的硬度。β 值越大，直线的倾斜程度越大，意味着负载增加时转子速度

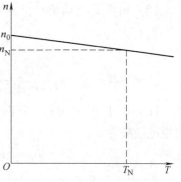

图8-10 他励电动机的机械特性

下降越多，被称为机械特性比较"软"。

$$\beta = \frac{R_a}{C_T C_e \Phi^2} \tag{8-12}$$

并励电动机的机械特性与他励电动机的机械特性相同。

并励、他励直流电动机在起动和运行时，不允许断开励磁回路。原因如下：

如果断开励磁回路，励磁电流为零，主磁极上仅有少量的剩磁 $\Phi \approx 0$。

若在起动时断开励磁回路，转子产生的电磁转矩会很小，电动机长期无法起动，由于 $n = 0$，故反电势 $E_a = C_e \Phi n = 0$，又由 $I_a = \dfrac{U - E_a}{R_a}$ 可知，起动电流很大，会烧坏电枢绕组。

若在带负载运行时断开励磁回路，就会失去电磁转矩，电动机转速迅速下降，同样电枢电动势 E_a 减小，电流迅速增大，会烧坏换向器。

若在空载运行时断开励磁回路，由 $n = \dfrac{U}{C_e \Phi} - \dfrac{R_a}{C_T C_e \Phi^2} T$ 可知，$\Phi \approx 0$ 会导致电动机转速急速上升，出现"飞车"，危及人身安全。

【例 8-2】 一台并励直流电动机，已知 $P_N = 96\text{kW}$，$U_N = 440\text{V}$，$I_N = 255\text{A}$，$R_f = 88\Omega$，$R_a = 0.078\Omega$，$n_N = 1550\text{r/min}$，试求

(1) 额定励磁电流 I_{fN}。

(2) 额定电枢电流 I_{aN}。

(3) 额定转矩 T_N。

(4) 电枢电动势 E_{aN}。

(5) 理想空载转速 n_0。

(6) 保持磁通不变，负载增大到 $1.2 T_N$ 时，电动机的转速 n。

【解】 (1) 额定励磁电流为　　$I_{fN} = \dfrac{U_N}{R_f} = \dfrac{440\text{V}}{88\Omega} = 5\text{A}$

(2) 由于励磁方式为并励　　$I_{aN} = I_N - I_{fN} = 255\text{A} - 5\text{A} = 250\text{A}$

(3) 额定转矩　　$T_N = 9550 \dfrac{P_N}{n_N} = \left(9550 \times \dfrac{96}{1550}\right)\text{N} \cdot \text{m} = 591.48\text{N} \cdot \text{m}$

(4) 电动机的电动势平衡方程为 $U = E_a + I_a R_a$，所以

$$E_{aN} = U_N - I_{aN} R_a = 440\text{V} - 250\text{A} \times 0.078\Omega = 420.5\text{V}$$

(5) 由于 $E_a = C_e \Phi n$，所以

$$C_e \Phi = \frac{E_{aN}}{n_N} = \frac{420.5\text{V}}{1550\text{r/min}} = 0.2713$$

理想空载转速　　$n_0 = \dfrac{U_N}{C_e \Phi} = \dfrac{440}{0.2713}\text{r/min} = 1621.82\text{r/min}$

(6) 由于 $T = C_T \Phi I_a$，所以当负载增大到 $1.2 T_N$ 时，电枢电流随之增大至 $1.2 I_{aN}$，此时电枢电动势为

$$E_a' = U_N - I_a R_a = 440\text{V} - 1.2 \times 250\text{A} \times 0.078\Omega = 416.6\text{V}$$

由于 $\dfrac{E_a'}{E_{aN}} = \dfrac{n}{n_N}$，所以

$$n = \frac{E_a'}{E_{aN}}n_N = \frac{416.6}{420.5} \times 1550 \text{r/min} = 1535.62 \text{r/min}$$

二、串励直流电动机的机械特性

串励电动机的励磁电流 I_f 就是电枢电流 I_a。因此当负载增大时，励磁电流 I_f 随着电枢电流 I_a 的增大而增大，若不考虑磁通饱和的情况下，磁通也会随之增大。

$$\Phi = KI_a \tag{8-13}$$

于是，电磁转矩变为

$$T = C_T \Phi I_a = C_T K I_a^2 \tag{8-14}$$

将式(8-13)代入式(8-10)得

$$n = \frac{U}{C_e \Phi} - \frac{R_a}{C_e \Phi C_T \Phi}T = \frac{U}{C_e K I_a} - \frac{R_a}{C_e C_T K^2 I_a^2}T$$

再利用式(8-14)以转矩 T 取代上式中的电流 I_a，得

$$n = \frac{U}{C_e \sqrt{\frac{K}{C_T}}\sqrt{T}} - \frac{R_a}{C_e K} \tag{8-15}$$

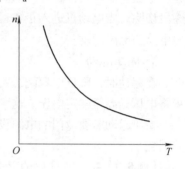

图 8-11 所示为串励电动机的机械特性曲线，当电动机空载或轻载时，电动机的转速非常高；当负载增大时，电动机的转速迅速降低，电动机的机械特性很软。

这种空载或轻载转速过高的机械特性决定了串励电动机的缺点：不允许空载和轻载下起动和运行，以避免转速过高造成的"飞车"现象。为了防止意外，串励电动机不允许采用皮带和链条传动，而且负载转矩不得小于额定转矩的1/4。

图 8-11　串励电动机的
机械特性曲线

第三节　他励直流电动机的起动、制动和调速

一、起动

直流电动机从接通电源开始，至转速达到稳定的整个过程称为起动。

直流电动机的起动，需满足以下几个要求：要有足够大的起动转矩；起动电流限制在一定的范围内；起动时间满足生产需求；起动设备简单、可靠。

直流电动机起动时必须先通入励磁电流，保证磁场建立，再将电枢绕组接入，开始起动。

1. 直接起动

直流电动机加额定电压起动的方法，称为直接起动。

在起动的瞬间，直流电动机的转速 $n = 0$，电枢电动势 $E_a = 0$，此时的电枢电流称为起动电流 I_{ST}

$$I_{ST} = \frac{U_N}{R_a} \tag{8-16}$$

此时的电磁转矩称为起动转矩

$$T_{ST} = C_T \Phi I_{ST} \qquad (8\text{-}17)$$

由于电枢绕组 R_a 的值很小，起动电流可以达到额定电流的十多倍。过大的起动电流会引起电源电压的显著波动，烧坏电动机的换向器；也会产生很大的起动转矩，可能损坏拖动系统的传动机构。因此除了个别容量很小的电动机可以采用直接起动，一般直流电动机不容许直接起动。

2. 电枢电路串电阻起动

如果在起动时，将一个起动电阻 R_{ST} 串入电枢回路，则起动电流为

$$I_{ST} = \frac{U_N}{R_a + R_{ST}} \qquad (8\text{-}18)$$

可见，串入的起动电阻限制了起动电流的大小。所以，只要选择合适的起动电阻，就可以将起动电流控制在适当的范围内。在起动过程中，电动机转速不断上升，起动电阻 R_{ST} 一般被逐段切除。当电动机进入正常运行状态时，起动电阻 R_{ST} 被完全切除。这种起动方法称为电枢电路串电阻起动。

3. 减压起动

在起动时，降低电枢绕组两端的电压，也会减小起动电流。随着电动机的转速上升，逐步将电压升高至额定电压。这种起动方法称为减压起动。

减压起动需要专门的电源设备。减压起动的优点是起动电流小、升速平稳且起动过程中的损耗小。

【例8-3】　一台他励直流电动机，已知 $P_N = 5.5\,\text{kW}$，$U_N = 220\,\text{V}$，$R_a = 0.4\,\Omega$，$n_N = 3000\,\text{r/min}$，$I_N = 30.3\,\text{A}$，试求

（1）直接起动时的起动电流 I_{ST}。

（2）如果限制起动电流，要求 $I_{ST} \leqslant 2I_N$，需要串入的最小起动电阻。

（3）串入最小起动电阻起动时的起动转矩 T_{ST}。

【解】　（1）直接起动时的起动电流 $I_{ST} = \dfrac{U_N}{R_a} = \dfrac{220\,\text{V}}{0.4\,\Omega} = 550\,\text{A}$

（2）若限制起动电流 $I_{ST} \leqslant 2I_N$，则串入最小起动电阻 R_{pa} 最少应满足下式

$$I_{ST} = 2I_N = \frac{U_N}{R_a + R_{pa}}$$

$$R_{pa} = \frac{U_N}{2I_N} - R_a = \frac{220\,\text{V}}{2 \times 30.3\,\text{A}} - 0.4\,\Omega = 3.2304\,\Omega$$

（3）此电动机的起动转矩

$$C_e \Phi = \frac{U_N - I_a R_a}{n_N} = \frac{220 - 30.3 \times 0.4}{3000} = 0.0693$$

$$T_{ST} = C_T \Phi (2I_N) = 9.55 \times 0.0693 \times 2 \times 30.3\,\text{N} \cdot \text{m} = 40.1\,\text{N} \cdot \text{m}$$

二、制动

使直流电动机受到与转向相反的转矩作用，造成转速迅速降低或者停止转动的过程，称为制动。

与三相异步电动机的制动类似，直流电动机的制动分为机械制动和电气制动两种。

电动机产生与转速方向相反的电磁转矩来进行制动的方法称为电气制动。电气制动包括了能耗制动、反接制动和回馈制动。

1. 能耗制动

能耗制动原理如图 8-12 所示，制动时将电枢绕组从直流电源上切除，同时在电枢绕组两端接入一个制动电阻 R_Z，电动机在惯性作用下继续转动，电枢电动势方向不变，$I_a = \dfrac{0 - E_a}{R_a + R_Z} < 0$，电枢绕组内电流反向，产生与转速方向相反的电磁转矩，起制动作用。

制动过程中，由于直流电源被切除，无电能输入电动机；电动机的机械能全部转换成电能，消耗在电枢电阻和制动电阻上，所以称之为能耗制动。

2. 反接制动

反接制动原理如图 8-13 所示，制动时保持励磁电流不变，将电枢绕组反接在直流电源上，所以称为反接制动。这时电源电压 U 反向，转速 n 方向不变故电枢电动势 E_a 方向不变，电枢电流 $I_a = \dfrac{-U - E_a}{R_a} < 0$，是一个很大的反向电流，产生与转速方向相反的电磁转矩，产生很大的制动力矩。

过大的电枢电流会引起电源电压的显著波动，过大的制动力矩会造成传动系统的损坏。因此，在反接制动时必须在电枢电路中串入附加电阻 R_Z，使 $I_a = \dfrac{-U - E_a}{R_a + R_Z}$，以限制电枢电流小于 $2.5 I_N$。

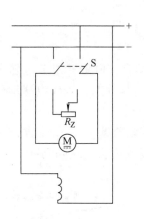

图 8-12　能耗制动原理图

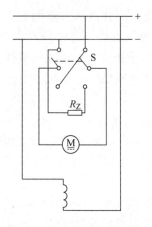

图 8-13　反接制动原理图

3. 回馈制动

在外力的作用下(下坡或重物下降)，电动机的转速高于理想空载转速 n_0 时，电动机就处于回馈制动状态。

当 $n > n_0$ 时，反电势 E_a 大于电枢端电压 U，$I_a = \dfrac{U - E_a}{R_a} < 0$，电枢电流反向，产生与转速方向相反的电磁转矩，是制动力矩。此时电动机处于发电状态，电动机转子的机械能被转换成电能回馈电网，因此称之为回馈制动。

三、调速

调速指的是在负载不变的情况下，改变直流电动机的稳态转速。

由直流电动机的速度表达式

$$n = \frac{U}{C_e \Phi} - \frac{R_a}{C_T C_e \Phi^2} T$$

可以看出：当负载不变时，电动机稳态的电磁转矩 T 保持不变。所以，改变电源电压 U、电枢电阻 R_a 或每极磁通 Φ 就可以调节直流电动机的转速。

1. 电枢电路串电阻调速

在保持额定励磁 Φ_N，电枢加额定电压 U_N 的情况下，在电枢电路中串入电阻，电动机的理想空载转速保持不变，机械特性的斜率增大，机械特性变软。电枢电路串电阻调速的机械特性是一组通过 n_0，斜率随电阻增大而减小的直线，如图8-14所示。

直流电动机不串电阻时，$T = T_L$，稳定工作在固有特性的 a 点，转速为 n_1。设在电枢电路中串入电阻 R_{pa}，使得总电阻增大到 $R_a + R_{pa}$，显然，电阻增大瞬间，电动机由于惯性转速 n 不会突变，于是电流 $I_a = (U_N - E_a)/(R_a + R_{pa})$ 减小，这一瞬间，机械特性曲线将换到 $(R_a + R_{pa})$ 对应的曲线上，以速度不变为原则，工作点从 a 移到 b 点。机械特性换到 b 点后，电磁转矩由 T_L 下降到 T'，由于 $T' < T_L$，电动机减速。随

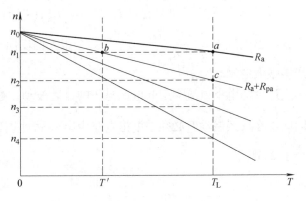

图8-14 电枢电路串电阻调速的机械特性

着电动机转速减小，电枢电动势 E_a 减小，电枢电流逐渐回升，电磁转矩 T 也随之回升。当电磁转矩再次回升到 T_L 时，电动机进入串电阻后的平衡运行状态，工作点移动到 c 点。电动机以转速 n_2 稳定运行，调速过程结束。

可见，串电阻调速可以降低电动机的转速。串入的电阻阻值越大，电动机最终的稳定转速就越低。在图8-14中，如果继续串入电阻，电动机的稳定速度会继续降到 n_3、n_4 档位稳定运行。

串电阻调速的优点是设备简单，操作方便。但缺点是使得机械特性变软，造成电动机运行的稳定性下降，调速范围变小。另外，串入的电阻消耗了电能，使得电动机的效率下降，不太经济。

2. 减压调速

在保持额定励磁 Φ_N，电枢回路电阻 R_a 不变的情况下，降低电枢供电电压 U，电动机的理想空载转速 n_0 下降，机械特性的斜率不变。直流电动机减压调速的机械特性是一组平行的直线，如图8-15所示。

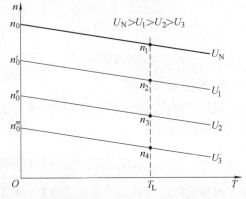

图8-15 直流电动机减压调速的机械特性

　　假设电动机带负载 T_L 以转速 n_1 稳定工作在固有特性上。降低电源电压到 U_1，电枢电流 I_a 会减小，电磁转矩下降，电动机减速。随着电动机转速减小，电枢电动势 E_a 减小，电枢电流 I_a 逐渐回升，电磁转矩随之增大。当电磁转矩再回升至 T_L 时，电动机以此时的转速 n_2 稳定运行。如果继续降低电枢电压至 U_2、U_3，则电动机的稳态转速会降低到图 8-15 所示的速度 n_3、n_4。

　　可见，减压调速可以降低电动机的转速。电源电压越低，电动机最终的稳定运行速度越低。

　　减压调速的优点是机械特性硬度不变，电动机调速的稳定性好，可以无级调速，调速范围宽。但减压调速必须使用专用的可调直流电源。一般采用晶闸管直流调速器，其内部简单结构如图 8-16a 所示，由主电路和控制电路组成，主电路是晶闸管整流电路，电路功能是将电网的三相交流电变换为可以调节的直流电压。控制电路由微型计算机程序或其他弱电电路生成晶闸管门极所需要的控制信号，控制信号经过隔离触发电路，控制晶闸管的门极，就可以调节直流电压的大小，从而控制直流电动机的速度。图 8-16b 为一种直流调速器的外形图。

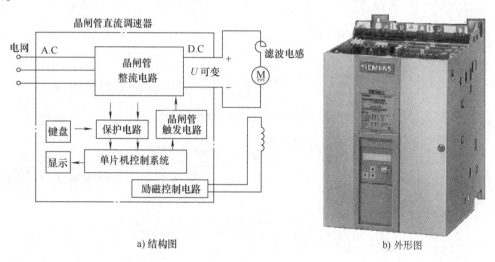

a) 结构图　　　　　　　　　　　　　　b) 外形图

图 8-16　晶闸管直流调速器的结构和外形图

3. 弱磁调速

　　在电枢上加额定电压 U_N、电枢电阻 R_a 不变的情况下，励磁回路串入调节电阻，使励磁电流下降，磁通 Φ 减弱，则电动机的理想空载转速 n_0 上升，且机械特性的斜率增大，机械特性变软。直流电动机弱磁调速的机械特性曲线如图 8-17 所示。

　　假设电动机带负载 T_L 以转速 n_1 稳定工作在固有特性上。如果降低电动机的磁通至 Φ_1，由于电动机转速无法突变，所以电枢电动势 E_a 降低，电枢电流 I_a 立即增大。一般情况下，电流增加比调速磁通的下降要大，因此电磁转矩增大且 $T > T_Z$，电动机的转速上升。随着电动机转速上升，电枢电动势 E_a 升高，电枢电流 I_a 随之减小，电磁转矩也逐步减小。当电磁转矩减小至 $T = T_Z$ 时，电动机以此时的转速 n_2 稳定运行。如果继续降低励磁磁通至 Φ_2，则电动机的稳态转速会升高到图 8-17 所示的速度 n_3。

　　可见，弱磁调速可以升高电动机的转速。磁通越小，电动机最终的稳定运行转速就越高。但由于前面所述的直流电动机"失磁飞车"现象的存在，在对直流电动机无级变速时，弱磁调速方案较少被单独采用，弱磁（向上）调速通常作为减压（向下）调速的补充方案来使用，以扩大直流电动机的调速范围。

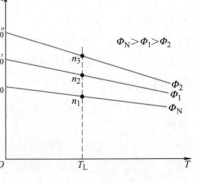

图 8-17　直流电动机弱磁调速的机械特性

【例8-4】　例8-3中的电动机，当带额定负载运行时，求

（1）电源电压不变，励磁不变，电枢电路中串入电阻 $R_{pa} = 0.5\Omega$ 时，电动机的稳定转速。

（2）励磁不变，$R_{pa} = 0\Omega$，电源电压下降到120V时，电动机的稳定转速。

（3）电源电压不变，$R_{pa} = 0\Omega$，减弱磁通至 $90\% \Phi_N$ 时，电动机的稳定转速。

【解】　（1）该电动机的 $C_e \Phi_N = \dfrac{U_N - I_N R_a}{n_N} =$

$$\frac{220 - 30.3 \times 0.4}{3000} = 0.0693$$

电动机带额定负载运行，电源电压不变，励磁不变，稳态运行时电流应为额定电流 I_N，于是

$$n = \frac{U - I_N (R_a + R_{pa})}{C_e \Phi_N} = \frac{220 - 30.3 \times (0.4 + 0.5)}{0.0693} \text{r/min} = 2781.1 \text{r/min}$$

（2）负载不变，磁场不变，故电动机稳态运行电流仍为额定电流 I_N，于是

$$n = \frac{U - I_N R_a}{C_e \Phi_N} = \frac{120 - 30.3 \times 0.4}{0.0693} \text{r/min} = 1556.7 \text{r/min}$$

（3）负载不变，由于 $T = C_T \Phi I_a$，如果磁通 Φ 降为 $0.9\Phi_N$，则电流 I_a 应变为 $I_N / 0.9$，即

$$I_a = \frac{1}{0.9} I_N = \frac{1}{0.9} \times 30.3 \text{A} = 33.67 \text{A}$$

本　章　小　结

本章阐述了直流电动机的基本结构、工作原理、分类、机械特性、起动、制动、调速和应用。

1）直流电动机主要由定子和转子两部分组成。定子的作用是产生恒定磁场，转子的作用是通过电磁感应将电能转换成机械能。

2）直流电动机的工作原理是通过电刷与换向器的配合，将电刷两端的直流电流转换成电枢绕组中的交流电流，保证了在转子转动中，处于同一磁极下方的电流方向始终不变，电磁转矩方向不变，实现了电动机的连续旋转。

3）直流电动机的电磁转矩由电枢电流受力产生，$T = C_T \Phi I_a$。

4）直流电动机的电枢感应电动势由电枢转动时切割恒定磁场的磁力线而产生，

$E_a = C_e \Phi n$。

5）电枢电路的电压平衡方程式 $U = E_a + I_a R_a$，说明了直流电动机的电枢电压除了克服电枢电阻的压降之外，其余大部分与电枢感应电动势相平衡。

6）直流电动机根据励磁方式的不同分为他励、并励、串励和复励电动机。

7）直流电动机的机械特性指的是电动机转速 n 与电磁转矩 T 之间的关系。

他励电动机的机械特性方程是 $n = \dfrac{U}{C_e \Phi} - \dfrac{R_a}{C_T C_e \Phi^2} T$，在磁通不变时，是一条直线。其中，$n_0 = \dfrac{U}{C_e \Phi}$ 是电动机的理想空载转速；$\beta = \dfrac{R_a}{C_T C_e \Phi^2}$ 是直线的斜率，表征了机械特性的硬度，β 越大机械特性越软。

8）他励直流电动机起动的基本要求是起动转矩足够大，起动电流限制在一定范围内，起动时间满足生产需求，起动设备安全、可靠。小功率他励直流电动机可以采用直接起动的方法，大功率他励直流电动机可采用电枢串电阻起动、减压起动的方法。

9）他励直流电动机的制动方法有机械制动和电气制动。其中，电气制动包括能耗制动、电气制动和回馈制动。能耗制动是在切除电源后，在电枢绕组中接入电阻，电动机电流反向，产生制动转矩。反接制动是将电源电压反接，电枢电流反向，产生制动转矩。回馈制动是在外力造成电动机的 $n > n_1$ 时的制动情况，电动机此时成为发电机，电枢电流反向，产生制动力矩，机械能转换成电能回馈至直流电源。

思 考 题 与 习 题

1. 直流电动机有哪些主要部件？

2. 直流电动机电枢绕组中的电流是直流电还是交流电？直流电动机中的换向器和电刷起什么作用？

3. 简述直流电动机的工作原理。

4. 他励直流电动机在直接起动时，起动电流取决于哪些物理量？在稳定运行时，电枢电流取决于哪些物理量？电磁转矩取决于哪些物理量？

5. 并励直流电动机在运行时，若励磁绕组断线会出现什么情况？

6. 如何改变并励直流电动机的转向？

7. 串励直流电动机为什么不能空载起动？

8. 限制直流电动机的起动电流的方法有哪几种？

9. 直流电动机和三相异步电动机起动电流大的原因是否相同？为什么？

10. 直流电动机电气制动的方式有哪几种？请简述操作过程。

11. 直流电动机调速的方式有哪几种？

12. 一台他励直流电动机，在下列条件下转速、电枢电流和电枢电动势如何变化？

（1）励磁电流不变，电枢绕组不串电阻，负载转矩不变，电源电压降低。

（2）励磁电流不变，电源电压不变，负载转矩不变，电枢绕组串电阻。

（3）电源电压不变，电枢绕组不串电阻，负载转矩不变，励磁电流减小。

13. 一台直流电动机，$P_N = 20\mathrm{kW}$、$U_N = 440\mathrm{V}$、$I_N = 50\mathrm{A}$、$n_N = 1000\mathrm{r/min}$，在额定状态

下试求(1)输入功率 P_1；(2)效率 η_N；(3)额定转矩 T_N。

$$(P_1 = 22\text{kW}, \eta_N = 90.9\% , T_N = 191\text{N} \cdot \text{m})$$

14. 一台并励直流电动机，$P_N = 17\text{kW}$、$U_N = 220\text{V}$、$n_N = 2000\text{r/min}$、$\eta_N = 0.86$、$R_a = 0.04\Omega$、$R_f = 30\Omega$。在额定状态时试求(1)额定电流 I_N；(2)额定励磁电流 I_{fN}；(3)额定电枢电动势 E_{aN}；(4)额定转矩 T_N。

$$(I_N = 89.85\text{A}, I_{fN} = 7.33\text{A}, E_{aN} = 216.70\text{V}, T_N = 81.18\text{N} \cdot \text{m})$$

15. 一台并励直流电动机，已知 $P_N = 2.2\text{kW}$、$U_N = 110\text{V}$、$R_f = 82.7\Omega$、$R_a = 0.078\Omega$、$n_N = 1550\text{r/min}$、$\eta_N = 0.82$，试求(1)额定电流 I_N；(2)额定励磁电流 I_{fN}；(3)额定电枢电流 I_{aN}；(4)额定转矩 T_N；(5)额定电枢电动势 E_{aN}；(6)保持磁通不变，负载增大到 $1.2T_N$ 时，电动机的转速 n 和电枢电流 I_a；(7)保持磁通不变，负载减小到 $0.8T_N$ 时，电动机的转速 n 和电枢电流 I_a。

$$(I_N = 24.39\text{A}; I_{fN} = 1.33\text{A}; I_{aN} = 23.06\text{A}; T_N = 13.55\text{N} \cdot \text{m}; E_{aN} = 108.20\text{V}; n = 1544.87\text{r/min},$$
$$I_a = 27.67\text{A}; n = 1555.17\text{r/min}, I_a = 18.45\text{A})$$

16. 一台他励直流电动机，已知 $P_N = 2.2\text{kW}$、$U_N = 110\text{V}$、$R_f = 82.7\Omega$、$R_a = 0.078\Omega$、$n_N = 1550\text{r/min}$、$\eta_N = 0.82$，试求(1)起动瞬间的起动电流 I_{ST}；(2)如果起动电流不超过额定电流的两倍，求起动电阻和起动转矩。

$$(I_{ST} = 1410.26\text{A}; 起动电阻 R_{ST} = 2.1770\Omega, 起动转矩 T_{ST} = 32.49\text{N} \cdot \text{m})$$

17. 一台并励电动机，已知电动机 $P_N = 8\text{kW}$、$U_N = 110\text{V}$、$R_f = 46.7\Omega$、$R_a = 0.20\Omega$、$n_N = 1550\text{r/min}$、$\eta_N = 0.82$。当带负载运行时，电源电压不变，励磁不变，求

(1) 电枢电路中串入电阻 $R_{pa} = 0.16\Omega$ 时，电动机的稳定转速。

(2) 若要使电动机的转速 $n = 1000\text{r/min}$，需要串入多大阻值的电阻。

(3) 负载下降到 $0.7T_N$ 时，电枢电流，输出转矩和电动机的转速。

(4) 减小负载，使电枢电流 $I_a = 60\text{A}$，求电动机的转速。

$$(n = 1319.09\text{r/min}; R_{pa} = 0.38\Omega; I_a = 60.43\text{A}, T_2 = 34.53\text{N} \cdot \text{m}, n = 1636.54\text{r/min}; n = 1704.83\text{r/min})$$

18. 题16的电动机，当带额定负载运行时，励磁不变，$R_{pa} = 0\Omega$，试求(1)电源电压下降至 $70\% U_N$ 时，电动机的电枢电流、输出转矩和转速；(2)若要使电动机的转速 $n = 1200\text{r/min}$，求电源电压值。

$$(I_a = 24.39\text{A}, T_2 = 16.24\text{N} \cdot \text{m}, n = 1076.8\text{r/min}; U_1 = 85.59\text{V})$$

19. 题17的电动机，当带额定负载运行时，电源电压不变，$R_{pa} = 0\Omega$，试求当减弱磁通至 $90\% \Phi_N$ 时，电动机的电枢电流和转速。

$$(I_a = 95.92\text{A}, n = 1686.67\text{r/min})$$

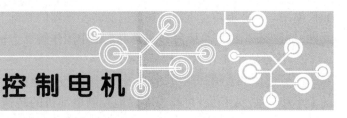

第九章

控 制 电 机

第一节　控制电机概述

从前面两章我们知道，普通直流或交流电机的主要作用是实现机械能与电能之间的转换，具有很高的力矩和能量指标。但在现代生产机械中，还广泛使用着各种各样的小功率电机，在控制装置中用作检测、放大、执行和解算元件，对运动物体的位置或速度进行快速、准确的控制，具有功率小（一般在 750W 以下）、重量轻、体积小（机壳外径一般不大于 160mm）、可靠性高、精度高、响应快的特点，力能指标稍低，这类小功率电机就称为控制电机。控制电机是一种功能特殊的精密电机，被广泛地应用于国民经济和国防建设的各个领域，成为连接信息处理与实物控制的不可缺少的中间环节。目前在导弹、火箭、人造卫星和航天飞机、雷达等高技术装备中，有许多复杂过程的控制都是通过控制电机实现的，在计算机外围设备、数控机床、家用电器、仪器仪表、医疗器械和机器人等控制中，也大量使用了各种各样的控制电机。

一、控制电机的用途和类别

控制电机的种类很多，若按电流分类，可分为直流和交流两种。按用途分类，直流控制电机可分为直流伺服电动机、直流测速发电机和直流力矩电动机等；交流控制电机可分为交流伺服电动机、交流测速发电机、步进电动机和微型同步电动机等。

按在控制装置中的位置来分，控制电机大致可分为信号元件和功率元件两大类。一般来说，将电信号转换为电功率或将电能转换为机械能的是功率元件类电机；而将运动物体的速度或位置等转换为电信号的都是信号元件类电机。

1. 作为信号元件用的控制电机

（1）测速发电机和光电编码器　测速发电机的输出电压与转速精确地保持正比关系，用于旋转轴的转速检测或速度反馈，也可以作为微分、积分的计算元件。直流测速发电机将速度信号转换为直流输出电压，交流测速发电机则将速度信号转换为交流输出电压。

光电编码器的作用是将旋转轴的转速、位置信号转换为精确的电脉冲，在数控机床等各类计算机数字控制系统中获得广泛应用。

（2）自整角机　自整角机的基本用途是角度的数据传输，一般由两个以上元件（发送机和接收机）对接使用，输出电压信号的属于信号元件，输出转矩的属于功率元件。作为信号元件时，输出电压是两个元件转子转角差的正弦函数。作为功率元件时，输出转矩也近似为两个元件转子转角差的正弦函数。在随动系统中可作为自整步元件或角度的传输、变换、接收元件。

（3）旋转变压器　旋转变压器的输出电压是转子转角的正弦、余弦或其他函数。普通旋转变压器做成一对磁极，主要用于坐标变换和三角运算，也可以作为角度数据传输和移相元件使用。多极旋转变压器是在普通旋转变压器的基础上发展起来的一种精度可达角秒级的元件，可在高精度解算装置和多通道系统中用作解算、检测或数模传递元件。

2. 作为功率元件用的控制电机

（1）交流和直流伺服电动机 交直流伺服电动机在系统中作执行元件，控制输入电压的大小和极性（或相位）可较为准确地控制电动机的转速和转向，机械特性近于线性，即转速随转矩的增加近似线性下降，比普通电动机的控制精度高。使用时，通常经齿轮减速后带动负载，所以又称为执行电动机。

（2）电机扩大机 电机扩大机可以利用较小的功率输入来控制较大的功率输出，在控制系统中用作功率放大元件。电机扩大机的控制绕组上所加电压一般不高、励磁电流不大。而输出电动势较高、电流较大，这个作用就是功率放大。放大倍数可达 1000 ~ 10000 倍，如在传统的龙门刨直流调速系统中，被用作自动调节元件。

（3）步进电动机 步进电动机是一种将脉冲信号转为相应的角位移或线位移的机电元件。一般由专门的脉冲电源（步进电机驱动器）供电，当输入一个电脉冲信号时，它就前进一步，电动机轴上输出的角位移量或线位移量与输入脉冲数成正比，而转速与脉冲频率成正比。常用于经济型数控系统中的进给轴驱动控制。

（4）永磁同步电动机 永磁同步电动机具有转速恒定、结构简单、应用方便等特点。由于永磁材料和微处理器性能的大幅度提高，基于同步电动机工作原理的无刷直流电动机、永磁交流伺服电动机在现代交流伺服系统中得到广泛应用。

（5）磁滞电动机 磁滞电动机具有恒速特性，亦可在异步状态下运行，主要用于驱动功率较小的要求转速平稳和起动频繁的同步驱动装置中。

（6）单相串励电动机 单相串励电动机是交直流两用的，多数情况下使用交流电源。由于它具有较大的起动转矩和软的机械特性，广泛应用在电动工具（如手电钻）中。

（7）电磁调速电动机 电磁调速电动机是采用电磁转差离合器调速的异步电动机。这种电动机可以在较大的范围内进行无级平滑调速，是交流无级调速设备中最实用且较简单的一种。在纺织、印染和造纸等轻工业机械中得到广泛应用。

二、控制电机的发展概况

1. 对控制电机的性能要求

普通电机的主要任务是完成机电能量的转换，主要性能要求着重于提高效率和提高起动、制动、调速时的力学性能。控制电机是在普通旋转电机的基础上发展起来的，从基本原理来说与普通旋转电机并无本质区别，但由于控制电机的主要任务是完成控制信号的传递和转换，因此，其性能要求的侧重点是高精确度、高灵敏度和高可靠性。

高精确度是指控制电机的实际特性与理想特性的差异应越小越好。对功率元件来说，主要要求线性度高、不灵敏区小；对信号元件来说，主要要求静态误差、动态误差小以及环境温度、电源频率和电源电压的变化所引起的漂移小。

高灵敏度是指控制电机的输出量应能迅速跟上输入信号的变化，即对输入信号能做出快速响应。自动控制系统中的控制指令经常是变化的，有时甚至是极为迅速的，因而要求功率元件对输入信号做出快速响应，用作功率元件的控制电机应该具有很高的灵敏度和尽可能小的机电时间常数。

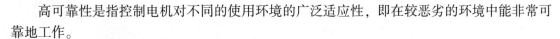

高可靠性是指控制电机对不同的使用环境的广泛适应性，即在较恶劣的环境中能非常可靠地工作。

2. 控制电机的发展概况

电机制造工业中，控制电机的发展历史虽短但发展迅速。国外从 20 世纪 30 年代开始，控制电机随着工业自动化、科学技术和军事装备的发展而迅速发展，其使用领域也日益扩大。40 年代已逐步形成自整角机、旋转变压器、交直流伺服电动机、交直流测速发电机等一些基本系列。60 年代以后，由于电子技术、航天等科学技术的发展和自动控制系统的不断完善，对控制电机的精度和可靠性提出了更高的要求。控制电机的品种也日益增多，在原有的基础上又生产出多极自整角机、多极旋转变压器、感应同步器、无接触自整角机、无接触旋转变压器、永磁式直流力矩电动机、无刷直流伺服电动机、光电编码器、空心杯转子永磁式直流伺服电动机和印制绕组直流伺服电动机等新机种。

由于新原理、新技术、新材料的发展，使电机在很多方面突破了传统的观念，目前已研制出一些新原理、新结构的电机。如研制成霍尔效应的自整角机及旋转变压器、霍尔无刷直流测速发电机；压电直线步进电动机；利用"介质极化"研制出驻极体电机；利用"磁性体的自旋再排列"研制出光电机；此外还有电介质电动机、静电电动机、集成电路电动机等。控制电机的进一步发展，已经不限于一般的电磁理论，而是与其他学科相互结合、相互促进，逐渐成为一门多种学科相互渗透的边缘学科。研究特种电机的原理、结构与应用，会推动工业自动化领域的新技术应用和新产品开发。

控制电机品种繁多、用途各异，据不完全统计，控制电机目前已达 3000 种以上，能处理直线位移、角位移、速度、加速度、温度、湿度、流量、压力、液面高低、相对密度、浓度和硬度等多种物理量，逐渐成为构成各种开环控制、闭环控制、同步联结和机电模拟解算装置的基础元件，广泛地应用于化工、炼油、钢铁、造船、核反应堆、数控机床、自动化仪表和仪器、电影、电视、电子计算机外设等民用设备，以及雷达天线自动定位、飞机的自动驾驶仪、导航仪、激光和红外线技术、导弹和火箭的制导、自动火炮射击控制、舰艇驾驶盘和方向盘的控制等军事设备。

本章在前两章电机原理的基础上，进一步介绍常用控制电机的基本结构、工作原理、主要运行特性和使用方法。

第二节　步进电动机

步进电动机是一种用电脉冲信号进行控制，将电脉冲信号转换成相应角位移或线位移的控制电机。它通过专用电源(步进电机驱动器)将电脉冲按一定顺序供给定子各相控制绕组，在气隙中产生类似于旋转磁场的脉冲磁场。当输入一个脉冲信号时，电动机就转动一个角度或前进一步，因此，步进电动机又称为脉冲电动机。图 9-1a、b 分别为步进电动机及其驱动器的外形图。

步进电动机输出的角位移量或线位移量与输入的电脉冲数量成正比，其转速或线速度与电脉冲频率成正比，在负载能力范围内，输入输出之间的关系不因电源电压、负载大小、环境条件的波动而变化，因此，只要改变输入脉冲频率的高低，就可以在很大范围内实现步进电动机的起动、制动、反转和调速。

a) 步进电动机外形图　　　　　　　　　b) 步进电动机驱动器的外形图

图9-1　步进电动机及其驱动器的外形图

目前在经济型数控机床、绘图机、自动记录仪表和数模变换装置上，大量使用步进电动机，工作机械对步进电动机的基本要求是：

1）调速范围宽，具有较高的最高转速以提高劳动生产率。

2）动态性能好，能迅速起动、正反转和停转。

3）控制精度较高，要求一个脉冲对应的位移量小，并要精确、均匀，即要求步进电动机步距小、步距精度高、不丢步和越步。

4）输出转矩大，可直接带动负载。

步进电动机按相数可分为单相、两相、三相及多相的步进电动机。按运动方式分为旋转运动型、直线运动型和平面运动型。通常使用的旋转型步进电动机又可分为反应式、永磁式和感应式。其中反应式步进电动机是我国目前应用最广泛的一种，它具有调速范围大、动态性能好、能快速起动、制动和反转等优点。因永磁式和感应式步进电动机的基本原理与反应式步进电动机相似，故本节以反应式步进电动机为主分析步进电动机的基本原理与运行性能。

一、步进电动机的工作原理

图9-2是一个三相单三拍运行时反应式步进电动机的工作原理图，其定子、转子铁心均由硅钢片叠压而成。定子上均匀分布6个磁极，磁极上装有线圈，相差180°的两个磁极上的线圈串联起来组成A、B、C三相独立的绕组，称为三相绕组。转子结构是四个均匀分布的齿，齿宽等于定子极靴的宽度，转子上没有绕组，本身亦无磁性，只具有良好的导磁性能。

图9-2a中，A相绕组通电，B相、C相绕组都不通电，按照磁通所具有的力图走磁阻最小路径的特点，转子齿1和齿3的轴线应走到与定子A极轴线对齐（设负载转矩为零）。同理，图9-2b中，当A相断电，B相通电，C相断电时，转子应逆时针方向转过30°，使转子齿2和齿4的轴线与定子B极轴线对齐。而在图9-2c中，当A相、B相断电，C相通电时，转子应再转过30°，使转子齿1和齿3的轴线与定子C极轴线对齐。只要循环往复按A→B→C→A的顺序轮流为控制绕组供电，在气隙中产生脉冲式的旋转磁场，转子就一步一步地按逆时针方向转动，且步进电动机的转速

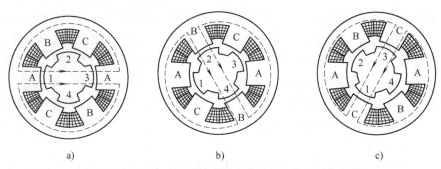

图9-2 三相单三拍运行时反应式步进电动机工作原理

取决于三相定子绕组的通电频率,即输入的电脉冲频率,转向则取决于定子绕组轮流通电的顺序。若步进电动机的通电顺序改为A→C→B→A,则电动机为顺时针方向旋转。

将定子绕组每改变一次通电方式,称为"一拍",上述通电方式被称为三相单三拍。"单"指每拍只给三相定子绕组中的一相通电,"三拍"是指定子绕组每经过三次通电方式切换为一个通电循环。将步进电动机的每一拍转子所转过的角位移称为步距角,则三相单三拍通电方式时的步距角是30°。

除了"三相单三拍"通电方式外,三相步进电动机的定子绕组还可采用"三相单、双六拍"或"三相双三拍"通电方式。三相单、双六拍时电动机运行情况如图9-3所示。这种方式的通电顺序为A→AB→B→BC→C→CA→A(反转为A→AC→C→CB→B→BA→A),即先给A相定子绕组单独供电,接着给A、B两相定子绕组同时通电,然后给B相绕组单独通电,再同时给B、C两相定子绕组通电,接着给C相单独通电,最后给C、A两相定子绕组同时通电,如此循环进行。这时三相定子绕组需改变六次通电方式才能完成一个循环,故称为"六拍",而在先后拍中要交替给定子绕组的单相或两相通电,故称为"单、双六拍"。

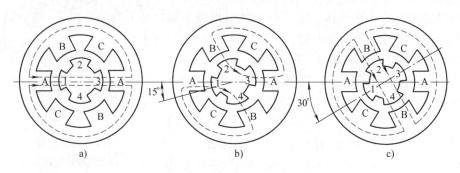

图9-3 三相单、双六拍运行时的三相反应式步进电动机

"三相单、双六拍"通电方式的步距角也与"三相单三拍"通电方式不同。第一拍,当A相定子绕组单独通电时,和单三拍运行的情况相同,转子齿1和齿3转到轴线与定子A极轴线对齐的位置,如图9-3a所示。第二拍,当A、B两相定子绕组同时通电时,A、B两相共四个磁极作用于转子的四个磁极,相邻两个A、B磁极与转子的相邻两个齿相互吸引,转子的平衡位置应为1、2对称地靠近A、B,这时A对齿1、B对齿2的电磁力矩大小相等方向相反。这样,当A、B两相同时通电时,转子只能逆时针转过15°,如图9-3b所示。第

三拍，当 B 相定子绕组单独通电时，转子将继续沿逆时针方向旋转，使转子齿 2 和齿 4 的轴线与定子 B 极轴线对齐，如图 9-3c 所示，这时转子又转过 15°。若继续按 BC→C→CA→A 的顺序通电，那么步进电动机就按逆时针方向连续转动。就是说，在"三相单三拍"运行方式，每经过一拍，转子转过的步距角为 30°，采用"三相单、双六拍"通电方式后，从 A 相定子绕组单独通电到 B 相定子绕组单独通电，中间还要经过 A 和 B 两相绕组同时通电这一状态，转子才转过 30°，所以，"三相单、双六拍"运行方式时的步进电动机的步距角为 15°，是单拍运行时的一半。

"三相双三拍"的运行方式，是按 AB→BC→CA→AB 的通电方式(反转为 AC→CB→BA→AC)的通电方式供电。这种通电方式与单三拍运行的共同特点是都有三种通电状态，每一循环切换三次；但不同的是，每一拍都同时有两相定子绕组通电。与单三拍运行方式相比，双三拍运行的主要优点是：①避免了单三拍运行时从一个单相绕组通电切换到另一个单相绕组通电状态时容易出现的失步现象，双三拍运行时，每个通电状态均为两相定子绕组同时通电，通电方式改变时电子电路可以保证其中一相电流不变，需要切换的两相进行切换，使运行可靠、稳定。②避免了由单一定子绕组通电吸引转子，易使转子在平衡位置附近振荡的现象。③双三拍运行时转子受到两相定子磁极的共同作用，电磁拖动转距较大。双三拍运行时转子每步转过的角度与单三拍时相同，也是 30°。

以上原理分析使用的简单三相反应式步进电动机的步距角为 15°或 30°，每一步转过的角度太大了，如用于精度要求较高的数控机床等控制系统，会严重影响到加工工件的精度，所以并不实用。实际使用的步进电动机都是小步距角的。最常见的一种小步距角的三相反应式步进电动机结构如图 9-4 所示。

图 9-4 所示的三相反应式步进电动机定子内径上有六个极，每个极上有一套励磁线圈，每相定子绕组由相对的两个极上的两套励磁线圈串联而成，分 A、B、C 三相。与前几种结构不同的是小步距角步进电动机的转子圆周上均匀分布有若干个小齿，定子每个磁极极靴上也有若干个小齿，定子、转子的齿宽、齿距相等，且定子、转子的齿数与位置分布均进行了适当配合。例如，当 A 相一对极下的定子、转子齿一一对齐时，下一相(B 相)所在一对极下的定子、转子齿则应错开一个齿距 t 的 m（相数）分之一，即错开距离为 t/m；再下一相(C 相)的一对极下定子、转子齿错开距离 $2t/m$，并依次类推。

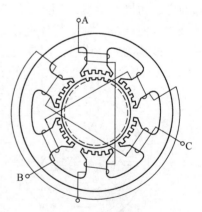

图 9-4 小步距角的三相
反应式步进电动机

图 9-5 为小步距角三相反应式步进电动机的磁极展开图，设计转子齿数 $z_r = 40$，每一齿距的空间角为

$$\theta_z = \frac{360°}{z_r} = \frac{360°}{40} = 9° \tag{9-1}$$

以三相单三拍运行为例，相数 $m = 3$，单相绕组通电在气隙圆周上形成的磁极对数 $p = 1$，磁极数为 $2p = 2$，每一极距的空间角为

$$\theta_\tau = \frac{360°}{2pm} = \frac{360°}{2 \times 1 \times 3} = 60° \tag{9-2}$$

每一极距所占的齿数为

$$\frac{z_r}{2pm}=\frac{40}{2\times1\times3}=6\frac{2}{3} \tag{9-3}$$

由于定子每一极距所占的齿数不是整数，6 个极正好占 40 个齿的位置，且当 A 极下的定、转子齿对齐时，B 极的定子齿和转子齿必然错开 1/3 齿距，即为 3°。

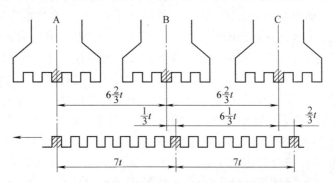

图 9-5 小步距角三相反应式步进电动机的磁极展开图

图 9-5 为 A 相通电时转子平衡位置，显然，若断开 A 相绕组而接通 B 相绕组，步进电动机的转子按逆时针方向转过 1/3 齿距(3°)，使 B 极下的定子齿与转子齿对齐是新的平衡位置，这时 C 极下的定子齿恰好和转子齿相错 1/3 齿距，当 C 相绕组通电时，转子将按逆时针方向再次转过 1/3 齿距。只要按顺序给定子绕组通电，转子便会连续不断地转动。

根据图 9-5 还可以分析，若采用三相单、双六拍通电方式运行，即按 A→AB→B→BC→C→CA→A 顺序循环通电，步距角会比三相单三拍通电方式时减少一半，即每一拍转子仅转动 1.5°。

总之，步进电动机的转子每转过一个齿距，相当于在空间转过 360°$/z_r$，而每一拍转过的角度只是齿距角的 $1/N$(N 为运行拍数)，因此，步进电动机的步距角表达式为

$$\theta_s=\frac{360°}{z_r N} \tag{9-4}$$

对单三拍 $N=3$，故 $\theta_s=\dfrac{360°}{40\times3}=3°$，对单双六拍 $N=6$，故 $\theta_s=\dfrac{360°}{40\times6}=1.5°$。

一般情况下，步进电动机每输入一个脉冲运行一拍，如果脉冲频率很高，步进电动机定子绕组中送入的是连续脉冲，各相绕组不断地轮流通电，这时，步进电动机不是一步一步地转动，而是连续不断地转动，它的转速与脉冲频率成正比。由 $\theta_s=360°/(z_r N)$ 可知，每输入一个脉冲，转子转过的角度是整个圆周角的 $1/(z_r N)$，也就是转过 $1/(z_r N)$ 转，因此每分钟转子所转过的圆周数，即转速为 $n=\dfrac{60f}{z_r N}$，式中 n 为转速，单位是 r/min。

以上讨论的步进电动机是三相的，实用中更多采用多相数的步进电动机。步进电动机的相数和转子齿数越多，则步距角 θ_s 就越小。在一定的脉冲频率下，步距角越小，转速也越低。但是相数越多，驱动器脉冲电源就越复杂，成本也较高。因此，目前步进电动机一般最多 6 相，个别的也有更多相的。

二、步进电动机的运行特性

1. 静态运行状态

步进电动机通电方式保持稳定的状态称为静态运行状态。静态运行状态下步进电动机的转矩与转角特性，简称矩角特性 $T = f(\theta)$ 是步进电动机的基本特性。步进电动机的转矩就是电磁转矩，转角就是通电相的定、转子齿中心线间夹角 θ，设一个齿距为 2π 电角度。

定转子间的作用力变化过程如图 9-6 所示。当步进电动机的通电相的定、转子齿对齐，即 $\theta = 0$ 时，电机定子齿（上方）对转子齿（下方）无切向电磁力作用，电磁转矩 T 等于零，如图 9-6a 所示；当转子齿相对于定子齿向右转动一个角度 θ，这时定子齿对转子齿呈现切向电磁力，如图 9-6b 所示，由于电磁转矩 T 的方向与 θ 偏转方向相反，规定其为负值，显然，在 $\theta < 90°$ 时，θ 越大，该电磁转矩 T 的绝对值越大。当 $\theta > 90°$ 时，转子齿距定子齿距离增大，磁通量急剧减少，电磁转矩 T 的绝对值减少，当 $\theta = 180°$ 时，转子齿处于两个定子齿正中，两个定子齿对转子齿的电磁力互相抵消，如图 9-6c 所示，此时，电磁转矩 T 变为零。如果 θ 再增大，转子齿将受到另一个定子齿的作用，出现正方向由小到大的电磁转矩，在图 9-6d 所示位置达到正向最大值。由此可见，步进电动机转矩 T 随转角 θ 作周期变化。

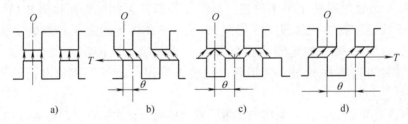

图 9-6　定转子间的作用力

$T = f(\theta)$ 的形状比较复杂，它与定、转子齿的形状以及饱和程度有关，实践证明，反应式步进电动机的矩角特性接近正弦曲线，如图 9-7 所示（图中只画出 θ 从 $-\pi$ 到 $+\pi$ 的范围）。设电动机空载，在静态运行时，转子必然有一个稳定平衡位置。从上面分析看出，这个稳定平衡位置在 $\theta = 0$ 处，即通电相定、转子齿对齐位置。因为当转子处于这个位置时，如有外力使转子齿偏离这个位置，只要偏离角 $0° < \theta < 180°$，除去外力，转子能自动地重新回到原来位置。当 $\theta = \pm\pi$ 时，虽然两个定子齿对转子一个齿的电磁力互相抵消，但是只要转子向任一方向稍偏离，电磁力就失去平衡，稳定性被破坏，所以 $\theta = \pm\pi$ 这个位置是不稳定的，两个不稳定点之间的区域构成静稳定区，如图 9-7 所示。

矩角特性曲线上电磁转矩的最大值称为最大静态转矩 T_m，它表示步进电动机的负载能力，是步进电动机最主要的性能指标之一。

2. 步进运行状态

步进运行状态是指步进电动机在较低的通电频率下运行，每一个新的脉冲到来之前，转子已完成前面一步，并且运动已基本停止，这时电动机的运行状态由一个个单步运行状态所组成。

设步进电动机空载，参看单三拍运行原理图 9-2，转子从 A 相通电位置转到 B 相通电位置，转子按逆时针方向转动一个步距角。在 A 相通电状态下，其矩角特性如图 9-8 中曲线 A

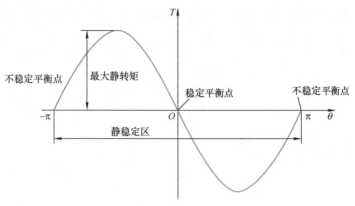

图 9-7 反应式步进电动机的矩角特性

所示，转子位于稳定平衡点 O_A 处。当新的控制脉冲到来，下一拍 B 相通电，矩角特性转为曲线 B，两条曲线相隔一个步距角 θ_s，转子新的稳定平衡位置为 O_B。B 相通电时，只要转子位置处于 $B'—B''$ 间，转子就受力向 O_B 点运动，而达到新的稳定平衡点。区间 $B'—B''$ 为步进电动机空载状态下的动稳定区。显然，步进电动机相数越多或拍数越多，步距角越小，A、B 曲线距离越近，动稳定区越接近静稳定区，步进电动机运行越稳定。

图 9-9 所示为步进电动机的电磁转矩特性。图中相邻两个矩角特性的交点所对应的电磁转矩用 T_{ST} 表示。设步进电动机带有负载 T_{L1}，如负载转矩 $T_{L1} < T_{ST}$，在 A 相通电状态下，转子稳定工作点在 a' 位置，定子磁极 A 的轴线与转子齿 1 轴线夹角为 θ'_A。当 A 相断电，B 相通电瞬间，由于惯性，转子位置还来不及改变，仍位于 θ'_A 位置，但矩角特性跃变为曲线 B，对应角 θ'_A 的电磁转矩为特性曲线 B 上的 b 点，此时电动机转矩大于负载转矩 T_{L1}，

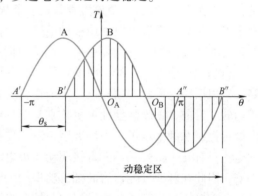

图 9-8 三相步进电动机的动稳定区

使转子加速，转子向着 θ 增大方向运动，最后达到新的稳定平衡点 b'。但如果转子带的负载转矩过大，设为 T_{L2}，设 $T_{L2} > T_{ST}$，在图 9-9 中，原稳定平衡点是曲线 A 上的 a'' 点，对应位置角为 θ''_A。当换成 B 相通电后，对应角 θ''_A 的转矩为特性曲线 B 上的 b'' 点，显然，此时的电动机电磁转矩小于负载转矩 T_{L2}，电动机不能完成步进运动。

因此，步进电动机各相转角特性的交点所对应的转矩 T_{ST} 就是最大负载转矩，也称为起动转矩。最大负载转矩 T_{ST} 比最大静态转矩 T_{max} 要小。随着步进电动机相数 m 或拍数 N 的增加，步距角减小，两曲线的交点就升高。T_{ST} 越大，就越接近于最大静态转矩 T_{max}。

当步进电动机的通电脉冲的频率较高时，脉冲周期缩短，会出现在上一拍尚未稳定下一拍脉冲就来到的情况。当步进电动机的通电脉冲频率很高时，步进电动机就进入连续旋转运动状态，在连续运行状态时产生的转矩称为动态转矩。步进电动机的最大动态转矩小于最大静态转矩，并随着脉冲频率的升高而降低。这是因为步进电动机的定子绕组本身是一个具有一定的电气时间常数的电感线圈，频率越高，周期越短，电流来不及增长，电流峰值随脉冲频率增大而减小，励磁磁通也随之减小，引起动态电磁转矩的减小。步进电动机的动态转矩

与频率的关系，即所谓矩频特性，是一条下降的曲线，如图 9-10 所示，这也是步进电动机的一个重要特性。

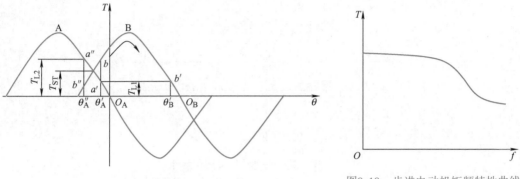

图 9-9　步进电动机的电磁转矩特性　　　　图9-10　步进电动机矩频特性曲线

三、步进电动机的驱动电源

步进电动机应由专用的驱动电源来供电，由驱动电源和步进电动机组成一套伺服装置来驱动负载工作。步进电动机的驱动电源主要包括变频信号源、脉冲分配器和脉冲放大器三个部分，如图 9-11 所示。变频信号源是一个频率从几十赫兹到几千赫兹的可连续变化的信号发生器。变频信号源可以采用多种线路。模拟控制时常见的有多谐振荡器和单结晶体管构成的弛张振荡器两种，它们都是通过调节电阻 R 和电容 C 的大小来改变电容充放电的时间常数，以达到选取脉冲信号频率的目的。脉冲分配器是由门电路和双稳态触发器组成的逻辑电路，它根据指令将脉冲信号按一定的逻辑关系加到放大器上，使步进电动机按一定的运行方式运转。目前，随着微型计算机特别是单片机的发展，变频信号源和脉冲分配器的任务均可由微机控制系统来承担，采用数字控制工作频率更稳定，控制性能更好。从脉冲分配器输出的电流只有几个毫安，不能直接驱动步进电动机，因为步进电动机的驱动电流可达几安到几十安，因此在脉冲分配器后面都有功率放大电路作为脉冲放大器，经功率放大后的电脉冲信号则可直接输出到定子各相绕组中去控制步进电动机工作。

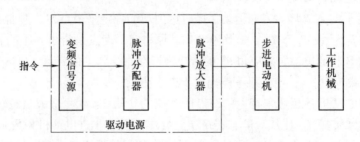

图 9-11　步进电动机的驱动电源

四、步进电动机的应用实例

数控车床为最常见的数控机床之一，可以完成轴类零件的车削加工，可车削端面、柱面、球面和螺纹，数控车床有三个传动轴：主轴带动工件旋转，X 轴、Z 轴分别驱动刀架完成径向进给和轴向进给。在高档数控车床上会采用驱动刀架完成进给运动，经济型数控车床则经常采用步进电动机来驱动刀架完成进给运动。

图 9-12 为西门子 802S 经济型数控系统控制 C0630 型数控车床的控制系统总体结构图，图中 ECU 为数控主机；OP020 为带图形显示的 NC 操作面板，又称为第一操作面板，可输入数控加工程序并监视加工过程；MCP 为机床控制面板，称为第二操作面板，主要用来选择工作方式、主轴速度、进给速度及完成手动控制；ECU 为数控系统主控制单元，需要 24V 直流电源供电；X2 为 25 芯 D 型插座，是步进电动机驱动器的控制信号连接线；X3 为主轴

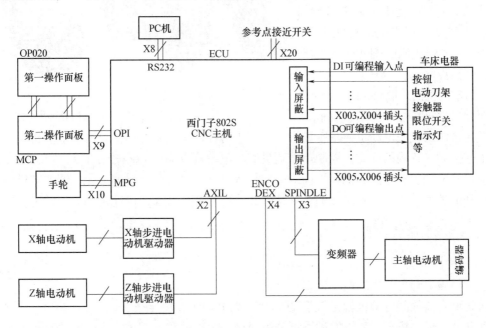

图 9-12 数控车床控制系统的总体结构

控制输出，是 9 芯 D 型插座，可连接主轴变频器；X4 为主轴编码器输入，是 15 芯 D 型插座，用来监视主轴速度；X8 为串行接口 RS232，是 9 芯 D 型插座；X9 为 25 芯 D 型插座，用于连接操作及机床面板；X10 为手轮接口，为 10 芯接线端子；X20 也为 10 芯接线端子，作为高速输入接口，用于连接产生机床参考点到达脉冲的接近开关；DI/O 为数控系统内置 PLC 的输入输出模块，用来传送机床强电控制信号，其中 X003、X004 为 PLC 输入接线端子，连接 16 输入点，X005、X006 为 PLC 输出接线端子，连接 16 输出点。

图 9-13 为该数控车床步进电动机驱动部分的电路图，步进驱动器和每个步进电动机间有 11 根连线，除了屏蔽线之外，另外 10 根线提供 A、B、C、D、E 共 5 路脉冲信号，使步进电动机工作在五相十拍运行方式。驱动器与数控主机之间有 6 根连线，其中 + PULS、– PULS 为正、负脉冲信号，+ DIR、– DIR为正、负方向信号，+ ENA、– ENA 为正、负使能信号。步进电动机驱动器工作中需两组电源供电：85V 交流电源和 24V 直流电源。

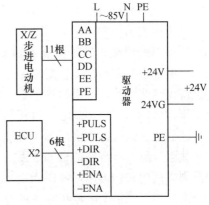

图 9-13 步进电动机驱动电路

第三节 伺服电动机

伺服电动机也被称为执行电动机，它将控制电信号转换为机械系统的实际动作，用输入的信号电压控制转轴的输出速度和方向，具备可控性好、稳定性高和响应速度快等特点。伺服电动机可分为直流伺服电动机和交流伺服电动机两大类，工作原理类似于典型的他励直流电动机和两相异步电动机。图9-14a、b为直流伺服电动机的外形图，图9-14c为一种两相交流伺服电动机的外形图。

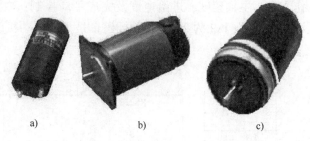

a) b) c)

图9-14 交、直流伺服电动机的外形图

控制系统对伺服电动机的基本要求如下：①可控性好，有控制信号时，电动机在转向和转速上应能做出正确的反应，控制信号消失时，电动机应能可靠停转，即无"自转"现象；②响应快，电动机转速的高低和方向应能随控制电压信号改变而快速变化，即要求机电时间常数小和灵敏度高；③具有线性的机械特性和线性的调节特性，调速范围大，转速稳定。

一、直流伺服电动机

1. 结构和分类

直流伺服电动机分传统型和低惯量型两大类。

传统型直流伺服电动机就是微型的他励直流电动机，由定子、转子（电枢）、电刷和换向器四部分组成。按定子磁极的种类可分为两种：永磁式和电磁式。永磁式的磁极是永久磁铁；电磁式的磁极是电磁铁，磁极外面套着励磁绕组。以上两种传统的电动机的转子（电枢）铁心均由硅钢片冲制叠压而成，在转子冲片的外圆周上开有均匀分布的齿和槽，在转子槽中放置电枢绕组，经换向器、电刷与外部直流电路相连。

低惯量型直流伺服电动机的特点是转子轻、转动惯量小、快速响应好。按照电枢形式的不同分为盘形电枢直流伺服电动机、空心杯电枢永磁式直流伺服电动机及无槽电枢直流伺服电动机。

图9-15为盘形电枢直流伺服电动机的结构示意图。它的定子由永久磁钢和前后磁轭所组成，转轴上装有圆盘，盘形电枢绕组装在圆盘上，绕组可分为印制绕组和绕线盘式绕组两种形式。印制绕组是采用与制造印制电路板相类似的工艺制成，绕线盘式绕组则是先绕成单个线圈，然后将绕好的全部线圈沿径向圆周排列起来，再用环氧树脂浇注成圆盘形。盘形电枢上电枢绕组中的电流是沿径向流过圆盘表面，并与轴向磁通

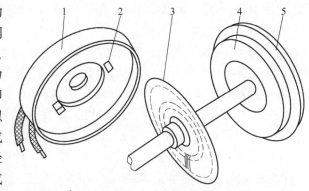

图9-15 盘形电枢直流伺服电动机结构示意图

1—前盖 2—电刷 3—盘形电枢 4—永久磁钢 5—后盖

相互作用而产生转矩。

图 9-16 为空心杯电枢永磁式直流伺服电动机的结构示意图。它由外定子和内定子构成定子磁路。通常外定子由两个半圆形的永久磁铁组成，内定子由圆柱形的软磁材料制成，仅作为磁路的一部分，以减小磁路磁阻。空心杯电枢是一个用非磁性材料制成的空心杯形圆筒，直接装在电动机机轴上。在电枢表面可采用印制绕组，亦可采用沿圆周轴向排成空心杯状并用环氧树脂固化成型的电枢绕组。当电枢绕组流过一定的电流时，空心杯电枢能在内、外定子间的气隙中旋转，并带动电机转轴旋转。

图 9-17 为无槽电枢直流伺服电动机的结构示意图。电枢铁心为光滑圆柱体，其上不开槽，电枢绕组直接排列在铁心表面，再用环氧树脂将它与电枢铁心粘成一个整体，定转子间气隙大。定子磁极可以采用永久磁铁做成，也可以采用电磁式结构。这种电动机的转动惯量和电枢电感都比杯形或圆盘形电枢的大，动态性能较差。

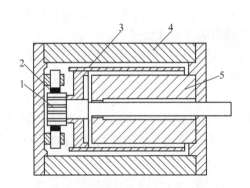

图 9-16　空心杯电枢永磁式直流伺服
电动机结构示意图

1—换向器　2—电刷　3—空心杯电枢
4—外定子　5—内定子

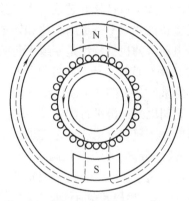

图 9-17　无槽电枢直流伺服
电动机结构示意图

2. 控制方式和运行特性

直流伺服电动机有电枢控制和磁极控制两种控制方式。在此仅分析电枢控制时的运行特性。电枢控制时直流伺服电动机电路原理如图 9-18 所示。

假设电动机磁路不饱和，即认为电动机的磁化曲线为直线，电枢反应的去磁作用也忽略不计，这样，当励磁电压不变时，电动机的每相气隙磁通 Φ 保持恒定。直流伺服电动机电枢回路的电压平衡方程式为

$$U_a = E_a + I_a R_a \tag{9-5}$$

式中，R_a 为电动机电枢回路的总电阻。

当磁通 Φ 恒定时，电枢绕组的感应电动势与转速成正比

$$E_a = C_e \Phi n \tag{9-6}$$

于是，电动机的电磁转矩为

$$T = C_T \Phi I_a \tag{9-7}$$

将式(9-5)、式(9-6)、式(9-7)联立求解，可得到直流

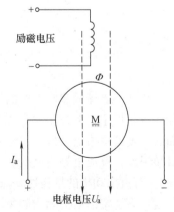

图 9-18　电枢控制电路原理图

伺服电动机的转速表达式

$$n = \frac{U_a}{C_e\Phi} - \frac{R_a}{C_e C_T \Phi^2}T \tag{9-8}$$

在使用伺服电动机时，我们需要知道它的带负载能力，也就是电动机的机械特性。另一方面，还需要知道这台电动机控制起来是否方便，即电动机的调节特性。下面就机械特性和调节特性进行分析。

（1）机械特性　机械特性是指某一控制电压 U_a 下，电动机的转速 n 与转矩 T 之间的关系，即 $n = f(T)$。按式(9-8)可作出电枢控制式直流伺服电动机的机械特性如图9-19所示。

从图中可以看出，机械特性是线性的，这些特性曲线与纵轴的交点为电动机的理想空载转速 $n_0 = U_a/C_e\Phi$，它相当于轴上无损耗时的空载转速。特性曲线的斜率表示伺服电动机机械特性的硬度，即电动机的转速随转矩增大而降落的程度，斜率负值越大，负载增大引起的转速降落越多，机械特性越软。由转速公式或机械特性曲线都可以看出，任一控制电压 U_a 下的机械特性曲线平行地向转速和转矩增加的方向移动，斜率保持不变，所以电枢控制时直流伺服电动机的机械特性是一组平行的直线，具有较高的控制线性度。

（2）调节特性　调节特性是指某一电磁转矩下，电动机的转速随控制电压变化的关系，即 T 为常数时的 n 与 U_a 的关系。由转速表达式可作出直流伺服电动机的调节特性如图9-20所示，它们也是一组平行的直线。这些调节特性曲线与横轴的交点，表示在一定负载转矩时电动机的起动电压。若负载转矩一定时，电动机的控制电压大于相对应的起动电压，它便能转动起来并达到某一转速；反之，控制电压小于相对应的起动电压，则电动机的最大电磁转矩小于负载转矩，它就不能起动。在调节特性曲线上，从坐标原点到起动电压点的这一段横坐标所表示的范围，称为在某一电磁转矩时伺服电动机的失灵区，该失灵区的大小取决于负载的电磁转矩。

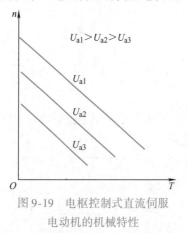

图9-19　电枢控制式直流伺服
电动机的机械特性

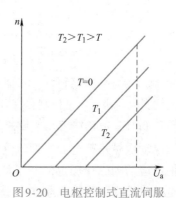

图9-20　电枢控制式直流伺服
的电动机的调节特性

总之，直流伺服电动机的突出优点是其机械特性和调节特性都是彼此平行的直线。在实际运行条件下，考虑多种非线性因素，实际直流伺服电动机的特性曲线将是一组接近直线的曲线。直流伺服电动机除了控制线性度高之外，速度调节范围宽而且平滑，起动转矩大，无自转现象，反应也相当灵敏。与同容量的交流伺服电动机相比，体积和重量可减少到1/2～1/4。直流电动机的结构性缺点是换向器和电刷的滑动接触中因接触不良、电刷火花所造成的运行不稳定因素仍无法避免。

二、两相交流伺服电动机

1. 基本结构

两相交流伺服电动机在结构上为一两相异步电动机,其定子绕组为空间相差90°电角度的两相分布绕组,可以采用相同或不同的匝数。定子绕组的其中一相作为励磁绕组,运行时接交流电压 U_f,另一相作为控制绕组,输入交流控制信号电压 U_c。电压 U_f 和 U_c 同频率,一般采用50Hz或400Hz。

两相交流伺服电动机常用的转子结构有高电阻笼型转子和非磁性空心杯转子两种形式。

高电阻笼型转子结构和普通笼型异步电动机一样,但是为了减小转子的转动惯量,常将转子做成细而长的形状。笼型转子的导条和端环可采用高电阻率的材料(如黄铜、青铜等)制造,也可采用铸铝转子。如我国生产的SL系列两相交流伺服电动机就采用铸铝转子。由于转子回路的电阻增大,交流伺服电动机的特性曲线变软,但可有效消除"自转"现象。

非磁性空心杯转子的结构形式如图9-21所示。电动机中除了具有和普通异步电动机一样的定子外,还有一个内定子。内定子是由硅钢片叠压而成的圆柱体,通常内定子上无绕组,只是代替笼形转子铁心作为磁路的一部分,作用是减少主磁通磁路的磁阻。在内外定子之间有一个细长的、装在转轴上的空心杯形转子,杯形转子通常用非磁性材料铝或铜制成,壁很薄,一般只有 $0.2 \sim 0.8$mm,具有较大的转子电阻和很小的转动惯量。杯形转子依靠内部感应的涡流与气隙磁场相作用产生电磁转矩,在内外定子间的气隙中自由旋转。杯形转子交流伺服电动机同样具有转动惯量小、摩擦转矩小、快速响应好的优点;另外,由于转子上无齿槽,所以运行平稳,无抖动,噪声小。缺点是这种结构的电动机的气隙较大,励磁电流也较大,功率因数较低,效率也较低,因此,它的体积和容量要比同容量的笼型伺服电动机大得多。我国生产的这种伺服电动机的型号为SK,主要用于要求低噪声及低速平稳运行的某些系统中。

2. 工作原理

图9-22所示为两相交流伺服电动机的原理图。两相绕组轴线位置空间相差90°电角度,当两相绕组分别加以交流电压 U_f、U_c 以后,就会在气隙中产生旋转磁场。当转子导体切割旋转磁场的磁力线时,便会产生感应电动势,产生电流,转子电流与气隙磁场相互作用产生电磁转矩,使转子沿旋转磁场的方向旋转。

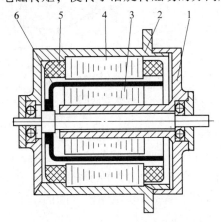

图9-21 杯形转子交流伺服电动机结构图
1—端盖 2—机壳 3—内定子 4—外定子
5—定子绕组 6—杯形转子

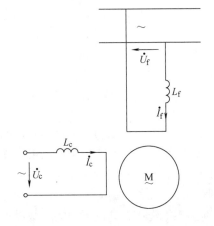

图9-22 交流伺服电动机的原理图

交流伺服电动机运行时，励磁绕组接在固定的交流电源上，控制绕组接在可调的交流电源上，通过调节控制绕组的控制信号来改变电动机的转速或方向。显然，当控制绕组无控制信号时，我们希望转子停转。但根据单相异步电动机的工作原理，即使只有励磁绕组一相供电，所产生的单相脉振磁场会分解为大小相等、方向相反的圆形旋转磁场，也可能使得转子因初速度、不对称等因素朝着其中一个旋转磁场的方向旋转，即出现"自转"现象，使电动机变得失去控制。"自转"现象在高精度控制系统中是不允许存在的，该现象出现的原因是什么呢？

图 9-23 所示为普通异步电动机单相供电时的机械特性曲线。图中虚线 T_1 为正向圆形旋转磁场对转子的拖动转矩，虚线 T_2 为反向圆形旋转磁场对转子的拖动转矩，实线 T 为实际脉振旋转磁场对转子的拖动转矩，T 为 T_1 和 T_2 的合成。

当电动机处于静止时，转差率 $s=1$，$T_1 = T_2$，合成转矩 $T=0$，理论上伺服电动机转子不会转动，实际上一旦出现任一方向上的初速度，如开始正向旋转时合力矩 T 正好为正，而开始反向旋转时合力矩 T 又正好为负，转子就会受到与运动方向一致的电磁转矩，开始自行转动。

因此，克服交流伺服电动机自转现象需要从改变电动机的机械特性曲线形状入手。只要设法使 T_1 曲线在速度为正时降低，T_2 曲线在速度为负时降低，使得初速度为正时合力矩 T 为负，初速度为负时合力矩 T 为正，就能消除自转现象。实际做法是增大 s_m 的数值，使 T_1 曲线的 s_m 左移，t_2 曲线的 s_m 右移，使 $s_m \geq 1$，从而获得图 9-24 所示交流伺服电动机单相供电时的机械特性曲线。

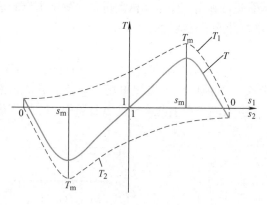
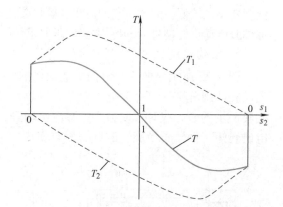

图 9-23 普通异步电动机单相
供电时的机械特性曲线

图 9-24 交流伺服电动机单相
供电时的机械特性曲线

由第七章讲过的 s_m 表达式可知，s_m 与转子内阻 R_2 的大小成正比，而两相交流伺服电动机常用的两种转子结构：高电阻笼型转子和非磁性空心杯转子均具有较大的转子电阻，因此，可以保证机械特性曲线中的 $s_m \geq 1$，因此，交流伺服电动机通过增大转子电阻很好地克服了自转现象。由此可见，两相交流伺服电动机与普通两相或单相异步电动机之间的基本区别主要体现在电动机不同的参数设计上。

3. 控制方式

一般情况下，加给交流伺服电动机两相绕组上的电压 U_f 和 U_c，流入的电流 I_f 和 I_c，以及由电流产生的磁动势 F_f 和 F_c 是不对称的，因此，会得到椭圆形的旋转磁场，并由此产生电磁转矩而使电动机旋转。改变控制电压的大小或改变它与励磁电压之间的相位差，都可以控制电动机气隙中旋转磁场的椭圆度，从而影响到电磁转矩。当负载转矩一定时，交流伺服电动机通过调节控制电压的大小或相位差均可以控制电动机转速。具体控制方式有以下三种：

（1）幅值控制 保持控制电压 $\dot{U}_c$ 与励磁电压 $\dot{U}_f$ 之间的相位角为 90°电角度，通常 $\dot{U}_c$ 滞后于 $\dot{U}_f$，通过调节控制电压的大小来改变电动机的转速。控制电压越大转速越高，当控制电压 $\dot{U}_c = 0$ 时，电动机停转。

（2）相位控制 保持控制电压的幅值不变，通过调节控制电压的相位（即调节控制电压与励磁电压之间的相位角 β）来改变电动机的转速，在适当控制范围内相位角越大转速越高，当 $\beta = 0$ 时，电动机停转。这种控制方式较少采用。

（3）幅值—相位控制（电容移相控制） 这种控制方式是将励磁绕组串联电容 C 以后，接到交流稳压电源 $\dot{U}_1$ 上，其接线如图 9-25 所示，相量表示如图 9-26 所示，这时励磁绕组上外接励磁电压 $\dot{U}_f = \dot{U}_1 - \dot{U}_{Ca}$，控制绕组仍外接控制电压 $\dot{U}_c$，$\dot{U}_c$ 与 $\dot{U}_1$ 同相位。当通过调节控制电压 $\dot{U}_c$ 的幅值来改变电动机的转速时，由于转子绕组与励磁绕组的耦合作用，励磁绕组的电流 $\dot{I}_f$ 也发生变化，使励磁绕组的电压 $\dot{U}_f$ 及电容 C 上的电压 $\dot{U}_{Ca}$ 也随之改变。这就是说，$\dot{U}_c$ 的大小、$\dot{U}_f$ 的大小及它们之间的相位角 β 也都随之改变。所以这是一种幅值和相位均会改变的复合控制方式。若控制电压 $\dot{U}_c = 0$，电动机停转。这种控制方式是利用串联电容器来分相的，它不需要复杂的移相装置，所以设备简单，成本较低，成为最常用的一种控制方式。

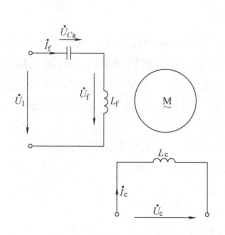
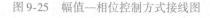

图 9-25 幅值—相位控制方式接线图

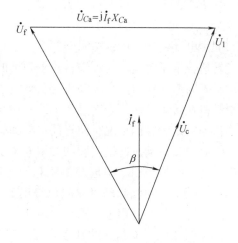

图 9-26 幅值—相位控制方式电压相量图

第四节 永磁同步电动机与交流伺服系统

一、同步电动机概述

1. 同步电动机结构和原理

同步电动机由定子和转子两部分组成。同步电动机的定子结构与异步电动机相同，只要通入对称的交流电，就会建立旋转磁场，旋转磁场的同步转速也与异步电动机相同。转子结

构则与异步电动机不同，异步
电动机的转子只有铁心和闭合
绕组（或导条），没有励磁绕组，
转子与旋转磁场之间的转速差，
使转子绕组中出现感应电流，
电流受力使转子旋转；而同步
电动机的转子则除了铁心和绕
组之外，还另外通有直流励磁
电源，即同步电动机转子本身
就具有规律排列的 N、S 磁极，
因此，当旋转磁场旋转时，会
带动转子的对应磁极一起旋转，
当稳定运行时，转子转速与旋

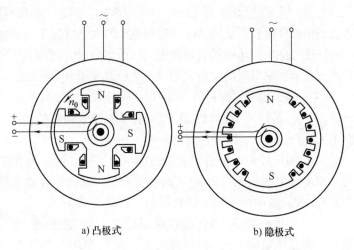

a) 凸极式　　　　　　　b) 隐极式

图 9-27　旋转磁极式同步电动机结构示意图

转磁场相同，故被称为同步电动机。常见的旋转磁极式同步电动机结构示意图如图 9-27 所
示，转子结构分隐极式和凸极式两种。

同步电动机在同步运行时，转子跟着旋转磁场等速旋转、空间相对位置稳定，这时的转
子、定子空间角度关系如图 9-28 所示，轻载下 θ 角较小，满载时 θ 角较大。同步电动机的
拖动转矩与 θ 角成函数关系，θ 角太小或太大都会造成拖动力矩不足。在额定工况下，θ 角
一般在 30°左右。

2. 同步电动机的起动问题

同步电动机运行中的突出问题之一是起动问题。例如工频直接起动，旋转磁场开始就是
额定转速，定子磁极旋转太快，转子磁极的初速度为零，定子对转子的拖动转矩正负交替、
平均转矩为零，使得同步电动机转子与定子的磁极位置严重"失步"，无法起动。另外，同
步电动机在转子升速、降速过程中，只要与旋转磁场不同步，均会出现拖动力矩忽正忽负，
平均拖动转矩为零的情况，使得同步电动机运行不稳定。

解决同步电动机起动问题的常用方法是"异步起动法"，即在同步电动机的转子磁极的
极靴上装设阻尼绕组，阻尼绕组所起的作用与异步电动机的笼型绕
组类似，同步电动机起动时靠阻尼绕组的感应电流受力实现异步起
动。在升速、降速过程中，阻尼绕组还可以起到抑制振荡的作用。

同步电动机异步起动的基本步骤：起动前将励磁绕组串入一适
当大小的电阻（串电阻是为了避免过高的自感电动势）后闭合，使转
子暂时不产生同步磁极；然后按照电动机的容量、负载性质和电源
的情况，采取直接起动或减压起动，将同步电动机作为一台异步电
动机起动；当电动机转速接近同步转速时，将直流电流送入励磁绕
组，从而产生同步转矩使电动机同步运行。

3. 同步电动机的开环和闭环变频调速

由于同步电动机的转子速度就是同步转速，改变同步转速的方
法只有变极调速和变频调速，而变极对数调速是有级的，因此，要
对同步电动机实现无级调速就只有改变定子的供电频率。

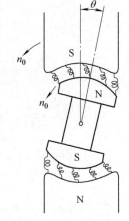

图 9-28　同步电动机同步
运行时的空间角示意图

从控制方法上划分，同步电动机的变频调速方法被分为他控式变频调速和自控式变频调速两类。

他控式同步电动机变频调速，指采用独立的变频器直接拖动同步电动机的开环调速方法，通过改变变频器的频率调节同步电动机的转速。这种开环系统起动也比普通同步电动机更容易，因为变频器产品起动升频时间是可以设定的，变频器可以做到低频低速起动，逐渐升频升速至稳定运行，所以转子磁极与定子磁极在起动过程中就可以基本保持同步，初步解决了起动失步问题。

他控式同步电动机变频调速，在多台参数一致的小容量同步电动机需要同时起动、同时调速的场合，常采用一台变频器控制多台小电动机(如永磁式或磁滞式的微型同步电动机)，系统结构如图9-29所示。这种系统对各台电动机的供电频率相同，供电电压也相同，其缺点是：如果一台电动机出现失步，将影响整个群控系统的正常工作。

由于开环控制系统不能保证变频器的升降速时间的选择与同步电动机传动轴的实际过渡过程时间严格一致，所以转子磁极与旋转磁场出现失步，运行出现振荡现象是不可避免的。只有闭环系统才能在严格意义上实现同步，消除失步和振荡现象。

自控式同步电动机变频调速系统，是通过变频装置进行闭环控制来拖动同步电动机的，避免了他控式同步电动机变频调速运行中会失步的缺点。构成调速系统时要在同步电动机轴上安装转子位置/速度检测器，根据转子的实际位置/速度来控制变频器的供电频率，保证定子旋转磁场的转速与转子磁极的转速始终处于严格同步状态。图9-30为自控式同步电动机变频调速系统结构简图。系统由同步电动机、转子位

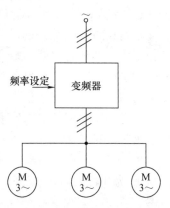

图9-29 同步电动机的他控式变频调速系统

置/速度检测器、变频主电路和运算控制单元组成。同步电动机的定子电流、转子当前位置、当前速度等运行信号均被传感器实时检测，控制单元根据希望的速度信号和现场检测结果，按拟定的控制策略进行运算和调节，并通过驱动电路控制变频主电路中的电力电子器件状态，实时调节变频器的电流和频率，使得同步电动机始终以期望的速度运行。

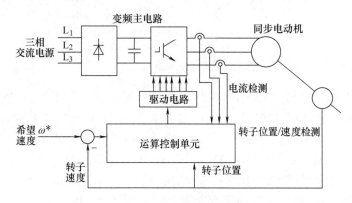

图9-30 自控式同步电动机变频调速系统结构

二、永磁式同步电动机

实际上，只有大、中型同步电动机的转子磁极由直流励磁电源提供，小功率同步电动机的转子则既没有励磁绕组也不用直流励磁，可做成永磁式、反应式和磁滞式三种转子结构，统称为微型同步电动机，也属于交流伺服电动机的范畴。其中的永磁式同步电动机直接采用永久磁铁作为转子磁极，虽功率较小，但不用转子绕组、不加励磁电源，结构简单，更便于控制。随着永磁材料和微处理器性能的大幅度提高，目前被广泛应用于柔性制造系统、机器人、办公自动化、数控机床等领域，构成交流伺服系统，实现快速、准确和精密的位置控制。

永磁式同步电动机具有多种结构。图9-31为一种简单的永磁式同步电动机截面图。其转子为实心铁心或由简单加工的冲制叠片组成，一层薄的永磁体被固定在转子铁心的表面，N、S极交替放置，以产生转子磁通。

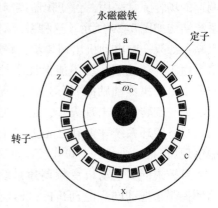

图9-31　一种简单的永磁式
同步电动机截面图

永磁式同步电动机的转子一般制成全封闭式，以防止铁屑和其他污染进入转子。在低成本的永磁式同步电动机中，广泛应用铁氧体磁性材料，这种材料比较容易退磁。高性能永磁式同步电动机的目前多采用钐钴合金、钕铁硼等具有高剩磁密度和很大矫顽力的稀土永磁材料做磁钢。根据磁性材料的不同类型和不同应用场合，永磁式同步电动机也有不同的结构设计，图9-32为几种表面式永磁式同步电动机的转子截面示意图。

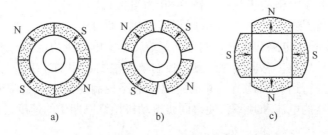

图9-32　几种表面式永磁式同步电动机的转子截面示意图

三、采用永磁式同步电动机的交流伺服系统

伺服系统是指精确的位置闭环控制系统，在交流伺服系统中拖动生产机械的电动机是交流伺服电动机，目前常采用永磁式同步电动机。使交流伺服电动机完成准确位置控制需要复杂的自动控制装置，精确的位置控制必然涉及速度、电流、磁场和力矩等一系列电动机内部信号的实时控制，完成控制运算可能需要多级计算机系统的协调工作。图9-33为采用永磁式同步电动机的交流伺服系统结构框图，该结构中计算机数控系统（CNC）中的CPU完成位置闭环运算，伺服驱动器的CPU（伺服驱动器有时采用两个CPU）完成速度、电流、磁场和力矩等运算控制。就是说，伺服系统的位置控制由CNC主机、伺服驱动器和伺服电动机三部分共同完成。

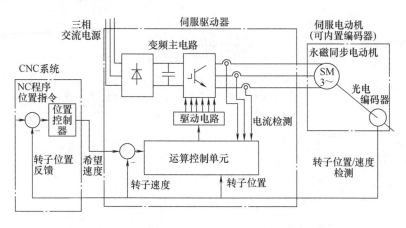

图 9-33　采用永磁同步电动机的交流伺服系统结构框图

CNC 主机从用户程序中获得位置命令，又从光电编码器获得当前实际位置反馈信息，通过位置控制器可以完成位置闭环控制的运算，并向伺服驱动器输出所希望的速度信号，伺服驱动器中的运算控制单元也从光电编码器获得当前转子速度的实际信息，根据希望速度和实际速度的差别实时驱动变频主电路进行控制电流调整，使同步电动机的定子绕组获得理想的旋转磁场，拖动转子连续稳定地旋转，到达数控程序所要求的位置，实现数控装置的高精度位置控制。

图 9-34　交流伺服驱动器和伺服电动机外形图

实际使用中，同一套数控系统可以控制多个伺服轴，每根伺服轴均需要配置一套伺服驱动系统(含伺服驱动器和伺服电动机)，所以在数控机床、多自由度机器人和机械手等控制装置中，会安装有多台伺服驱动器及伺服电动机，以驱动不同方向的协调运动。图 9-34 为一种交流伺服驱动器和伺服电动机的外形图。

四、交流伺服系统应用实例

图 9-35 为 H400 型加工中心的控制系统的总体结构图，该加工中心采用 INCON－M40F 数控系统，配接三套交流伺服驱动器及伺服电动机，完成 X、Y、Z 轴的位置控制；配接一套主轴伺服驱动器及主轴伺服电动机，完成主轴速度控制及主轴定位控制；配接 1#、2# 两块 PLC(可编程控制器)扩展中继板，完成加工中心逻辑控制。其他必要连接还有 CRT 显示器、手轮、第一操作面板、各运动方向限位开关等。

CNC 的工作任务是按照用户编制的数控加工指令，控制数控机床的主轴与各进给轴之间协调运行，完成零件加工。各伺服轴的控制都由驱动单元、编码器和电动机共同来完成。交流伺服单元内部，既有复杂的微机(或 DSP)控制系统，也有足以拖动电动机的大功率变频装置。加工过程中，CNC 系统会向各轴驱动单元发出位置/速度指令，驱动单元内部的运算装置进行一系列的数字运算，控制变频功率电路来完成各轴的位置/速度闭环控制。

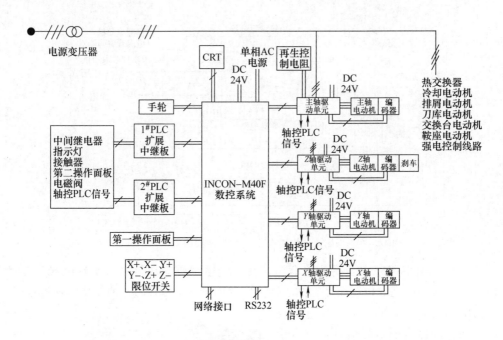

图 9-35 加工中心的控制系统的总体结构图

该加工中心的伺服系统采用三菱交流伺服系统成套产品：R‑J2 系列伺服驱动器和 HC‑SF 系列伺服电动机。伺服驱动器、伺服电动机与数控系统之间的应用接线如图 9-36所示。

MR-J2—10A 伺服驱动器上共有四个电缆插座：CN1A、CN1B、CN2 和 CN3，CN3 仅用于与微机的 RS232 口连接，通过伺服系统设置软件写入和修改参数，运行时不使用；CN2 专用于连接伺服电动机编码器，为编码器提供 +5V 电源且将编码器旋转产生的 A 相、B 相和零脉冲信号反馈给驱动单元，完成伺服驱动单元的闭环速度控制，并配合 CNC 系统完成闭环位置控制，CN3 使用三菱专用电缆。CN1A

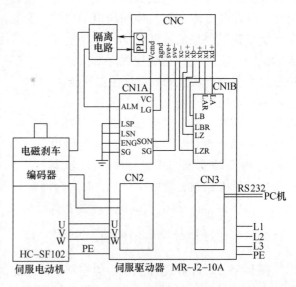

图 9-36 伺服驱动器、伺服电动机的应用接线

和 CN1B 的信号较为复杂，简要说明如下：CN1A 的 LG、VC 用来接受数控系统的速度指令（±10V），SON、SG 用来传递伺服 ON 信号；CN1B 的 LA 与 LAR、LB 与 LBR、LZ 与 LZR 是伺服系统反馈给 CNC 的当前位置编码信号；CN1A 的 ST1、EMG、LSP 和 LSN 分别为伺服电动机起动方向选择、急停输入、正转行程极限和反转行程极限，以 SG 为信号公共点，正常时闭合，断开报警，因此使用中均短接；CN1A 的 ALM 与 SG 之间为伺服警报输出端，正常时闭合，断开表示出现伺服报警，应用中该输出被送往数控系统的 PLC 输入口进行诊断处理。伺服电动机内部带有内置的电磁刹车装置，由数控系统软件通过 PLC 的输出点来控制刹车。

第五节　测速发电机与光电编码器

一、直流测速发电机

测速发电机是一种检测转速的信号元件，其输出电压与转速成正比关系，可将输入转速变换成电压信号输出。由于测速发电机的输出电压正比于机械转速，即正比于转子转角对时间的微分，因此在计算装置中也可以将它作为微分或积分元件。在自动控制系统和计算装置中，测速发电机主要用作测速元件、阻尼元件（或校正元件）、解算元件和角加速信号元件。

控制系统对测速发电机的基本要求：①输出电压与转速保持严格的线性关系，且不随外界条件（如温度等）的改变而发生变化；②发电机的转动惯量要小，以保证反应迅速；③发电机的灵敏度要高，要求运动轴转速的微小变化也能在输出电压上有所反映，即要求测速发电机的输出特性要具有较大的斜率。

测速发电机有直流测速发电机和交流测速发电机两大类。直流测速发电机又分为直流永磁和直流励磁两种形式。直流永磁式测速发电机的磁极采用永久磁铁，不需要励磁绕组即可建立磁场，而直流励磁式测速发电机的磁极采用铁磁材料，应用中必须接上直流励磁电源才能建立磁场。图 9-37 为一种直流永磁式测速发电机的外形图。

图 9-37　直流永磁式测速发电机的外形图　　　　图 9-38　直流测速发电机的工作原理电路

直流测速发电机的工作原理和一般直流发电机没有区别，直流励磁式测速发电机的工作原理电路如图 9-38 所示，对直流永磁式测速发电机，不需要励磁绕组 U_f，因此电路更为简单。

无论采用什么励磁方式，当每极磁通 Φ 为常数，电枢以转速 n 旋转时，电枢上的导体切割主磁通，直流发电机的发电电动势为 $E_a = C_e\Phi n$，若电枢电阻为 R_a，负载电阻为 R，则直流发电机的输出电压为

$$U = E_a - I_aR_a = E_a - \left(\frac{U}{R_L}\right)R_a$$

将电动势带入上式得

$$U = \frac{E_a}{1 + \dfrac{R_a}{R_L}} = \frac{C_e\Phi}{1 + \dfrac{R_a}{R_L}}n = Kn \tag{9-9}$$

因此，无论发电机是否带负载，其理想输出电压总是和转速成正比，但负载电阻的大小，会影响输出电压与转速间的比例系数 K 的数值，也就是输出特性曲线的斜率。

直流测速发电机输出电压 U 与转速 n 成线性关系的条件是 Φ、R_a、R_L 保持不变，实际上，直流测速发电机在运行时许多因素会引起输入输出关系的非线性变化：

1）周围环境温度的变化，特别是励磁绕组长期通电发热而引起的励磁绕组电阻的变化，将引起励磁电流及磁通 Φ 的变化，从而造成输出误差。

2）直流测速发电机带负载时，电枢反应的去磁作用使测速发电机气隙磁通减小，引起线性误差。

3）电枢电路总电阻中包括电刷与换向器的接触电阻，这种接触电阻是随负载电流变化而变化的。当发电机转速较低时，相应的电枢电流较小，接触电阻较大，这时测速发电机虽然有输入信号（转速），但输出电压却很小，会使输出电压出现死区。

为了减小由温度变化而引起的磁通变化，实际使用中，可在励磁回路中串联一个阻值较大的附加电阻。该电阻可用温度系数较低的康铜材料制成。使得励磁绕组温度升高时励磁回路的总电阻值仅出现微小变化。发电机磁路设计应使其处于接近饱和的状态，使得励磁电流变化引起更小的气隙磁通变化。此外，还可采用在定子磁极上安装补偿绕组、适当加大发电机气隙、选用接触压降小的电刷等方法来减小电枢反应的去磁作用，以保持稳定的磁场，从而获得良好的输入输出特性。

二、交流异步测速发电机

交流测速发电机包括同步测速发电机和异步测速发电机两种形式，目前应用最多的是空心杯形转子异步测速发电机，其外形如图9-39所示。

其结构和杯形转子伺服电动机相似，转子是一个薄壁非磁性杯（杯厚为 $0.2 \sim 0.3\text{mm}$），通常用高电阻率的硅锰青铜或铝锌青铜制成。定子上有两套在空间上相互正交的定子绕组，励磁绕组一般位于外定子上，信号输出绕组则位于内定子上，其中一套作为励磁绕组，外接稳频稳压的交流电源，设电源电压 $\dot{U}_1$，频率为 f_1，另一套作为发电绕组，输出交流电压 $\dot{U}_2$，如图9-40所示。

图9-39 空心杯形转子异步测速发电机外形图

当发电机的励磁绕组外施电压 $\dot{U}_1$ 时，便有电流流过绕组，在发电机气隙中沿励磁绕组轴线（d轴）产生一频率为 f_1 的脉振磁场。

当转子不动时，即输入转速 $n = 0$ 时，发电机磁路相当于变压器的静止磁路，d轴的脉振磁通只能在空心杯转子中感应出变压器电动势，由于转子是闭合的，这一变压器电动势还会产生转子电流，且此电流所产生的磁通会阻碍原脉振磁场的变化，所以合成磁通仍沿着d轴方向。由于磁场没有在q轴方向的分量，d轴方向磁通与输出线圈平面是平行的，没有耦合关系，不能切割磁力线产生感生电动势，故测速发电机没有发电电压输出。

当转子转动后，设逆时针转动，转速为 n，因转子导体切割励磁磁通 $\dot{\Phi}_d$，因而转子表面出现感应电动势 $\dot{E}_q$，其方向可用右手定则判断，如图9-40中的"·"和"×"所示。显然，该电动势的大小与磁通 $\dot{\Phi}_d$ 的大小成正比，也与转速 n 成正比，可写成

$$E_q = C_q \Phi_d n \qquad (9\text{-}10)$$

式中，C_q 为比例常数。

由于 $\dot{E}_q$ 切割 $\dot{\Phi}_d$ 产生，其频率也为 f_1。

在 $\dot{E}_q$ 会在转子中引起感应电流 $\dot{I}_q$，用右手定则容易判断该电流所产生的磁通 $\dot{\Phi}_q$ 垂直于 $\dot{\Phi}_d$，$\dot{\Phi}_q$ 的大小必然与 $\dot{E}_q$ 的大小成正比，即

$$\Phi_q = K E_q \qquad (9\text{-}11)$$

式中，K 为比例常数。

又由于 $\dot{\Phi}_q$ 的轴线与输出绕组平面正交，因此，交变磁通 $\dot{\Phi}_q$ 会在定子输出绕组中感应出电动势 $\dot{E}_2$，其频率仍为 f_1，参考异步电动机的定子绕组的感应电动势表达式，$\dot{E}_2$ 的大小应为

$$E_2 = 4.44 f_1 N_2 K_{N2} \Phi_q \qquad (9\text{-}12)$$

式中，$N_2 K_{N2}$ 为输出绕组的有效匝数。

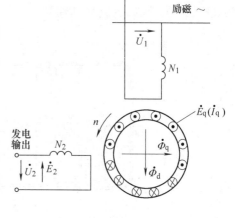

图 9-40　交流异步测速发电机的工作原理

考虑到 $\Phi_q \propto E_q$ 而 $E_q \propto n$，故交流测速发电机的输出电动势 E_2 可写成

$$E_2 = C_1 n \qquad (9\text{-}13)$$

式中，C_1 为比例常数。通过此式可看出输出绕组的发电电动势 E_2 与转速 n 成正比，由这个电动势产生输出电压 $\dot{U}_2$，测速发电机就将转速信号转变成了成比例的电压输出。若转子改变转动方向，则旋转引起的电动势 $\dot{E}_q$、电流 $\dot{I}_q$ 及磁通 $\dot{\Phi}_q$ 均随之反向，发电电压的相位也会反相。

总体来说，控制系统对异步测速发电机的要求是：①输出电压与转速成严格的线性关系；②输出电压与励磁电压（即电源电压）同相；③转速为零时，没有输出电压，即所谓剩余电压为零。实际应用中，测速发电机的定子绕组和空心杯转子的参数，在不同程度上都会受到温度变化、制造工艺等方面的影响，在输出线性度、相位和剩余电压等方面产生误差。

三、光电编码器

直流或交流测速发电机，作为模拟式的速度检测反馈装置，将旋转轴的速度转换成电压输出，在位置闭环控制系统中，一直有着大量应用。但模拟式的电压检测信号必须通过模拟量/数字量的转换才能交给计算机进行处理，使得控制系统变得复杂。随着机电传动控制系统的逐渐数字化，目前数字式的光电编码器和霍尔元件测速传感器在数控机床、机器人及各种生产线等自动机械的速度、位移等物理量的实时测量中获得了广泛的应用。

编码器也称旋转编码器或脉冲编码器，是一种将被测轴的转动速度、方向及位置转换为电脉冲的信号元件。常与伺服电动机或丝杠同轴安装，以检测伺服电动机或丝杠的转角。按编码器的不同读数方法，可分为增量（相对位置）编码器和绝对位置编码器两类；按其工作原理不同，可分为接触式、光电式和电磁式等。在此主要介绍光电式编码器。图 9-41 为光电编码器的外形示意图。

图 9-41　光电编码器外形示意图

1. 光电式增量编码器

图 9-42 为光电式增量编码器的内部结构示意图，图中 1 为印制电路板；2 为光源；3 为圆光栅，其上刻有均匀的透光条纹，随被测轴转动；4 为指示光栅，固定不动，其结构为刻

有透光辨向条纹的狭缝群，用来选择圆光栅透射光线的相位；5 为感光的光电池组；6 为安装底座；7 为护罩；8 为转动轴。

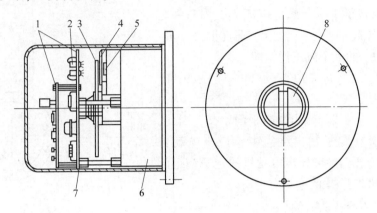

图 9-42　光电式增量编码器的内部结构示意图

图 9-43 为光电式增量编码器的脉冲信号产生原理图，在编码器轴上安装的圆光栅，相当于一个圆形的编码盘，其制造工艺是在一定直径的玻璃圆盘上用真空镀膜的方法镀上一层不透光的金属薄膜，再涂上一层均匀的感光材料，然后用照相腐蚀工艺，制成沿圆周等距的透光和不透光相间的辐射状条纹，在码盘的前后分别安装光源、指示光栅与光敏元件(一般用光电池或光敏晶体管)，圆光栅的透光条纹和指示光栅的辨向条纹密度相同。光源经聚光透镜变成平行光，射向圆光栅，当圆光栅随被测轴转动时，透光条纹会转到与辨向狭缝重合的位置，也会转到被辨向狭缝阻挡的位置，从通光量最大，变到最暗，再变亮。光敏元件将所接收到的周期性明暗变化转变成电信号，然后经整形、放大处理，若设透光时编码器输出"1"电平信号，则不透光时编码器就会输出"0"电平信号，这样编码器就将编码盘的机械转动转换为一系列的电脉冲信号输出，如图 9-43 所示的 A 相脉冲输出。因脉冲的个数等于转过的透光条纹数，所以对脉冲信号计数，就可以测出圆光栅角度的增加；而统计单位时间内转过的脉冲数目，即根据脉冲频率，就可以求出圆光栅的旋转速度。那么，如何分辨编码盘的旋转方向呢？

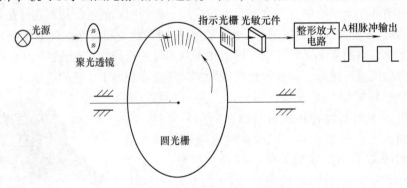

图 9-43　光电式增量编码器的脉冲信号产生原理图

设旋转圆盘上两个透光条纹之间的空间距离为一个栅距，显然，当被测轴转过两个条纹即一个栅距时，输出电脉冲会变化一个周期 T。为了判别圆盘的旋转方向，可如图 9-44 那样在编码器的指示光栅上刻制两个辨向狭缝群，一个为 A，另一个为 B，只要使得 A、B 两组透光狭缝群的位置彼此错开 1/4 栅距，则通过 A、B 感光元件就会分别输出两组互差 1/4

周期(90°)的脉冲列。显然如果正转时 A 相脉冲在前，B 相脉冲在后，则反转时就会 B 相脉冲在前，A 相脉冲在后。通过识别 A、B 两路脉冲的相位差就可以测量编码器的转动方向。

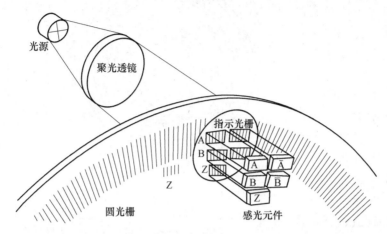

图 9-44 增量编码器的多相输出脉冲产生原理图

要知道增量式编码器旋转的准确位置，就要统计编码器旋转到了第几圈的第几个脉冲，为此，圆光栅上专门刻有一组或一条透明光栅，如图 9-44 中圆光栅下面的 Z 处所示，指示光栅上也对应制有辨向狭缝群 Z，使编码器在每一圈的固定位置发出一个零位透光信号，经感光元件 Z 和电路之后，输出 Z 相脉冲，被称为零位脉冲输出信号。增量编码器的 A、B、Z 相输出波形如图 9-45 所示。

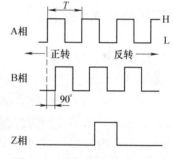

图 9-45 增量编码器 A、B、Z 相输出波形

为了便于脉冲信号的差动输出和倍频处理，增量编码器中还制有 $\overline{A}$、$\overline{B}$ 和 $\overline{Z}$ 光电转换电路(空间限制，图 9-44 中 $\overline{Z}$ 的光电转换电路未作出)，并输出与 A 相、B 相和 Z 相输出反相的 $\overline{A}$、$\overline{B}$ 和 $\overline{Z}$ 相脉冲，其波形图略。有些简易的编码器产品，内部不设置 $\overline{A}$、$\overline{B}$ 和 $\overline{Z}$ 相，应用中只连接五根线：电源线、地线和 A、B、Z 信号线，可用于精度不高的位置/速度检测。在用于数控系统检测伺服轴速度/位置检测的场合，则除了电源和地之外，A、B、Z 和 $\overline{A}$、$\overline{B}$、$\overline{Z}$ 都需要连接。至少连接 8 根线。

按二进制数量刻制的增量编码器的光栅常用条数为每转 1024、2048 脉冲等，按十进制数量刻制的光栅条数有每转 2000、2500 条等，更高精度的光电式增量编码器如三菱交流伺服电动机内装的相对位置编码器每转可发出高达 131072 个脉冲。

增量编码器的主要缺点：停电或关机后，机器不能知道自己停留的绝对位置，所以数控设备在重新开机时的第一步操作是"回参考点"，其目的是为了寻找参考点的 Z 脉冲，重新建立正确的坐标系，在参考点的基础上进行正确的机械加工。如果使用绝对位置编码器就可以解决绝对位置的测量问题。

2. 光电式绝对位置编码器

与增量式编码器不同，在编码盘上的每个位置都有对应的数值代码，并刻制成图案，只要读取编码盘上的图案就可以确定轴的当前位置。读取方式有接触式、光电式和电磁式等几种。最常用的是光电式绝对位置编码器。

图 9-46 是光电绝对位置编码器的原理图，图 9-46a 为编码盘示意图，9-46b 为光电转换原理图。编码盘上有四个同心圆，被称为码道。按照二进制分布规律，将每条码道加工成透明和不透明相间的形式。编码盘的一侧安装光源，另一侧安装四个径向排列的光敏管，每个光敏管对准一条码道。当光源

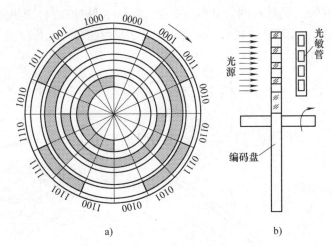

图 9-46　绝对位置编码器的原理图

照射编码盘时，如果是透明区，则光线被光敏管接收，并转变成电信号，输出信号为"1"；如果不是透明区，光敏管接受不到光线，输出信号为"0"。被测轴带动编码盘旋转时，光敏管输出的信息就代表了轴的相应位置，即绝对位置。

码道数为 n 的编码盘，每转脉冲数为 2^n，能分辨的不同圆周位置为 2^n 个。四位二进制码盘能分辨的最小角度为

$$\alpha = 360°/2^4 = 22.5°$$

码道越多，分辨率越高。目前，绝对编码器的码盘码道已经做到 18 条，能分辨的最小为 0.0014°。

在图 9-46a 的编码盘示意图中，并没有按照二进制的数字大小顺序制造透光和不透光部分，而是采用了格雷码编码顺序，格雷码编码如表 9-1 所示。格雷码的特点是每改变一次角度相邻数码之间仅改变一位二进数，使得旋转中读数出错的概率大大降低。不会出现二进制中从"0011"到"0100"那样由于多个数字同时从 1 变 0 或从 0 变 1 而增加出错概率。

由于绝对位置编码器在应用中能辨别机械装置的绝对位置，不用在停电和开机后归零建立坐标系，所以在工业机器人、送料机械等位置控制中被大量应用。

表 9-1　格雷码编码表

角度	二进制	格雷码	十进制	角度	二进制	格雷码	十进制
0	0000	0000	0	8α	1000	1100	8
α	0001	0001	1	9α	1001	1101	9
2α	0010	0011	2	10α	1010	1111	10
3α	0011	0010	3	11α	1011	1110	11
4α	0100	0110	4	12α	1100	1010	12
5α	0101	0111	5	13α	1101	1011	13
6α	0110	0101	6	14α	1110	1001	14
7α	0111	0100	7	15α	1111	1000	15

本章介绍常用控制电机的结构特点、工作原理、特性和应用实例。

步进电动机是一种将电脉冲信号转换成角位移的执行元件。步进电动机输入控制脉冲，通过功率放大电路来驱动使其转动，对应每个控制脉冲，转子转动一个固定的角度。步进电动机的转子速度与通电脉冲频率成正比，旋转角度与通电脉冲数目成正比。步距角是步进电动机的重要参数，与运行拍数和转子齿数成反比。

普通伺服电动机可分为交流伺服电动机和直流伺服电动机。直流伺服电动机实质是一台他励式直流电动机，采用电枢控制方式时可实现线性的机械特性与调节特性，励磁功率小，响应迅速。伺服电动机的转速和直流输入电压成线形关系，改变控制电压可以改变转速和转向。交流伺服电动机通过调节控制电压的大小或相位差均可以控制电动机转速，通过增大转子电阻的办法消除了自转现象，改善了机械特性，采用杯形转子可以提高快速响应，减小转动惯量，提高起动转矩。

交流伺服系统中常用永磁式同步电动机作为交流伺服电动机，和交流伺服驱动器、编码器共同构成一套闭环交流伺服系统，受数控系统的控制，完成机械设备的高精度位置控制。

测速发电机分为交流测速发电机和直流测速发电机，是一种测量转速的信号元件，它将输入的机械转速转换为交流或直流电压信号输出，输出电压与转速成正比。它在自动控制系统中主要用作模拟式的测速元件。

光电编码器分为增量和绝对位置编码器两大类，是一种将被测轴的转动速度、方向及位置转换为电脉冲的信号元件。增量编码器的输出脉冲频率与转速成正比关系，对脉冲计数可以知道转过的角度信息，根据两相输出脉冲的相位差可以分辨出转动方向。绝对编码器则根据输出脉冲数码直接获得旋转轴的位置信息。

思考题与习题

1. 什么叫步进电动机？步进电动机的转速是由哪些因素决定的？

2. 什么是步进电动机的步距角？什么是单三拍、六拍和双三拍工作方式？

3. 什么是伺服电动机的自转现象？如何消除？

4. 步进电动机驱动电源有什么作用？

5. 一台交流伺服电动机，额定转速为 725r/min，额定频率为 50Hz，空载转差率为 0.0067，试求：极对数、同步转速、空载转速、额定转差率和转子电动势频率。

6. 同步电动机的自控式变频和他控式变频有什么区别？

7. 什么是伺服系统？一套伺服系统由哪些控制部件构成？

8. 说明交流测速发电机的基本工作原理，为什么交流测速发电机的输出电压与转速成正比？

9. 试比较交、直流测速发电机的优缺点。

10. 增量和绝对位置编码器有什么区别？

11. 什么是同步电动机的异步起动法？

第十章

电动机的继电－接触器控制

第一节　几种常用低压电器

低压电器是指在直流电压 1500V、交流 1200V 及以下的电路中，起通断、控制、保护与调节等作用的电器设备。

低压电器的种类繁多、结构各异、用途不同，按其动作方式可分为手动和自动两类。手动电器的动作是由工作人员手动操纵的，如刀开关、组合开关和按钮等；自动电器的动作是根据指令、信号或某个物理量的变化自动进行的，如各种继电器、接触器和行程开关等。下面介绍继电-接触器控制系统中最常用的几种低压电器。

一、刀开关

刀开关又叫闸刀开关，是手动电器中结构最简单的一种，主要用作电源隔离开关，也可用来非频繁地接通和分断容量较小的低压配电线路。接线时应将电源线接在上端，负载接在下端，这样拉闸后刀片与电源隔离，可防止意外事故发生。

1. **刀开关的结构和种类**

刀开关的结构示例如图 10-1a 所示，刀开关由触刀（动触头）、插座（静触头）、手柄和（绝缘）底板等组成。

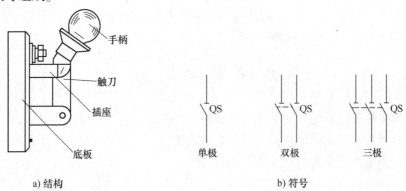

图 10-1　刀开关的结构和符号

刀开关的种类很多。按极数分为：单极、双极和三极。它们在电路图中的符号如图 10-1b 所示。按灭弧装置分为带灭弧装置和不带灭弧装置；按刀的转换方向分为单掷和双掷；按接线方式分为板前接线式和板后接线式；按操作方式分为直接手柄操作和远距离联杆操作；按有无熔断器分为带熔断器式刀开关和不带熔断器式刀开关。10-1b 为刀开关的图形符号和文字符号。

2. 刀开关的使用和安装

刀开关一般与熔断器串联使用，以便在短路或其他过电流情况下熔断器熔断而自动切断电路。刀开关的额定电压通常为250V和500V，额定电流在1500A以下。

安装刀开关时，电源线应接在静插座上，负荷线接在与触刀相连的端子上。对有熔丝的刀开关，负荷线应接在触刀下侧熔丝的另一端，以确保刀开关切断电源后触刀和熔丝不带电。在垂直安装时，手柄向上合为接通电源，向下拉为断开电源，不能反装，否则会因触刀松动自然落下而误将电源接通。

3. 刀开关的选择应从以下两个方面考虑：

(1) 刀开关结构形式的选择　一般来说，应根据刀开关的作用来选择是否带灭弧装置，若分断负载电流时，应选择带灭弧装置的刀开关。在结构形式上，是采用正面、背面或侧面操作，是直接操作还是杠杆传动，是板前接线还是板后接线，则根据现场装置的安装形式来选择。

(2) 刀开关的额定电流的选择　主要考虑回路额定电压、长期工作电流以及短路电流所产生的动热稳定性等因素。刀开关的额定电流一般应等于或大于所分断电路中各个负载额定电流的总和。对于电动机负载，考虑其起动电流，应在产品目录中选用额定电流大一级的刀开关；若再考虑电路出现的短路电流，还应选用额定电流更大一级的刀开关。例如直接起动或停至3kW及以下的三相异步电动机，刀开关的额定电流必须大于电动机额定电流的3倍。

二、组合开关

组合开关又叫转换开关，是一种转动式的闸刀开关，主要用于接通或切断电路、换接电源、控制小型笼型三相异步电动机的起动、停止、正反转或局部照明。

组合开关的外形和结构分别如图10-2a、b所示，(三极组合开关)在电路中的符号如图10-2c所示。组合开关有若干个动触头和静触头，分别装于数层绝缘件内，静触头固定在绝缘垫板上，动触头装在转轴上，随转轴旋转而变更通、断位置。在转轴上装有加速动作的操纵机构，使触头接通和断开的速度与手柄旋转速度无关，从而提高其电气性能。组合开关有单极、双极、三极和四极几种，额定持续电流有10、25、60和100A等多种。

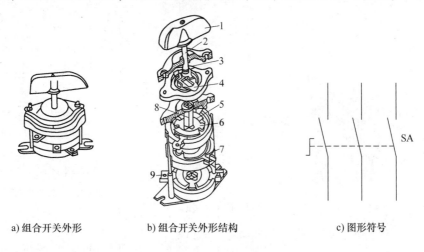

a) 组合开关外形　　b) 组合开关外形结构　　c) 图形符号

图10-2　组合开关

1—手柄　2—转轴　3—弹簧　4—凸轮　5—绝缘垫板　6—动触头　7—静触头　8—绝缘方轴　9—接线端子

图 10-3 为一个用组合开关直接起停小功率电动机的控制电路，利用组合开关的操作手柄，转动转轴就可将 3 对触头同时接通或断开。例如现在图中位置，3 路都不通电，但如果向图示方向转动 60°，则 3 路电源全部接通，电动机起动运转；手柄再继续转动档位或扳回图中位置，电动机就停止转动。

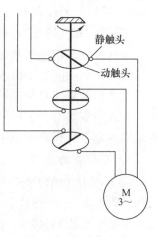

图 10-3 小功率电动机起停控制电路

三、低压断路器

低压断路器也称为自动开关或自动空气开关，可用来接通和分断负载电路，也可用来控制不频繁起动的电动机。其功能相当于刀开关、过电流继电器、失电压继电器、热继电器、漏电保护器等电器的部分或全部功能的总和。由于低压断路器具有过载、短路、欠电压保护等多种保护功能，具有动作值可调、分断能力高、操作方便、安全等优点，所以目前被广泛应用，成为低压配电电网中的一种重要的配电兼保护用电器。

1. 低压断路器的结构和工作原理

图 10-4a、b 分别为低压断路器的外形图和电气符号。

低压断路器的工作原理图如图 10-5 所示，由操作机构、触头、保护装置（各种脱扣器）和灭弧系统等组成。低压断路器的主触头是靠手动操作或电动合闸的。主触头闭合后，自由脱扣机构将主触头锁在合闸位置上。过电流脱扣器的线圈和热脱扣器的热元件与主电路串联，欠电压脱扣器的线圈和电源并联。当电路发生短路或严重过载时，过电流脱扣器的衔铁吸合，使自由脱扣机构动作，主触头断开主电路。当电路过载时，热脱扣器的热元件发热使双金属片向上弯曲，推动自由脱扣机构动作。当电路欠电压时，欠电压脱扣器的衔铁释放，也使自由脱扣机构动作。分励脱扣器则作为远距离控制用，在正常工作时，其线圈是断电的，在需要远距离控制时，按下停止按钮，使线圈通电，衔铁带动自由脱扣机构动作，使主触头断开。

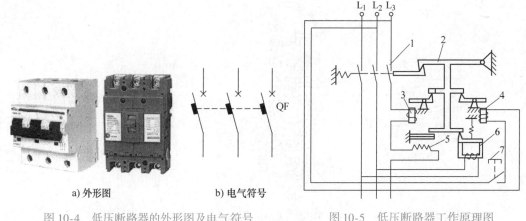

a) 外形图   b) 电气符号

图 10-4 低压断路器的外形图及电气符号

图 10-5 低压断路器工作原理图

1—主触头 2—自由脱扣机构 3—过电流脱扣器 4—分励脱扣器 5—热脱扣器 6—欠电压脱扣器 7—停止按钮

2. 低压断路器选用原则

1）低压断路器的类型应根据线路和设备电流情况及保护要求加以选择，如小电流时可选择塑壳式断路器，大电流时可选择万能式断路器，控制和保护晶闸管整流装置可选择直流快速限流式断路器等。

2）断路器的额定电压 U_N 应等于或高于被保护线路的额定电压。

3）断路器欠电压脱扣器额定电压应等于被保护线路的额定电压。

4）断路器的额定电流及过电流脱扣器的额定电流应大于或等于被保护线路的计算电流。

5）断路器的极限分断能力应大于线路的最大短路电流的有效值。

6）配电线路中的上、下级断路器的保护特性应协调配合，下级应比上级断路器保护电流小一些，避免扩大跳闸范围。

7）断路器的长延时脱扣电流应小于导线允许的持续电流。

四、熔断器

1. 熔断器的工作原理和分类

熔断器俗称保险，由固定安装的熔座和可取出的熔体（熔丝）两部分组成。熔断器使用时串联在被保护电路上，当电路发生短路故障或严重过载时，有较大电流流过熔断器，使熔体发热后自动熔断，从而自动切断电路，起到保护电路及电气设备的目的。熔体一般采用电阻率较高、熔点较低的合金材料，制成片状或丝状，如铅锡合金丝，也可用截面很小的铜丝、银丝制成；熔座是熔体的保护外壳，由于熔体在熔断时可能电离空气出现电弧，所以熔座还兼有灭弧的作用。

熔断器是一种最常用且简单有效的严重过载和短路保护电器，具有结构简单、维护方便、价格便宜及体小量轻之优点。其品种多种多样，可根据不同的安装场合选用不同电流等级、不同外形及不同系列的产品。

常见的熔断器可分为瓷插式熔断器、螺旋式熔断器和管式熔断器三类。

1）瓷插式熔断器结构如图 10-6 所示。因为瓷插式熔断器具有结构简单、价格便宜、外形小及更换熔丝方便等优点，所以它被广泛地应用于中、小容量的控制系统中。

2）螺旋式熔断器的外形和结构如图 10-7 所示。在熔断管内装有熔丝，并填充石英砂，

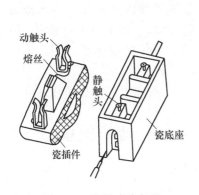

图 10-6　瓷插式熔断器

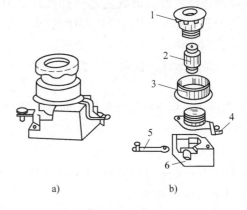

a)　　　　b)

图 10-7　螺旋式熔断器

1—瓷帽　2—熔断管　3—瓷套　4—上接线端　5—下接线端　6—瓷座

作熄灭电弧之用。熔断管口有色标，以显示熔断信号。当熔断器熔断的时候，色标被反作用弹簧弹出后自动脱落，通过瓷帽上的玻璃窗口可以看见。

3）管式熔断器分为有填料式和无填料式两类。有填料管式熔断器的结构如图10-8所示。有填料管式熔断器是一种分断能力较大的熔断器，主要用于要求分断较大电流的场合。

熔断器的电气符号如图10-9所示。

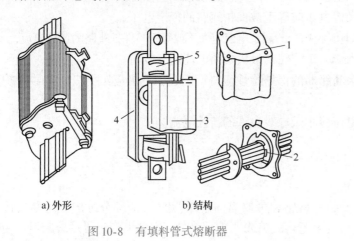

a) 外形　　　　　　b) 结构

图10-8　有填料管式熔断器
1—管体　2—熔体　3—熔断体　4—瓷底座　5—弹簧夹

图10-9　熔断器的电气符号

2. 熔断器的技术参数

正常情况下，熔体中通过额定电流时熔体不应该熔断，当电流增大至某值时，熔体经过一段时间后熔断并熄弧，这段时间称为熔断时间。熔断时间与通过的电流大小有关，具有反时限保护特性，即通过熔体的电流越大，熔断时间越短；当通过最小熔断电流时，熔断时间从理论上讲应为无限长，但实际使用中，由于熔体发热而被氧化和老化，或受机械损伤，即使电流小于最小熔断电流，也可能熔断，所以熔体安全工作最大电流即额定电流规定为最小熔断电流的2～3倍。

1）额定电流　额定电流指保证熔断器能长期工作，各部件温升不超过允许值时所允许通过的最大电流。熔断器的额定电流不能小于熔体的额定电流。

熔断器的额定电流是指载流部分和接触部分所允许长期工作的电流；熔体的额定电流是指长期通过熔体而熔体不会熔断的最大电流。在同一个熔断器内，可装入不同额定电流的熔体，但熔体的额定电流不能超过熔断器的额定电流。例如，RL1－60型螺旋式熔断器，额定电流为60A，额定电压500V，则15、20、30、35、60A的熔体都可装入此熔断器使用。

2）额定电压　额定电压指保证熔断器长期正常工作的电压。熔断器的额定电压不能低于电网的额定电压。

3）极限分断能力　极限分断能力指熔断器在额定电压下所能断开的最大短路电流。它代表熔断器的灭弧能力，而与熔体的额定电流大小无关。

3. 熔断器的选用方法

1）熔断器类型的选择主要根据使用场合来选择不同的类型。如电网配电可选择一般工业用熔断器；保护晶闸管器件用应选择保护半导体器件的快速熔断器；家庭使用可选择螺旋式或半封闭插入式熔断器等。

2）熔断器的额定电压必须等于或高于熔断器安装处的电路额定电压。

3）电路保护用熔断器熔体的额定电流基本上可按电路的额定负载电流来选择，但其极限分断能力必须大于电路中可能出现的最大故障电流。

4）在电动机回路中作短路保护时，应考虑电动机的起动条件，按电动机的起动时间长短选择熔体的额定电流。一般起动时间不太长的场合

$$I_{fu} = I_{ST}/(2.5 \sim 3) = I_N(1.5 \sim 2.5)$$

式中，I_{ST} 为电动机的起动电流；I_N 为电动机的额定电流。

起动时间长或较频繁起动的场合，要选用比上式计算结果更大的熔断器。

5）对于多台电动机并联的电路，考虑到电动机一般不同时起动，故熔体的电流可按下式计算：

$$I_{fu} = (1.5 \sim 2.5)I_{Nmax} + \sum I_N$$

式中，I_{Nmax} 为最大容量一台电动机的起动电流；$\sum I_N$ 为其余电动机的额定电流之和。

五、按钮

按钮主要用于接通或断开继电-接触器电路，从而控制电动机或其他电气设备的运行。按钮的额定电流一般为 5A。

按钮的内部结构如图 10-10a 所示。由按钮帽、复位弹簧、桥式触头和外壳组成。按钮的触头分常闭触头（动断触头）和常开触头（动合触头）两种。常闭触头是按钮未按下时闭合、按下后断开的触头；常开触头是按钮未按下时断开、按下后闭合的触头。按钮按下时，常闭触头先断开，然后常开触头闭合；松开后，依靠复位弹簧使触头恢复到原来的位置，按钮复位时，常开触头先断开，然后常闭触头闭合。不同按钮内部的常开常闭触头对数不完全一致，有的按钮内部具有两对常开触头和两对常闭触头，有的按钮内部

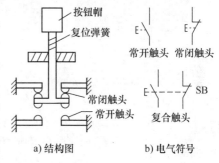

图 10-10　按钮的内部结构和电气符号

具有一对常开触头和一对常闭触头，最小的按钮内部只有一对常开触头（或常闭触头）。按钮的电气符号如图 10-10b 所示。电路中用虚线表示同时动作的两个复合触头。

按钮按结构型式划分，可分为开启式、保护式、防水式、防腐式、紧急式、钥匙式、旋钮式和带指示灯式等。为了标明各个按钮的作用，常将按钮帽做成不同颜色，以示区别，有红、绿、黑、黄、蓝和白等几种。如红色表示停止按钮，绿色表示启动按钮，橘红色表示紧急停止按钮。常用 LA 系列按钮的电寿命为接通和分断至少 20 万次。

图 10-11 为几种按钮的外形图。

图 10-11　按钮的外形图

六、交流接触器

接触器是用来频繁接通和断开电路的自动切换电器，它具有手动切换电器所不能实现的远程控制能力。接触器具有欠电压和失电压保护功能，但不具备短路和过载保护功能。接触器的主要控制对象是电动机。

接触器分直流接触器和交流接触器两类，在交流电压下工作的接触器被称为交流接触器。

1. 交流接触器的结构

交流接触器的外形如图 10-12a 所示，内部结构如图 10-12b 所示，它由以下 4 部分组成：

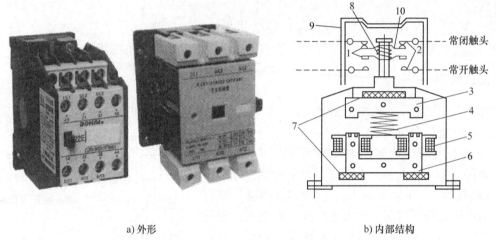

a) 外形   b) 内部结构

图 10-12　交流接触器的外形与结构示意图

1—动触头　2—静触头　3—衔铁（动铁心）　4—缓冲弹簧　5—电磁线圈
6—静铁心　7—垫圈　8—触头弹簧　9—灭弧罩　10—触头压力弹簧

（1）电磁机构　电磁机构由电磁线圈、衔铁（动铁心）和静铁心组成，其作用是将电磁能转换成机械能，产生电磁吸力带动触头动作。

（2）触头系统　交流接触器主要由电磁铁和触头两部分组成，根据用途不同，交流接触器的触头分主触头和辅助触头两种。主触头一般比较大，接触电阻较小，用于接通或分断较大的电流，常接在主电路中，一般为 3 对常开触头；辅助触头一般比较小，接触电阻较大，用于接通或分断较小的电流，常接在控制电路(或称辅助电路)中，起电气联锁作用，故又称联锁触头，一般常开、常闭各两对。新型的接触器产品可以在侧面或上方增加触头数量。

（3）灭弧装置　容量在 10A 以上的接触器都有灭弧装置，对于小容量的接触器，常采用双断口触头灭弧、电动力灭弧、相间弧板隔弧及陶土灭弧罩灭弧。对于大容量的接触器，采用纵缝灭弧罩及栅片灭弧。

（4）其他部件　包括触头弹簧、缓冲弹簧、触头压力弹簧、短路环、传动机构及外壳等。其中短路环的作用是：在交变电流过零时，维持静铁心之间具有一定的吸力，以减小动、静铁心之间的振动。

2. 交流接触器的工作原理

交流接触器的工作原理是：线圈通电时产生电磁吸引力将衔铁吸下，使常开触头闭合，常闭触头断开，线圈断电后电磁吸引力消失，依靠弹簧使触头恢复到原来的状态。

图 10-12b 中，当给交流接触器的线圈通入交流电时，在铁心上会产生电磁吸力，克服缓冲弹簧的反作用力，将衔铁吸合，衔铁的动作带动动触头运动，使受控电路（虚线）在常闭触头处断开、常开触头处闭合。当电磁线圈断电后，铁心上的电磁吸力消失，衔铁在弹簧的作用下回到原位，各触头也随之回到原始状态。

3. 交流接触器的电气符号

交流接触器的文字符号和图形符号如图 10-13a 所示。国产交流接触器主要有 CJ20 等系列，型号说明如图 10-13b 所示。

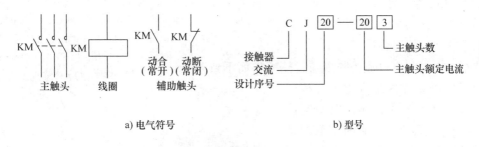

a) 电气符号　　　　　　　　　　b) 型号

图 10-13　交流接触器的电气符号和型号

4. 交流接触器的选用

交流接触器是电力拖动中最主要的控制电器之一。在设计它的触头时已考虑到接通负荷时的起动电流问题，因此，选用交流接触器时主要应根据负荷的额定电流来确定。选用时应满足以下两个条件：

1）接触器的额定电流大于或等于负载的额定电流。如一台三相异步电动机，额定功率4kW、额定电流为 8.5A，选用主触头额定电流为 10A 的交流接触器即可。

2）接触器的额定电压应高于或者等于所控制回路的额定电压。

七、热继电器

热继电器是利用电流的热效应而动作的电器，它可以避免电动机因长期过载而烧坏。

1. 常用热继电器

1）双金属片式：利用双金属片受热弯曲，推动杠杆使触头动作。

2）热敏电阻式：利用电阻值随温度变化而变化的特性制成的热继电器。

3）易熔合金式：利用过载电流发热使易熔合金达到某一温度值时，合金熔化而使继电器动作。

上述三种热继电器以双金属片式用的最多。

2. 双金属片式热继电器的结构及工作原理

双金属片式热继电器的内部结构如图 10-14 所示。热继电器主要由发热元件、双金属片、触头及动作机构等部分组成。双金属片是热继电器的感测元件，由两种不同热膨胀系数的金属片压焊而成。两个（或 3 个）主双金属片上绕有阻值不大的电阻丝作为发热元件，电阻丝串接于电动机主电路中,当电动机正常运行时,热元件产生的热量虽能使双金属片弯曲,但不足以使继电器动作。当电动机过载时,热元件流过大于正常值的工作电流,温度增高,使双金属片更加弯曲,经过一定时间后,双金属片推动导板,带动热继电器的常闭触头断开、常开触头闭合。通常使用其常闭触头切断电动机控制电路,使电动机停转,达到过载保护的目的。待双金属片冷却后,才能使触头复位。复位有手动复位和自动复位两种。

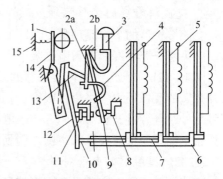

图 10-14 双金属片式热继电器的内部结构
1—电流调节凸轮 2a、2b—片簧 3—手动复位
按钮 4—弹簧片 5—主双金属片 6—外导板
7—内导板 8—常闭静触头 9—动触头
10—杠杆 11—常开静触头(复位调节
螺钉) 12—补偿金属片 13—推杆
14—连杆 15—压簧

图 10-15a 为一种热继电器的外形图,其文字符号和图形符号如图 10-15b 所示。

3. 热继电器的选择

热继电器的整定电流为长期流过热元件而不致引起热继电器动作的最大电流。整定电流是靠调节凸轮来设定,以便与控制的电动机相配合,一般调节范围是热元件额定电流值的 66% ~ 100%。例如,热元件的额定电流为 16A 的热继电器,整定电流在 10 ~ 16A 范围内可调。

如果一台电动机的额定工作电流为 I_N,保护该电动机的热继电器的整定值应为 $(0.95 ~ 1.05)I_N$,一般情况下,将热继电器的电流整定值调到等于电动机的额定值即可。整定值太小会造成误动作,整定值太大则不能起到保护作用。

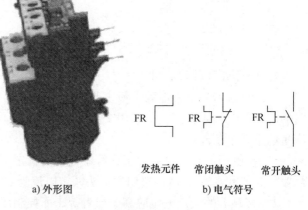

a) 外形图
b) 电气符号

FR 发热元件 FR 常闭触头 FR 常开触头

图 10-15 热继电器的外形及符号

对于三角形接法电动机,一相断线后,流过热继电器的三个电流将严重不平衡,这种情况应该选用带有断相保护装置的热继电器。对于频繁正反转和频繁起制动工作的电动机不宜采用热继电器来保护。

八、行程开关

行程开关又称位置开关或限位开关,它的作用是将机械位移转变为电信号,使电动机运行状态发生改变,即按一定行程自动停车、反转、变速或循环,从而控制机械运动或实现安全保护。

1. 行程开关的结构与工作原理

行程开关有两种类型:直动式(按钮式)和旋转式,其结构基本相同,都是由操作机构、传动系统、触头系统和外壳组成,主要区别在传动系统。直动式行程开关的外形如图 10-16a

所示，其结构、动作原理与按钮相似。旋转式行程开关外形如图 10-16b、c 所示，分别为单轮旋转式和双轮旋转式。

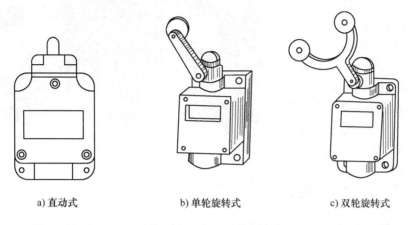

a) 直动式　　　　b) 单轮旋转式　　　　c) 双轮旋转式

图 10-16　行程开关的外形

　　其中单轮旋转式行程开关的结构如图 10-17 所示，当运动机构的档铁压到行程开关的滚轮上时，传动杠杆连同转轴一起转动，凸轮撞动撞块使得常闭触头断开，常开触头闭合。档铁移开后，复位弹簧使其复位(双轮旋转式不能自动复位)。

　　2. 行程开关的电气符号

　　行程开关的内部有常开、常闭触头各一到两对。行程开关的文字符号和图形符号如图 10-18 所示。

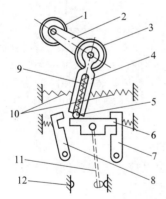

图 10-17　单轮旋转式行程开关的结构图

1—滚轮　2—上转臂　3—盘形弹簧　4—推杆　5—小滚轮
6—擒纵件　7、8—压板　9、10—弹簧　11—动触头　12—静触头

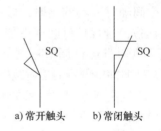

a) 常开触头　　　b) 常闭触头

图 10-18　行程开关的电气符号

九、时间继电器

　　时间继电器用来按照所需时间间隔接通或断开被控制的电路，以协调和控制生产机械的各种动作，因此是按整定时间长短进行动作的控制电器。

1. 时间继电器的分类

时间继电器种类很多,按构成原理分,有电磁式、电动式、空气阻尼式、晶体管式、电子式和数字式时间继电器等。按延时方式分,有通电延时型和断电延时型。空气阻尼式时间继电器(JS7 系列)具有结构简单、延时范围较大(0.4~180s)、寿命长和价格低等优点。图 10-19 为几种时间继电器的外形图。

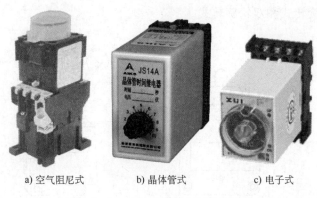

a) 空气阻尼式　　b) 晶体管式　　c) 电子式

图 10-19　几种时间继电器的外形图

在此仅对空气阻尼式时间继电器进行介绍。

2. 空气阻尼式时间继电器的结构和工作原理

空气阻尼式时间继电器是利用空气阻尼的原理制成的,有通电延时型和断电延时型两种。通电延时型时间继电器的结构如图 10-20 所示。动作原理如下:线圈通电后,吸下衔铁,活塞杆因失去支撑,在释放弹簧的作用下开始下降,带动伞形活塞和固定在其上的橡皮膜一起下移,在橡皮膜上面造成空气稀薄的空间,活塞由于受到下面空气的压力,只能缓慢下降。经过一定时间后,杠杆才会碰到微动开关 9,使常闭触头断开,常开触头闭合。从电磁线圈通电时开始到触头动作时为止,中间经过一定的延时,微动开关中的延时触头才动作,这就是时间继电器的延时作用。延时长短可以通过螺钉调节进气孔的大小来改变。空气阻尼式时间继电器的延时范围较大,可达 0.4~180s。

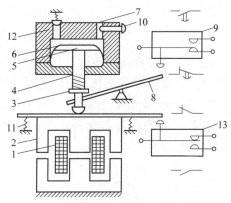

图 10-20　空气阻尼通电延时型时间继电器

1—线圈　2—衔铁　3—活塞杆　4—释放弹簧
5—伞形活塞　6—橡皮膜　7—进气孔　8—杠杆
9、13—微动开关　10—螺钉　11—恢复弹簧
12—出气孔

当电磁线圈断电后,活塞在恢复弹簧的作用下迅速复位,气室内的空气经由出气孔及时排出,因此,微动开关 9 中的通电延时触头在断电时不延时。

微动开关 13 直接随动铁心动作,为瞬动触头。

空气阻尼式通电延时型时间继电器,若将电磁系统翻转 180°安装,即成为断电延时型。

3. 时间继电器的电气符号

时间继电器的触头系统有:瞬时触头和延时触头,都有常开、常闭各一至两对。文字符号和图形符号如图 10-21 所示。

十、速度继电器

速度继电器也称转速继电器。它是一种用来反映转速和转向变化的继电器。它的工作方式是以电动机的转速作为输入信号,通过触头的动作信号传递给接触器,再通过接触器实现

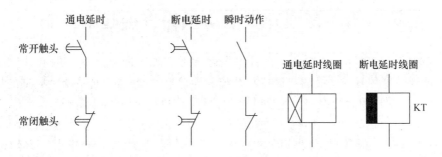

图 10-21　时间继电器的电气符号

对电动机的控制。速度继电器主要用于反接
制动电路中。其外形和结构如图10-22所示。

速度继电器是根据电磁感应原理制成的，
其工作原理如图 10-23a 所示。当电动机旋转
时，与电动机同轴的速度继电器转子也随之
旋转，此时笼型导条就会产生感应电动势和
电流，此电流与磁场作用产生电磁转矩，圆
环带动摆杆在此电磁转矩的作用下顺着电动
机偏转一定角度。这样，使速度继电器的常

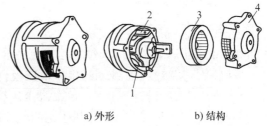

a) 外形　　　　　　b) 结构

图 10-22　速度继电器的外形和结构
1—转子　2—可动支架　3—定子　4—端盖

闭触头断开，常开触头闭合。当电动机反转时，就会使另一侧的触头动作。当电动机转速下
降到一定数值时，电磁转矩减小，返回杠杆使摆杆复位，各触头也随之复位。

图 10-23b 为速度继电器的图形和文字符号。

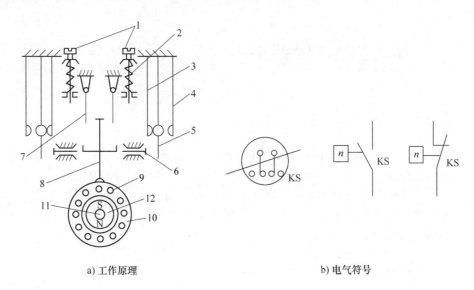

a) 工作原理　　　　　　　　　　b) 电气符号

图 10-23　速度继电器的工作原理和电气符号
1—调节螺钉　2—反力弹簧　3—常闭触头　4—常开触头　5—动触头　6—推杆
7—返回杠杆　8—摆杆　9—笼形导条　10—圆环　11—转轴　12—永磁转子

第二节　笼型异步电动机的直接起动控制

通过继电器、接触器、开关及按钮等电器触头的接通或断开来实现的各种控制叫做继电-接触器控制,这种方式构成的自动控制系统称为继电-接触器控制系统。典型的控制电路有点动控制、单向自锁运行控制、正反转控制、行程控制、时间控制等。

笼型异步电动机起动时,加在电动机定子绕组上的电压为额定电压,这种起动方式称直接起动。优点是电气设备少、线路简单、维修量小,缺点是起动电流大,为额定电流的(4～7)倍。小功率异步电动机(10kW 以内)允许直接起动。

一、点动控制

点动控制,就是指按下按钮,电动机通电运转;松开按钮,电动机断电停止。点动控制电路如图 10-24 所示。它的工作过程较为简单:当电动机需要点动时,先合上开关 QS,再按下按钮 SB,接触器 KM 线圈通电,衔铁吸合,常开主触头接通,电动机定子接入三相电源起动运转。当松开按钮 SB 后,接触器 KM 线圈断电,衔铁松开,常开主触头断开,电动机就断电停转。这种控制方法常用于电葫芦控制和车床拖板箱快速移动的电动机控制。图中 QS 为三相开关、FU$_1$、FU$_2$ 为熔断器、M 为三相笼型异步电动机、KM 为接触器、SB 为起动按钮。

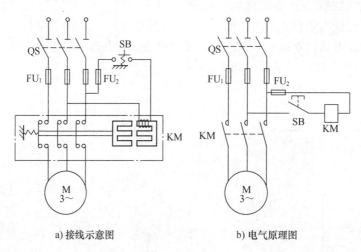

a) 接线示意图　　　　b) 电气原理图

图 10-24　电动机点动控制电路

图 10-24a 是电动机点动的接线示意图,比较直观。图 10-24b 是电动机点动的电气原理图,方便画图和读图。

二、起、停控制

图 10-25 为电动机起、停控制电路,工作过程如下:

1) 起动过程。按下起动按钮 SB$_1$,接触器 KM 线圈通电,与 SB$_1$ 并联的 KM 的常开辅助触头闭合,以保证松开按钮 SB$_1$ 后 KM 线圈持续通电,串联在电动机回路中的 KM 的主触头持续闭合,电动机连续运转,从而实现连续运转控制。与 SB$_1$ 并联的 KM 的常开辅助触头使得接触器能维持自身持续得电，这种作用称为自锁。

2）停止过程。按下停止按钮 SB$_2$，接触器 KM 线圈断电，与 SB$_1$ 并联的 KM 的常开辅助触头断开，串联在电动机回路中的 KM 的主触头也断开，电动机停转。

图 10-25 所示控制电路还具有短路保护、过载保护和零电压保护。

串接在主电路、控制回路中的熔断器 FU$_1$、FU$_2$ 具有短路保护功能，一旦电路发生短路故障，熔体立即熔断，电动机将立即停转。

热继电器 FR 具有过载保护功能。当电动机流过大于热继电器整定值的电流，热继电器的发热元件发热积累，会将热继电器的常闭触头断开，使接触器 KM 线圈断电，于是串联在电动机回路中的 KM 的主触头断开，

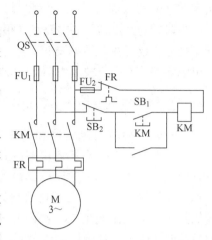

图 10-25　电动机起、停控制电路

电动机停转。同时 KM 辅助触头也断开，解除自锁。故障排除后若要重新起动，需按下热继电器的复位按钮，使 FR 的常闭触头复位（闭合）。

接触器控制电路本身具有零电压（或欠电压）保护功能。因为电源暂时断电或电压严重下降时，接触器 KM 线圈的电磁吸力不足，于是接触器电磁机构的衔铁自行释放，使主、辅触头自行复位，切断电源，电动机停转，同时解除自锁。

第三节　笼型异步电动机的正反转控制

在生产过程中，很多生产机械的运动部件往往需要作正、反两个方向的运动。如车床主轴的正转和反转，工作台的前进和后退等。电动机正反向控制的原理是将电源的三根相线的任意两根对调。具体应用中，通常用两个接触器来实现正反转控制，下面介绍几种实现电动机正反转的控制电路。

一、无联锁的正反转控制电路

图 10-26 是无联锁的正反转控制电路，其工作原理如下：

（1）正向起动　按下起动按钮 SB$_1$，接触器 KM$_1$ 线圈通电并自锁，串联在电动机回路中的 KM$_1$ 的主触头持续闭合，电动机连续正向运转。

（2）停止　按下停止按钮 SB$_3$，接触器 KM$_1$ 线圈断电，串联在电动机回路中的 KM$_1$ 的主触头断开，切断电动机定子电源，电动机停转。

（3）反向起动　按下起动按钮 SB$_2$，接触器 KM$_2$ 线圈通电并自锁，串联在电动

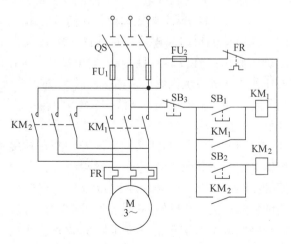

图 10-26　无联锁的正反转控制电路

机回路中的 KM_2 的主触头持续闭合，电动机连续反向运转。

无联锁的正反转控制电路存在很大的故障隐患：因为上述电路如果同时按下 SB_1 和 SB_2 两个按钮，或者在正转中按下反转起动按钮、在反转中按下正转起动按钮，将立即引起主回路电源短路。所以，实际中图 10-26 电路是不能使用的，电路设计必须加必要的联锁。

二、具有电气联锁的正反转控制电路

图 10-27 为带有电气联锁的正反转控制电路，正反转主电路不变，在控制电路的正反两个线圈上分别串入另一个线圈的常闭辅助触头即可实现电气联锁。将接触器 KM_1 的常闭辅助触头串入 KM_2 的线圈回路中，可以保证在 KM_1 线圈通电时 KM_2 线圈回路总是断开的；将接触器 KM_2 的常闭辅助触头串入 KM_1 的线圈回路中，又可以保证在 KM_2 线圈通电时 KM_1 线圈回路总是断开的。这样的两个常闭辅助触头 KM_1 和 KM_2 保证了两个接触器线圈不可能同时通电，这种控制方式称为联锁或者互锁，这两个常闭辅助触头称为联锁或者互锁触头。

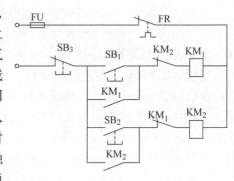

图 10-27　带电气联锁的正反转控制电路

该电路避免了正反方向按钮同时操作时的短路故障，但也有缺点：若电动机处于正转状态要反转时必须先按停止按钮 SB_3，使正转线圈 KM_1 失电，KM_1 的常闭触头恢复闭合后，按下反转起动按钮 SB_2 才能使 KM_2 得电，电动机反转；若电动机处于反转状态要正转时也必须先按停止按钮 SB_3，才能按正转起动按钮 SB_1，使电动机正转，可见正反转切换操作不太方便。带电气联锁的正反转控制电路又被称为"正-停-反"电路。

如要在正转运行中直接操作进入反转，或在反转运行中直接操作进入正转，就要在电气联锁的基础上增加机械联锁，或者说在接触器联锁的基础上加按钮联锁。

三、具有电气和机械双重联锁的正反转控制电路

如图 10-28 为具有电气和机械双重联锁的正反转控制电路，又称为"正-反-停"电路。图中 SB_1、SB_2 是两个复式按钮，它们各使用了一对常开触头和一对常闭触头。如 SB_1 按钮的常开触头仍然用来连接正转线圈 KM_1，其常闭触头则串接在反转线圈 KM_2 的电路中；SB_2 按钮的常开触头也仍然用来连接反转线圈 KM_2，而其常闭触头又串接在正转线圈 KM_1 的电路中。显然，如在正转中即 KM_1 得电时，按下反转按钮 SB_2，SB_2 的常闭触头会立即断开切断正转接触器 KM_1，紧接着 SB_2 的常开触头闭合，接通反转接触器 KM_2，不会出现 KM_1 与 KM_2 同时接通的短路现象；从反转到正转的情况也是一样。这种由机械按钮实现的联锁也叫机械联锁或按钮联锁。

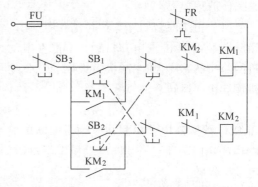

图 10-28　具有电气和机械双重联锁的正反转控制电路

第四节　限　位　控　制

一、限位控制

当生产机械的运动部件到达预定的位置时压下行程开关的触杆，将常闭触头断开，接触器线圈断电，使电动机断电而停止运行，这种控制方式称为限位控制，其控制电路如图10-29所示。

图10-29电路中，按下起动按钮 SB_1，接触器 KM 线圈得电，电动机起动，带着生产机械运行，当生产机械到达限位位置，行程开关 SQ 动作，使得接触器 KM 线圈失电，电动机停止运行。

二、自动往复行程控制

有些生产机械要求工作台在一定距离内能自动往复，而自动往复运动通常是利用行程开关控制电动机的正反转来实现的。图10-30a 为工作台自动往复运动的示意图。图中 SQ_1 为右移转左移的行程开关，SQ_2 为左移转右移的行程开关。图 10-30b 为工作台自动往复控制电路图。工作原理如下：

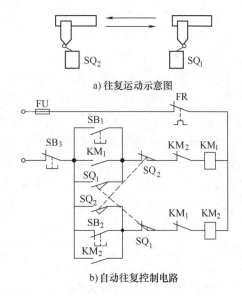

a) 往复运动示意图

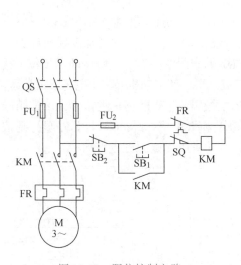

图 10-29　限位控制电路

b) 自动往复控制电路

图 10-30　自动往复运动示意图及控制电路

按下正向起动按钮 SB_1，接触器 KM_1 得电并自锁，电动机正向起动运行，带动工作台向左运动。当运行到 SQ_2 位置时，挡块压下 SQ_2，SQ_2 的常闭触头断开、常开触头闭合，使得接触器 KM_1 断电释放，KM_2 得电吸合，电动机反向起动运行，使工作台改为向右运动。工作台右移到 SQ_1 位置时，挡块压下 SQ_1，SQ_1 的常闭触头断开、常开触头闭合，使得 KM_2 断电释放，KM_1 得电吸合，电动机重新正向起动运行，如此一直循环下去，直到需要停止时按下 SB_3，KM_1 和 KM_2 线圈断电释放，电动机断电停止转动。

第五节 时 间 控 制

某些生产机械的控制电路需要按照一定的时间间隔来接通或者断开某些控制电路，如三相电动机的Y-△换接起动，单向能耗制动控制电路等，对这类电路可以利用时间继电器按照时间原则实现顺序控制。

1. Y-△起动控制电路

图10-31是应用时间继电器控制的三相异步电动机的Y-△换接起动电路。其中KT是通电延时型时间继电器，它的一个通电延时常闭触头与KM_2线圈串联，KM_2是Y形联结的接触器，KM_3是△形联结的接触器。显然，Y形起动时，应该使KM_1与KM_2得电；△形运行时，应该使KM_1与KM_3得电。

工作过程：按下起动按钮SB_1，时间继电器KT和接触器KM_2同时通电吸合，KM_2的常开

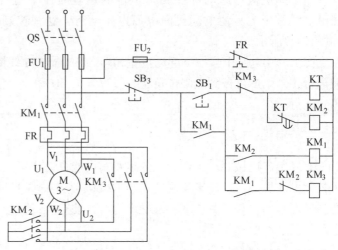

图10-31　Y-△时间控制电路

主触头闭合，使定子绕组连接成Y形，其常开辅助触头闭合，接通接触器KM_1。KM_1的常开主触头闭合，将定子接入电源，电动机在Y形连接下起动。KM_1的两对常开辅助触头闭合，对SB_1和KM_2常开触头分别进行自锁。经一定延时，KT的常闭触头断开，KM_2断电复位，接触器KM_3通电吸合。KM_3的常开主触头将定子绕组接成△形，使电动机在额定电压下正常运行。

与按钮SB_1串联的KM_3的常闭辅助触头的作用是：当电动机正常运行时，该常闭触头断开，切断了KT、KM_2的通路，保证正常运行中KT和KM_2不再使用。若要停车，则按下停止按钮SB_3，接触器KM_1、KM_2同时断电释放，电动机脱离电源停止转动。

2. 单向能耗制动控制电路

能耗制动是电动机脱离三相交流电源后，给定子绕组加一直流电源，产生静止磁场，阻止转子旋转，达到制动的目的。能耗制动过程消耗的能量小、制动电流小，制动过程冲击小，适用于电动机能量较大，要求制动平稳和制动频繁的场合。不过，能耗制动需要直流电源整流装置。

图10-32为单向能耗制动的控制线路。图中KM_1为电动机单向正转运行接触器，KM_2为能耗制动接

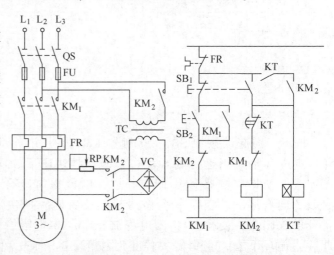

图10-32　单向能耗制动控制电路

触器，KT 为时间继电器，TC 为整流变压器，VC 为桥式整流电路。

当按下起动按钮 SB_2，KM_1 线圈得电并自锁，电动机处于单向正常运行状态。按下停止按钮 SB_1，KM_1 线圈断电，电动机定子脱离三相交流电源；同时 KM_2 线圈通电并自锁，将二相定子绕组接入直流电源进行能耗制动。在 KM_2 线圈通电的同时 KT 也通电。电动机在能耗制动作用下转速迅速下降，当 KT 延时时间到达，其延时触头动作时，使 KM_2、KT 相继断电，制动结束。

该电路中，将 KT 常开瞬时动作触头与 KM_2 自锁触头串联，是考虑时间继电器断线或机械卡住致使触头不能动作时，不会使 KM_2 长期通电，造成电动机定子长期通入直流电源。该线路还具有手动控制能耗制动的能力，只要使停止按钮 SB_1 处于按下的状态，电动机就能实现能耗制动。

第六节　速度控制

速度控制是指根据生产机械的转速变化来实现电动机的控制。以反接制动控制电路为例：电动机停车时，如果检测到电动机具有一定的速度，就接入反相序电源促使电动机快速停车；当检测到电动机轴上速度接近为零时，就要立即切断反相序电源，以免又开始反向旋转。

异步电动机的反接制动电路如图 10-33 所示。反接制动是通过改变电动机定子绕组上的电源相序来产生制动力矩，使电动机迅速停止的方法，这种方法会带来很大的制动电流冲击，为此，电路中接入了反接制动电阻 R。图中的 KS 为速度继电器。

电路的工作原理如下：当合上 QS，按下起动按钮 SB_2 时，KM_1 线圈通电并自锁，电动机开始旋转。当电动机转速达到 120r/min 左右时，速度继电器 KS 常开触头

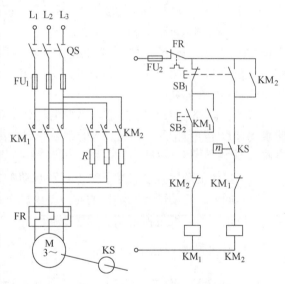

图 10-33　电动机的反接制动电路

闭合，为反接制动作准备。当需要停止时，按下停止按钮 SB_1，SB_1 的常闭触头使 KM_1 线圈断电，SB_1 的常开触头闭合，将 KM_2 线圈接通，使电动机断开正向电，接通反向电。此时，电动机的转速下降。当电动机转速下降到 100r/min 左右时，KS 的常开触头断开，使 KM_2 线圈断电，电动机断电后自然停止。

第七节　触头的联锁

一、按顺序先后起动的联锁

在生产机械中，往往有多台电动机，各电动机的作用不同，需要按一定顺序动作，才能

保证整个工作过程的合理性和可靠性。例如，X62W 型万能铣床上要求主轴电动机起动后，进给电动机才能起动；平面磨床中，要求砂轮电动机起动后，冷却泵电动机才能起动等。这种只有当一台电动机起动后，另一台电动机才允许起动的控制方式，称为电动机的顺序控制。顺序控制电路设计时，常采用触头进行联锁。

图 10-34 所示的电路，有两台电动机 M_1 和 M_2，分别由接触器 KM_1 和 KM_2 控制。

当按下起动按钮 SB_2 时，KM_1 通电，M_1 运转。同时，KM_1 的常开触头闭合，此时，再按下 SB_3，KM_2 线圈通电，M_2 运行。如果先按 SB_3，由于 KM_1 线圈未通电，其常开触头未闭合，KM_2 线圈不会通电。这样保证了必须 M_1 起动后 M_2 才能起动。

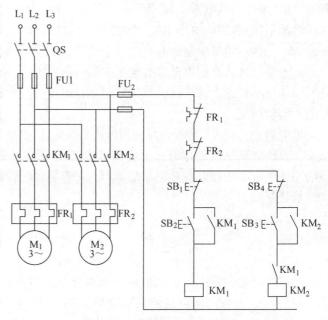

图 10-34 按顺序先后启动的控制电路

另外，电路中采用熔断器和热继电器作短路保护和过载保护，两个热继电器的常闭触头均串联在电路中，保证了如果有一台电动机出现过载故障，则两台电动机都会停止。

人工操作的顺序控制有如下缺点：要起动两台电动机时需要按两次起动按钮，增加了劳动强度；同时，起动两台电动机的时间差由操作者控制，精度较差。如果需要时间控制更准确，可以采用时间继电器来完成顺序控制。

二、按顺序先后停止的联锁

控制 M_1、M_2 先后停止的主电路与图 10-34 相同，控制电路如图 10-35 所示。该电路起动顺序是先按 SB_3 通过 KM_1 起动 M_1，再按 SB_4 通过 KM_2 起动 M_2。

两台电动机都起动后，按停止按钮 SB_1 先停止 M_1 电动机，再按停止按钮 SB_2 停止 M_2 电动机。如果未停第一台电动机，直接按停止按钮 SB_2 则不能停止第二台电动机，因为在停止按钮 SB_2 两端并联了 KM_1 的常开触头，只有当 KM_1 断电后，SB_2 按钮才有效，因此，该电路保证了 M_1 先停止、M_2 后停止的停车顺序。

三、两台电动机同时工作电路的控制电路

图 10-36 是控制 M_1、M_2 两台电动机同时工作的控制电路，KM_1、KM_2 常开触头串联后与 SB_2 并联在一起，只有 KM_1 和 KM_2 同时通电，才能够正常起动，保证了 M_1、M_2 两台电动机的同时运行。

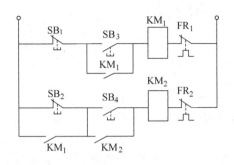

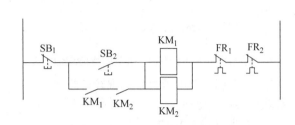

图 10-35 按顺序先后停止的控制电路   图 10-36 两台电动机同时运行的控制电路

四、两台电动机一台单独工作的控制电路

图 10-37 是控制 M_1、M_2 两台电动机中一台单独工作的控制电路，KM_1 的一对常闭触头串联在 KM_2 线圈回路中，只要 KM_1 通电 KM_2 就断开；KM_2 的一对常闭触头串联在 KM_1 的线圈回路中，只要 KM_2 通电 KM_1 就断开。使 M_1、M_2 两台电动机只能有一台工作，不能同时运行。

五、触头联锁应用举例

图 10-38 所示为一个控制两条皮带运输机的控制电路，分别由两台笼型异步电动机 M_1 和 M_2 拖动，为避免物体堆积在运输机上，电动机的起动和停止顺序要求如下：

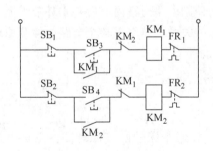

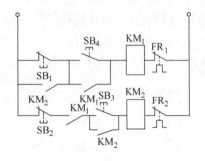

图 10-37 两台电动机一台单独工作的控制电路   图 10-38 触头联锁控制电路

起动时：M_1 起动后 M_2 才能起动。

停车时：M_2 停车后 M_1 才能停车。

图 10-38 控制电路中，KM_1 的一对常开触头串联在 KM_2 线圈支路中，只有 KM_1 通电时，KM_2 才能得电，因此该电路的起动操作必须先按 SB_4，再按 SB_3，保证在 M_1 起动后 M_2 才能起动。

KM_2 的一对常开触头与 SB_1 并联，只有 KM_2 断电时，SB_1 停车按钮才能有效，因此该电路的停车操作必须先按 SB_2，再按 SB_1，保证 M_2 停车后 M_1 才能停车。

第八节　电气原理图的阅读

一、读图的方法和步骤

1. 电气原理图读图时应该掌握以下几点

1）读图时，首先要分清主电路和控制电路。电动机的通路为主电路，一般在左侧，接触器线圈为控制电路，一般在右侧。

2）在电气原理图中，同一电器的不同部分（如触头和线圈）是分散的，为了识别，均用同一文字符号表示，而在实际的物理接线图上，这些不同部分都属于同一电器，如接触器的主触头通常画在主电路中，而线圈和辅助触头画在控制电路中，它们都是用 KM 表示。

3）在电气原理图中，多个同种电器，一般用相同的字母表示，但是为了区别，通常在字母后面加上数字或者其他字母下标，例如两个接触器分别可以用 KM_1、KM_2 来表示。

4）控制电路图中，各电器的开闭状态均为常态，为没有得电或受力的状态。

2. 读图步骤

阅读电气原理图的步骤，一般先读主电路，再读控制电路，最后读辅助电路。

1）读主电路时，先看看主电路有几台电机，各有什么特点，例如采用什么方法起动，是否正反转，有无调速和制动等。

2）读控制电路时，一般从接触器入手，自上而下，从左到右，按照动作的先后次序，一个一个分析，搞清楚他们的动作条件和作用。例如一个接触器线圈得电，应逐一找出它的主触头和辅助触头分别接通和断开哪些电路。复杂的控制电路通常由一些基本环节组成，阅读的时候可以先将它们分解出来，然后找出它们之间的关系，以掌握整个电路的控制原理。

3）最后再分析电路中的保护、显示及照明等辅助环节。

二、读图举例

1. 普通车床电气原理图

车床是机械加工中常用的机械设备，图 10-39 是普通车床的电气原理图，它是由主电路、控制电路和照明显示电路组成。下面根据按照前述方法和步骤进行读图。

（1）主电路　电动机电源用 380V 交流电，由电源开关 QS 引入。主电路有两台电动机：主轴电动机 M_1 和冷却泵电动机 M_2。M_1 由 KM_1、KM_2 两个接触器来控制正反转，M_2 由 KM_3 接触器来控制，单方向运转。

主电路由熔断器 FU_1 作短路保护，主轴电动机由热继电器 FR_1 作过载保护，冷却泵电动机由热继电器 FR_2 作过载保护。两台电动机的失电压和过电压保护均由接触器完成。

（2）控制电路　该控制电路的控制电压等级为 36V。由控制变压器 T 供电。

KM_1、KM_2 线圈采用了典型的具有按钮、接触器双重互锁的正反转控制电路，由 SB_2、SB_3 两个按钮分别控制正转和反转。

KM_3 线圈采用单极开关 SA_1 来控制，只有主轴电动机正转或反转即 KM_1 或 KM_2 有一个

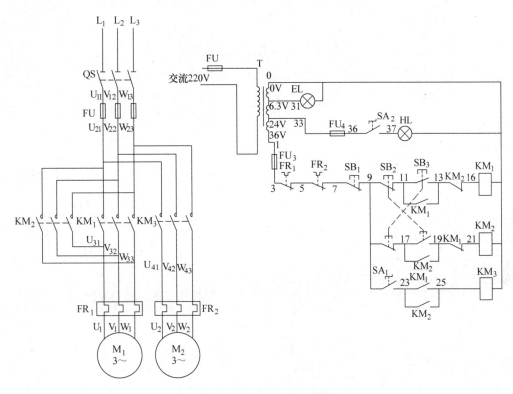

图 10-39 普通车床电气原理图

得电时，KM_3 的线圈才能得电，冷却电动机才能起动。

SB_1 按钮会停止主轴和冷却电机的运动。

（3）辅助电路 两个热继电器 FR_1 和 FR_2 的常闭触头串联在控制电路中，无论主轴电动机或冷却电动机发生过载，都会切断控制电路，使两台电动机同时停转。FU_2 与 FU_3 是控制电路的熔断器。

HL 为照明灯，由 24V 安全电压供电。SA_2 是照明电路的开关。FU_4 是照明灯的熔断器。

EL 为电源指示灯，供电电压 6.3V。

2. 电动葫芦的电气原理图

电动葫芦是最简单的起重机械，经常在建筑工地上使用，图 10-40 是电动葫芦的电气控制原理图。

（1）主电路 主电路有两台电动机：拖动吊钩垂直运动的电动机 M_1 和拖动吊钩左右运动的电动机 M_2。M_1 由 KM_1、KM_2 两个接触器来控制正反转，M_2 由 KM_3、KM_4 两个接触器来控制正反转。YB 为对升降运动制动用的电磁抱闸，安装在 M_1 电动机的轴上，当 YB 的电磁线圈无电时自动抱闸，使得吊钩不能上下移动，而当 YB 得电时则松开抱闸，允许吊钩上下移动。从主电路可以看到，只要升降电动机运动，即 KM_1、KM_2 两个接触器中的任何一个得电，YB 就得电，松开刹车。

主电路由熔断器 FU_1 作短路保护，电动机为短时工作，无过载保护。

（2）控制电路 该控制电路的控制电压等级为 220V。

上升接触器 KM_1、下降接触器 KM_2 的线圈控制采用了正反转点动控制电路，且具有按

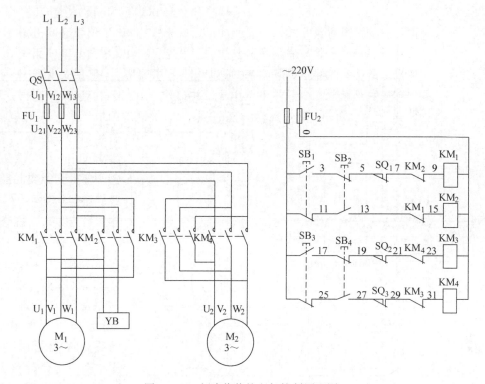

图 10-40　电动葫芦的电气控制原理图

钮、接触器双重互锁。由 SB_1、SB_2 两个按钮分别控制正转和反转。SQ_1 为上限位行程开关，对吊钩进行上升极限位置保护。

　　左、右移动接触器 KM_3、KM_4 的线圈控制也采用了正反转点动控制电路，也具有按钮、接触器双重互锁。由 SB_3、SB_4 两个按钮分别控制左移和右移。SQ_2、SQ_3 分别为左右限位行程开关，对吊钩进行左右极限位置保护。

　　3. 变压器减压起动电气原理图

　　图 10-41 是异步电动机的变压器减压起动的电气原理图。

　　（1）主电路　电动机电源用 380V 交流电，由电源开关 QS 引入。T 为自耦变压器，M 为受控电动机。电动机 M 起动时，接触器 KM_3 不得电，KM_2 得电，KM_1 得电，使自耦变压器的 7、8、9 端短接成为星形接法，从 4、5、6 端获得 380V 的电源电压，再从 1、2、3 三个抽头输出较低的三相电压给电动机 M，使得电动机低电压低速起动。

　　起动之后，使 KM_1 和 KM_2 断电，KM_3 得电，就可以切除自耦变压器，并给电动机接上电源电压，使电动机进入正常电压下的运行状态。

　　主电路由熔断器 FU_1 作短路保护，电动机由热继电器 FR_1 作过载保护。

　　（2）控制电路　当控制电路按下起动按钮 SB_2，KM_1 线圈得电，KM_1 的常开辅助触头闭合，使得 KM_2 得电并自锁。KM_1 和 KM_2 的得电使得电动机在自耦变压器提供的低压下起动。

　　需要升速按下运行按钮 SB_3，会先将 KM_1 的线圈断电，解除 KM_1 对 KM_3 的互锁，接着 KM_3 线圈得电并从控制电路的下方自锁。KM_3 的得电会将 KM_1 和 KM_2 彻底断开，使得电动

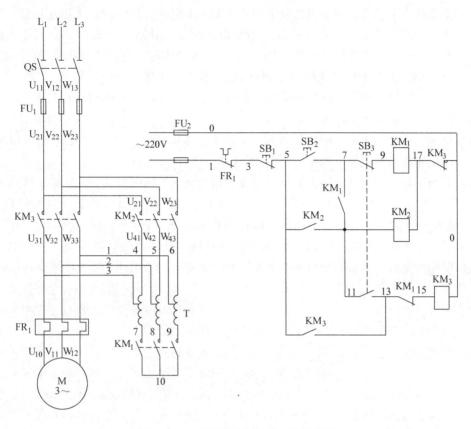

图 10-41　变压器减压起动电气原理图

机进入高电压运行方式。

显然，该电路如果起动操作错误，先按下 SB_3 按钮，将不能起动。就是说，SB_3 按钮只有在 KM_1 和 KM_2 吸合的情况下操作才能接通电路。

4. 双速交流异步电动机自动变速控制原理图

双速交流异步电动机可以通过改变定子绕组接线的方式来改变电动机的磁极对数，从而改变电动机的同步转速和转子转速。

图 10-42 是 4/2 极的双速异步电动机的定子绕组接线示意图，该双速电动机共有 6 个接线端子，图 a）中将定子绕组接成三角形接法。电动机定子绕组的 U_1、V_1、W_1 接三相交流电源，定子绕组的 U_2、V_2、W_2 悬空，此时每相绕组中的 1、2 线圈串联，电流如图中箭头所示，电动机以四极运行，同步转速为 1500 转/分；图 b）中将绕组接成双星形接法。电动机定子绕组的 U1、V1、W1 连在一起，U_2、V_2、W_2 接三相交流电源，此时每相绕组中的 1、2 线圈并联，电流从 U_2、V_2、W_2 流进从 U_1、V_1、W_1 流出，电动机以两极运行，同步转速为 3000r/min。

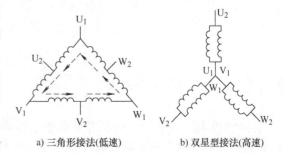

a) 三角形接法(低速)　　b) 双星型接法(高速)

图 10-42　4/2 极双速异步电动机的定子绕组接线示意图

双速交流异步电动机自动变速控制电路如图 10-43 所示。其中 SB_1 为停止按钮，SB_2 为低速起动按钮，按下后，双速电动机以三角形接线进入低速运行状态；SB_3 为高速起动按钮，按下后，双速电动机先低速起动，然后（按照整定时间）自动切换到双星形接线的高速运行状态。KM_1 为三角形接线低速运行接触器，KM_2、KM_3 为双星形接线高速运行接触器，这两个线圈任何一个失电都会造成高速运行停止。高速控制电路和低速控制电路之间具有接触器互锁。该电路动作过程如下：

当按下 SB_2 启动按钮后，KM_1 线圈得电并自锁，KM_1 主触点闭合，电动机可以进行低速运行，KM_1 常闭触点限制 KM_3 的吸合实现互锁。

当按下 SB_3 后，中间继电器 KA 和通电延时继电器 KT 同时动作，KA 常开触点闭合自锁，KT 瞬时常开触点闭合，KM_1 线圈得电，电动机先进入低速运行状态；当 KT 时间到达后，KT 的延时常闭触点断开 KM_1 线圈，KM_1 辅助触点复位，同时 KT 延时常开触点闭合，接通 KM_3 线圈，KM_3 常开触点闭合，一方面实现自锁，另一方面启动 KM_2，实现电动机高速运行；KM_2 得电后，其常闭触点断开 KA 和 KT 的线圈，KA 和 KT 的辅助触点复位，为停机和下一次起动做准备。

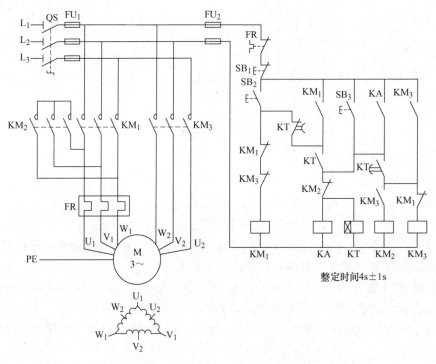

图 10-43　双速交流异步电动机的电气控制原理图

通过继电器、接触器、开关及按钮等电器触头的接通或断开来实现的各种控制，称为继电-接触器控制。它工作可靠，维护简单，能对电动机实现起动、调速及制动等自动控制，应用非常广泛。

本章介绍了 10 种常用低压控制电器，包括刀开关、组合开关、低压断路器、熔断器、按钮、交流接触器、热继电器、行程开关、时间继电器和速度继电器。低压电器是组成继电-接触器控制电路的基本器件。

笼型异步电动机的直接起动控制电路、正反转控制电路、自动往复控制电路都是很典型的异步电动机控制电路。任何复杂的控制电路，都是由基本控制电路组成的，学会分析基本控制电路，理解典型电路设计的行程控制、时间控制和速度控制等原则，是分析复杂电气控制电路的基础。

为了保证生产机械的安全运行，控制电路中必须设置必要的短路、过载、失电压及欠电压等保护，顺序动作必须具有必要的自锁和互锁。学习时要注意理解短路保护和过载保护的不同作用，理解各种保护的意义，并掌握实现保护的措施。

阅读电气原理图的阅读步骤是从先分析主回路、再分析控制回路，最后分析辅助电路。

思 考 题 与 习 题

1. 刀开关和组合开关有何相同之处？又有何区别？

2. 按钮与开关的作用有何差别？

3. 熔断器有何用途？如何选择？

4. 交流接触器铁心上的短路环起什么作用？若此短路环断裂或脱落后，在工作中会出现什么现象？为什么？

5. 简述热继电器的主要结构和动作原理。

6. 电动机的起动电流很大，起动时热继电器应不应该动作？为什么？

7. 在电动机的控制线路中，熔断器和热继电器能否相互代替？为什么？

8. 低压断路器有何用途？当电路出现短路或过载时，它是如何动作的？

9. 行程开关与按钮有何相同之处与不同之处？

10. 分析图 10-44 中各控制电路正常操作时会出现什么现象？若不能正常工作加以改进。

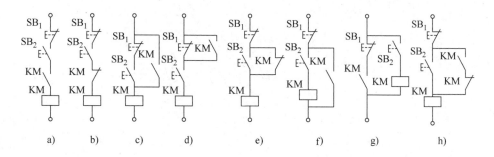

图 10-44 习题 10 的电路图

11. 图 10-45 所示的电动机起、停控制电路有何错误？应如何改正？

12. 图 10-46 为两台三相异步电动机的控制电路，试说明此电路具有什么控制功能。

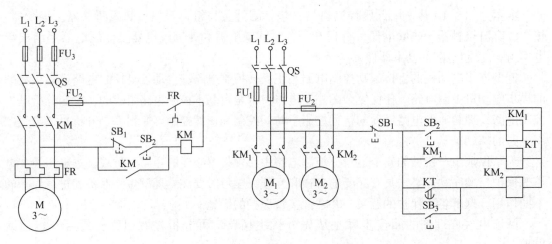

图 10-45 习题 11 的电路图   图 10-46 习题 12 的电路图

13. 试设计可从两地对一台电动机实现连续运行和点动控制的电路。

14. 要求三台电动机 M_1、M_2、M_3 按下列顺序启动：M_1 启动后，M_2 才能启动；M_2 启动后，M_3 才能启动。停止时按逆序停止，试画出控制线路。

15. 根据下列要求画出三相笼型异步电动机的控制线路。

（1）能正反转。

（2）采用能耗制动。

（3）有短路、过载、失电压和欠电压等保护。

第十一章
电工仪表与电工技能实验

电工测量的主要任务是应用适当的电工仪表仪器对电压、电流、功率、电阻等各种电量和电路参数进行测量。各种电气设备的使用、检测和检修都离不开电工测量。电工仪表种类繁多，随着电子技术的发展，测量仪表正向着数字化、智能化、高精度和自动化的方向发展。

电工技能实验是理论联系实践对学生进行基本技能训练的必要途经，是实践教学的重要环节。通过实验既可进行理论验证，不断摸索、探讨，加深对电工理论知识的理解和掌握，进一步巩固课本所学的理论知识，又可以培养严谨的科学态度，加强提高实践操作的技能，技巧，熟悉电工仪器仪表的性能及使用方法，从而具备一定的分析、解决实际问题的能力，开阔专业视野，拓宽知识面。

本章介绍电工仪表的分类，万用表的工作原理及使用方法，基尔霍夫定律的验证、叠加原理的验证、戴维南定理的验证、正弦稳态交流电路相量的测量、三相交流电路参数测量，异步电动机的点动、自锁以及正反转控制技能实验。

第一节　电工仪表的分类

电工指示仪表的特点是将被测量变换为仪表指针的偏转角，直接读出被测量的值。常用的直读式仪表通常从被测量种类、工作原理、被测电流是交流还是直流、准确度四个方面进行分类。

一、按照被测量的种类分类

电工仪表按被测量的种类分类，有电流表(又分为安培表、毫安表和微安表等)、电压表(又分为伏特表和千伏表等)、功率表、电度表、功率因数表、欧姆表和绝缘电阻表等。见表11-1。

表11-1　按被测量的种类分类

序　号	被　测　量	仪表名称	符　号	序　号	被　测　量	仪表名称	符　号
1	电流	电流表	Ⓐ	4	功率	功率表	Ⓦ
		毫安表	ⓜA			千瓦表	kW
2	电压	电压表	Ⓥ	5	频率	频率表	f
		千伏表	kV	6	电能	电度表	kWh
3	电阻	欧姆表	Ω	7	相位差	相位表	φ
		绝缘电阻表	MΩ				

二、按工作原理分类

电工仪表按工作原理可分为磁电系仪表、电磁系仪表、电动系仪表和整流系仪表，见表11-2。

表 11-2　按工作原理分类

工 作 原 理	仪表类型	符 号	工 作 原 理	仪表类型	符 号
永久磁铁对载流线圈的作用	磁电系		两个通电线圈的相互作用	电动系	
磁电系测量机构和整流电路共同作用	整流系		通电线圈对铁片的作用	电磁系	

三、按被测电流种类分类

电工仪表按被测电流的种类分为直流仪表、交流仪表和交直流两用仪表，见表11-3。

表 11-3　按被测电流种类分类

被 测 电 流	仪 表 名 称	符 号	被 测 电 流	仪 表 名 称	符 号
直流	直流表		交流、直流	交直流两用表	
交流	交流表				

四、按准确度分类

电工仪表的准确度是根据仪表的最大引用误差来分级的。所谓最大引用误差，就是指仪表在正常工作条件下进行测量可能产生的最大绝对误差 ΔA（测量值与实际值之差）与仪表的最大量程 A_m 之比，如以百分数表示，则为

$$\gamma = \frac{\Delta A}{A_m} \times 100\%$$

目前我国直读式电工测量仪表按照准确度分为 0.1、0.2、0.5、1.0、1.5、2.5 和 5.0 共 7 级，这些数字加上百分号就是仪表的最大引用误差。

例如有一准确度为 1.5 级的电压表，最大量程为 150V，则该量程下可能产生的最大绝对误差为

$$\Delta A = \gamma A_m = \pm 1.5\% \times 150V = \pm 2.25V$$

如果换用 100V 量程，则该量程下可能产生的最大绝对误差为

$$\Delta A = \gamma A'_m = \pm 1.5\% \times 100V = \pm 1.5V$$

可见同一仪表，测量时量程选择越大，带来的绝对误差就越大。

使用相对误差可以分析用同一量程测量不同大小的物理量时的准确度比较问题。

例如用 150V 量程，准确度为 1.5 级的仪表，测量 100V、50V 两个电压，测量 100V 电压时的相对误差：

$$\gamma_1 = \frac{\pm 1.5}{100} \times 100\% = \pm 1.5\%$$

测量 50V 电压时的相对误差:

$$\gamma_2 = \frac{\pm 1.5}{50} \times 100\% = \pm 3\%$$

可见同一量程下,被测值越小,测量的相对误差越大。

一个准确度已定的仪表,选择的量程越大,带来的绝对误差就越大。在选用仪表的量程时,应使被测量的值尽量接近仪表的量程,一般应使被测量的值超过仪表量程的2/3以上。

仪表标注的准确度数值越大,引用误差就越大,该仪表的精度就越低。0.1、0.2 级的仪表一般用于进行精密测量或校正其他仪表,0.5 级、1.0 级仪表一般用于实验室,2.5 级、5.0 级仪表一般用于工程测量。

在仪表的表面上,通常都标有仪表类型、准确度等级、电流种类以及仪表的绝缘耐压强度和放置位置符号等,几种常见符号的含义见表 11-4。

表 11-4 电工测量仪表上常见符号

符 号	意 义	符 号	意 义
① 1.0	准确度为 0.1 级	∠60°	仪表倾斜 60° 放置
→	仪表水平放置	3∿	三相交流
↑	仪表垂直放置	⚡ 2kV	仪表绝缘耐压为 2kV

第二节 万用表的使用

万用表是一种多用途的仪表,可以实现多量程、多种电量的测量,并且便于携带,因此在电气测量中被广泛应用。一般的万用表可以测量直流电流、直流电压、交流电压及电阻等。有些万用表还可以测量电容、电感、电频率以及晶体管的放大倍数。

万用表分为模拟式万用表和数字式万用表。

一、模拟式万用表

模拟式万用表的外形如图 11-1 所示。

万用表由测量机构(称为表头)、测量电路和转换开关组成。表头是一只灵敏的磁电式直流电流表(微安表),只能测量微小的直流电流,其指针偏转与流过的直流电流成正比。测量电路的作用是将被测量转换成适合表头测量的直流电流。转换开关的作用是通过对不同测量电路的选择完成电量或量程的转换。

1. 直流电流的测量

测量直流电流时,首先将转换开关置于直流电流档位上,再将万用表串联在电路中,使得

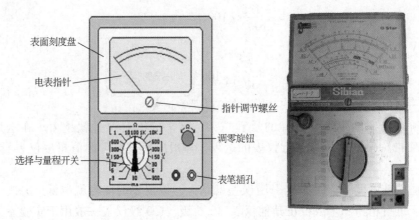

a) 模拟式万用表示意图 b) MF64型万用表外形

图 11-1　模拟式万用表

电流由红表笔(接于万用表电池的"+"端)流入，由黑表笔(接于万用表电池的"-"端)流出。

　　由于表头只能测量微小的直流电流，所以测量直流电流时，在表头两端并联一个适当阻值的电阻(称为分流电阻)，对被测电流进行分流。可见，分流电阻扩展了被测电流的量程。如果改变分流电阻的阻值，也就改变了测量电流的量程。也就是说，每一个量程对应相应的分流电阻。万用表采用闭路式分流器来完成分流电阻的转换，如图11-2所示。当转换开关置于某一量程位置，对应的分流电阻接入测量电路中，完成对被测电流的分流。

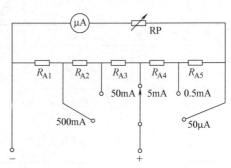

图 11-2　测量直流电流的原理电路

　　当被测电流的大小无法确定时，应先采用最大量程进行测量，再根据指针的偏转选择适合的量程，以减小测量误差。必须注意，不可以带电转换量程。

2. 直流电压的测量

　　测量直流电压时，首先将转换开关置于直流电压档位上，再将万用表并联在被测电路的两端，使红表笔("+"端)接在电位较高的一端，黑表笔("-"端)接在电位较低的一端。

　　由于表头只能通过微小的直流电流，所以，测量直流电压时，在表头一端会串联适当阻值的电阻(称为降压电阻)，对被测电压进行分压。降压电阻扩展了被测电压的量程。如果改变降压电阻的阻值，就改变了测量电压的量程。也就是说，每一个量程对应相应的降压电阻。万用表常采用"公用式"电阻来完成降压电阻的转换，如图11-3所示。当转换开关置于某一量程时，对应的降压电阻接入电路中，完成对被测电压的降压。

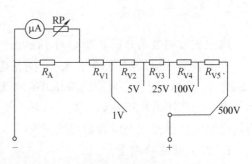

图 11-3　测量直流电压的原理电路图

3. 交流电压的测量

测量交流电压时，将转换开关置于交流电压档，表笔不分正负接于被测电路的两端。

当转换开关置于交流电压档时，其测量电路如图11-4所示。由于表头只能测量直流电流，所以必须将交流电压整流成直流电压才能进行测量。当被测交流电压处于正半周时，二极管 VD_1 导通、VD_2 截止，此时的电路与测量直流电压的电路相同；当被测交流电压处于负半周时，二极管 VD_2 导通、VD_1 截止，表头被短路了，没有电流流过。可见，表头测量的是正弦半波的电压平均值。由于正弦电压有效值与正弦半波电压的平均值成正比，所以表内只需通过换算就可以得到

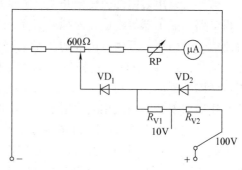

图11-4 测量交流电压的原理电路

电压有效值。万用表的交流电压刻度标示的是正弦电压有效值。在图11-4中的 R_{V1} 和 R_{V2} 是降压电阻，是用来扩展电压量程的，其原理与测量直流电压相同。

注意：万用表只可以测量频率在45～1kHz范围内的正弦电压。

万用表的准确度等级一般分为0.1、0.5、1.5、2.5和5等几个等级。测量电压时，使用不同的量程测量同一电压所产生的误差是不相同的。在满足被测信号数值的情况下，应尽量选用量程小的档，并且应尽量使被测电压指示在量程标尺的2/3以上，这样可以有效地减小误差。

4. 电阻的测量

测量电阻时，将转换开关置于欧姆档，将待测电阻接在万用表的红表笔(万用表" + "端)和黑表笔(万用表" − "端)。其测量电路如图11-5所示。

测量时，待测电阻(未知)、调节电阻(已知)、内部电池和表头形成闭合回路，产生电流，指针偏转，指示对应的数值。待测电阻的阻值越大，产生的电流会越小，表头指针的偏转会越小。可见，电阻值的刻度与电压、电流的刻度方向是相反的。在读数时，须将指针指示数值乘以对应的量程，才能得到电阻阻值。比如指针指示为10，量程为" ×10"，则待测电阻的阻值为100Ω。

在实际测量之前，需要对万用表进行调零。方法是将红、黑两个表笔相接，旋转调节电阻器，使指针指向"0"。注意：每一次转换欧姆档的量程后，都需要重新调零。如果调零时指针始终无法指向"0"，可能是电池电量不足或接触不良造成的，可以根据情况更换电池或进行维修。

在选择量程时，应尽量使被测电阻值处于量程标尺弧长的中心部位，这样测量准确度会高一些。

在测量电阻时，必须切断被测电路的电源，不可带电测量，否则会损坏万用表。在测量完毕后，应将转换开关置于空档或最大交流电压档，避免浪费内部电池的电能。

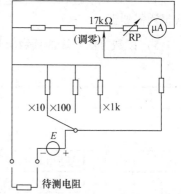

图11-5 测量电阻的原理电路

二、数字式万用表

数字式万用表内部由转换开关、测量转换电路、模拟-数字量（A－D）转换电路、显示逻辑电路、显示器等组成。模拟式万用表是将被测电量转化为微小直流信号，而数字万用表内部的测量电路是将被测信号转换为直流电压信号，经 A－D 转换电路转换为数字信号，通过显示逻辑电路进行译码，驱动，送到 LCD 液晶显示器进行数字显示。多档转换开关的作用与模拟万用表相同，用于测量不同范围的被测量。

数字式万用表外形如图 11-6 所示。

数字式万用表采用大规模集成电路，电流档输入电阻小，而直、交流输入电阻很大；因此在测量时数字万用表对电路的影响很小，测量误差也就很小，测量的准确度高。此外，数字万用表还具有分辨率高、测量速度快、抗干扰能力强及测量功能多等特点。

数字式万用表的使用方法与模拟式万用表基本相同。但使用数字式万用表判断 PN 结的方向时，需要将黑表笔（连接 COM 端）接内电源的负极，而红表笔（接其余三个输入插孔中的一个）接内电源的正极，与模拟式万用表的表笔颜色和电源极性的对应关系正好相反。

图 11-6　数字式万用表

三、万用表测量实验

1. 电阻测量

1）将万用表放在台面上，功能开关转向"Ω"档，旋转量程开关指向欧姆（Ω）"R×1"或"R×10"档。

2）将红黑两表笔短接，观察指针是否由∞→0 位摆动，如指针不动，说明万用表有故障，如指针此时并不指在"0"位，则轻轻旋转表面右上方电位器旋钮，使指针正好回到"0"位（即调零）。

3）实验板上的被测电阻分布如图 11-7 所示。调整后，将两表笔分别搭在实验电路板上的被测电阻 R_3 的两端，到指针稳定时，读取数值，将测量值记录在表 11-5 内。

4）重复以上过程，将各电阻测量值记录在表 11-5 内。每换一次量程需要调零一次。

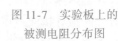

图 11-7　实验板上的被测电阻分布图

5）读数方法：表面读数×量程档位＝被测量值。

表 11-5　电阻测量表

顺　　序	电　　阻	档　　位	测量值/Ω
1	R_3	×1　（×10）	
2	R_4	×10　（×100）	
3	R_5	×100　（×1k）	
4	R_6	×1k　（10k）	
5	$R_3 + R_4 + R_5 + R_6$	×10k	

2. 直流电压测量

实验板的电路如图 11-8 所示。

1）将实验电路板接在低压稳压电源的直流电压 12V，并合上 S_0、S_1、S_2，测量时万用表红表笔搭正极，黑表笔搭负极，若搭反了，指针则摆向左边，应立即调换表笔，指针即顺时针方向摆动，待指针停止时，读取被测量直流电压数值。

2）将万用表的功能开关转向"＋DC"档，量程开关指向"50V"档，测量 A、D 两点间电压 U_{AD} 的数值，并将测量值记录在表 11-6 内。

3）使量程开关指向"10V"档，调节实验电路板上电位器 RP_1，分别测量 U_{AB} 的最大值和最小值，并将测量值记录在表 11-6 内。

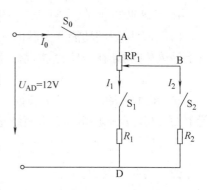

图 11-8　实验板电路

4）使量程开关指向"50V"档，调节实验电路板上电位器 RP_1，分别测量 U_{BD} 的最大值和最小值，并将测量值记录在表 11-6 内。

表 11-6　直流电压的测量

顺　　序	直 流 电 压	档　　位	测量值/V	
			最　大　值	最　小　值
1	U_{AD}	50V		
2	U_{AB}	10V		
3	U_{BD}	50V		

3. 直流电流测量

1）将实验电路板接在低压稳压电源的直流电压 12V，万用表的功能开关转向"＋DC"档，使量程开关指向直流电流"125mA"档，调节实验电路板上电位器 RP_1，将万用表两表笔搭在 S_0 两端，分别测量 I_0 的最大值和最小值（开关 S_0、S_1、S_2 的状态见表 11-7），并将测量值记录在表 11-7 内。

表 11-7　直流电流的测量

顺　　序	开 关 状 态	电　　流	档　　位	测量值/mA	
				最　大　值	最　小　值
1	S_0 断，S_1、S_2 通	I_0	125mA		
2	S_1 断，S_0、S_2 通	I_1	25mA		
3	S_2 断，S_0、S_1 通	I_2	125mA		

2）使量程开关指向直流电流"25mA"档，调节实验电路板上电位器 RP_1，将万用表两表笔搭在 S_1 两端，分别测量 I_1 的最大值和最小值（开关 S_0、S_1、S_2 的状态见表 11-7），并将测量值记录在表 11-7 内。

3）使量程开关指向直流电流"125mA"档，调节实验电路板上电位器 RP_1，将万用表

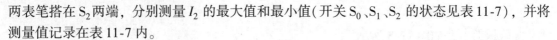

两表笔搭在 S_2 两端，分别测量 I_2 的最大值和最小值(开关 S_0、S_1、S_2 的状态见表11-7)，并将测量值记录在表11-7内。

4. 交流电压测量

1) 将万用表的功能开关转向"AC"档，量程开关指向"250V"档，直接测量实训装置上的单相电源插座电压，并将相电压测量值填入下面空格。

$U_P =$ _____ (V)。

2) 将万用表的功能开关转向"AC"档，量程开关指向"500V"档，直接测量实训装置上的三相电源插座电压，并将线电压测量值填入下面空格。

$U_L =$ _____ (V)。

四、实验思考题

1) 万用表的使用要掌握哪些注意事项?

2) 一台直流电流表，测量电流时发现指针不动，你如何用万用表判断直流电流表内线圈是否断开?

第三节　基尔霍夫定律的验证

一、实验目的

1) 验证基尔霍夫定律的正确性，加深对基尔霍夫定律的理解。

2) 学会使用数字式电流表和电压表、电流插头、电流插座测量各支路电流、电压的方法。

二、实验原理

基尔霍夫定律是电路的基本定律。测量某电路的各支路电流及多个元件两端的电压，应能分别满足基尔霍夫电流定律和电压定律。即对电路中的任一个节点而言，应有 $\sum I = 0$；对任何一个闭合回路而言，应有 $\sum U = 0$。

运用上述定律时必须注意电流的正方向，此方向可预先任意设定。

三、实验设备

实验设备见表11-8。

表 11-8　实验设备

序　号	名　称	型号与规格	数　量	备　注
1	可调直流稳压电源	0~30V	2	
2	万用表		1	
3	直流数字电压表		1	
4	直流数字毫安表		1	
5	实验电路板		1	LM-01

四、实验内容

实验电路如图 11-9 所示。

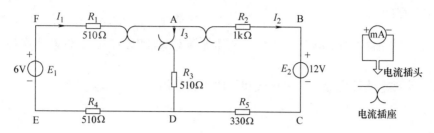

图 11-9 基尔霍夫定律实验电路

1) 实验前先任意设定三条支路的电流参考方向，如图中的 I_1、I_2、I_3 所示。

2) 分别将两路直流稳压电源调节到表 11-9 中 E_1、E_2 所取数值。所有需要测量的电压值均以电压表测量读数为准，不以电源表盘指示值为准。

3) 熟悉电流插头的结构，将电流插头的两端接至直流数字毫安表的 " + " " - " 两端。红色导线端接正，黑色导线端接负，然后将电流插头分别插入三条支路的三个电流插座中，测量 I_1、I_2、I_3 电流值，并将测量值记录在表 11-9 内。

4) 用直流数字电压表分别测量电路的电压值 U_{FA}、U_{AB}、U_{BC}、U_{CD}、U_{DE}、U_{AD} 此时必须注意直流数字电压表的极性与电压下标字母关系来判断电压正负。并将测量值记录在表11-9内。

表 11-9 电压、电流测量记录

E_1/V	E_2/V	I_1/mA		I_2/mA		I_3/mA		U_{FA}/V	U_{AB}/V	U_{BC}/V	U_{CD}/V	U_{DE}/V	U_{AD}/V
		测量值	计算值	测量值	计算值	测量值	计算值						
6	12												
6	18												
12	12												
12	18												

五、实验报告

1) 根据实验数据，选定实验电路中的任一个节点，验证 KCL 的正确性。

2) 根据实验数据，选定实验电路中的三个闭合回路，验证 KVL 的正确性。

3) 应用基尔霍夫定律及电路参数计算电路中 I_1、I_2、I_3，并与测量值相比较，计算其相对误差。

第四节　叠加原理的验证

一、实验目的

1）验证线性电路叠加原理的正确性，从而加深对线性电路的叠加性和齐次性的认识和理解。

2）进一步熟悉直流电流表、电压表和万用表的使用。

二、实验原理

叠加原理指出：在有几个独立源共同作用的线性电路中，通过每一个元件的电流或其两端的电压，可以看成是由每一个独立源单独作用时在该元件上所产生的电流或电压的代数和。

线性电路的齐次性是指当激励信号（某独立源的值）增加或减小 K 倍时，电路的响应（即在电路其他各电阻元件上所建立的电流和电压值）也将增加或减小 K 倍。

三、实验设备

实验设备见表11-10。

表11-10　实验设备

序　号	名　　称	型号与规格	数　量	备　注
1	可调直流稳压电源	$0 \sim 30\text{V}$	2	
2	万用表		1	
3	直流数字电压表		1	
4	直流数字毫安表		1	
5	实验电路板		1	LM－01

四、实验内容

实验电路如图11-10所示。仅作线性电路验证时，用开关 S_3 接入电阻 R_5。

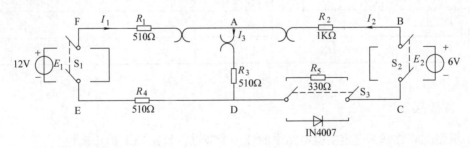

图 11-10　叠加原理实验电路

1）E_1 为可调直流稳压电源，调至12V。E_2 为另一组可调直流稳压电源，调至6V。

2）令 E_1 电源单独作用时（将开关 S_1 投向 E_1 侧，开关 S_2 投向短路侧），用直流数字电压表和毫安表（接电流插头）测量各支路电流及各电阻元件两端电压，数据记入表11-11中。

3）令 E_2 电源单独作用时（将开关 S_1 投向短路侧,开关 S_2 投向 E_2 侧）,重复实验步骤2)的测量,并将数据记入表 11-11 中。

4）令 E_1 和 E_2 共同作用时（开关 S_1 和 S_2 分别投向 E_1 和 E_2 侧）,重复上述的测量,并将数据记入表 11-11 中。

5）将 E_2 的数值调至 +12V,重复上述第3)项的测量,并将数据记入表 11-11 中。

表 11-11 测量数据记录

测量项目 实验内容	E_1/V	E_2/V	I_1/mA	I_2/mA	I_3/mA	U_{FA}/V	U_{AB}/V	U_{AD}/V	U_{CD}/V	U_{DE}/V	U_{AD}/V
E_1 单独作用											
E_2 单独作用											
E_1、E_2 共同作用											
$2E_2$ 单独作用											

五、实验报告

1）根据实验数据验证线性电路的叠加性与齐次性。

2）各电阻器所消耗的功率能否用叠加原理计算得出？试用上述实验数据,进行计算并作出结论。

3）用叠加原理计算电路中电流、电压值,并与测量值相比较,若有误差试分析上述误差产生的原因。

第五节 戴维南定理的验证

一、实验目的

1）验证戴维南定理的正确性。
2）掌握测量有源二端网络等效参数的一般方法。

二、实验原理

任何一个线性含源网络,如果仅研究其中一条支路的电压和电流,则可将电路的其余部分看作是一个有源二端网络。

戴维南定理指出：任何一个线性有源网络,总可以用一个等效电压源来代替,此电压源的电动势等于这个有源二端网络的开路电压 U_0,其等效内阻 R_0 等于该网络中所有独立源均置零（理想电压源视为短接,理想电流源视为开路）时的等效电阻。

如果有源二端网络的短路电流为 I_{S0},其等效内阻 $R_0 = U_0/I_{S0}$。

三、实验设备

实验设备见表 11-12。

表 11-12 实验设备

序 号	名 称	型号与规格	数 量	备 注
1	可调直流稳压电源	0 ~ 30V	1	
2	可调直流恒流源	0 ~ 200mA	1	
3	直流数字电压表		1	
4	直流数字毫安表		1	
5	万用表		1	
6	可调电阻箱	0 ~ 99999.9Ω	1	LM – 03
7	电位器	1kΩ/1W	1	LM – 03
8	实验电路板		1	LM – 01

四、实验内容

实验电路如图 11-11 所示。

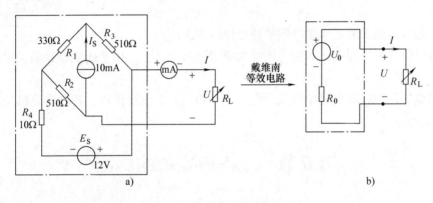

图 11-11　戴维南定理实验电路

1）按图 11-11a 所示电路接线，调节直流稳压电源 $E_S = 12V$，调节直流电流源 $I_S = 10mA$。

2）按图 11-11a 电路接线，调节可调电阻箱改变 R_L 阻值，测量有源二端网络的外特性，并将测量值填入表 11-13 中。

表 11-13 有源二端网络的外特性测量

R_L/Ω	100	200	400	600	800	1000	1200	1600	2000
U/V									
I/mA									

3）按图 11-11a 电路接线，将负载 R_L 断开测得有源二端网络的开路电压 U_0，将负载 R_L 短路测得有源二端网络的短路电流 I_{S0}，并将测量值填入表 11-14 中。

表 11-14　开路电压、短路电流测量

U_0/V	I_{S0}/mA	$R_0 = U_0/I_{S0}/\Omega$

4）根据公式 $R_0 = U_0/I_{S0}$，计算出入端电阻 R_0 的数据，或按图 11-11a 电路，将电压源 E_S 短路，电流源 I_S 开路，然后直接用万用表欧姆档测量 R_L 开路后输出两点间的电阻 R_0，也填入表 11-14 中。

5）用 1kΩ 的电位器，将其值调到步骤 4）所得等效电阻 R_0 的数据，然后令其与直流稳压电源（调到步骤 1）时所测得的开路电压 U_0 之值）相串联，如图 11-11b 所示的电路接线，调节可调电阻箱改变 R_L 阻值，测量 U 及 I，并将测量值填入表 11-15 中。

表 11-15　等效电压、电流测量

R_L/Ω	100	200	400	600	800	1000	1200	1600	2000
U/V									
I/mA									

五、实验报告

根据实验结果比较表 11-13 和表 11-15 这两组数据来验证戴维南定理。若上述两表中的数据有误差，试分析上述误差产生的原因。

第六节　正弦稳态交流电路相量的测量

一、实验目的

1）研究正弦稳态交流电路中电压、电流相量之间的关系。
2）掌握荧光灯线路的接线及工作原理。
3）通过测量电路功率，进一步掌握功率表的使用方法。

二、实验原理

图 11-12 所示的 RC 串联电路，在正弦稳态信号 $u(t)$ 的激励下，$u_R(t)$ 与 $u_C(t)$ 保持有 90°的相位差。如果激励电压 $\dot{U}$ 的大小不变，当阻值 R 改变时，$\dot{U}_R$ 的相量轨迹应是一个半圆，$\dot{U}$、$\dot{U}_C$、$\dot{U}_R$ 三者形成一个直角形的电压三角形。R 值改变时，可改变 φ 角的大小，从而达到移相的目的。

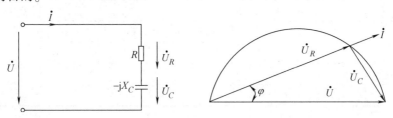

图 11-12　正弦交流测量电路及相量图

图 11-13 为荧光灯电路，图中 A 是荧光灯管，L 是镇流器；S 是启动器；C 是补偿电容器，用以改善电路的功率因数（$\cos\varphi$ 值）。

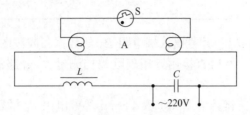

图 11-13　荧光灯电路

三、实验设备

实验设备见表 11-16。

表 11-16　实验设备

序　　号	名　　　称	型号与规格	数　　量	备　　注
1	单相交流电路	0~220V	1	
2	交流电压表		1	
3	交流电流表		1	
4	功率表		1	
5	白炽灯	25W/220V	2	
6	镇流器	与 30W 灯管配用	1	LM－02
7	电容器	1μF，2μF，4.7μF/450V	1	LM－02
8	启动器	与 30W 灯管配用	1	LM－2
9	荧光灯灯管	30W	1	
10	电流插座		3	LM－02

四、实验内容

1. *RC* 串联电路电压三角形测量

1）用一只 220V，25W 的白炽灯泡和一个 4.7μF/450V 电容器组成如图 11-12 所示的实验电路将自耦调压器输出调至 220V，接通电源测量 U、U_R、U_C 值，验证电压三角形关系，并将数据填入表 11-17。

表 11-17　交流电路 U、U_R、U_C 的测量

白炽灯盏数（只）	测　量　值		计　算　值	
	U_C/V	U_R/V	U_C/V	U_R/V
1				
2				
3				

2）改变 R 阻值（分别用两只、三只灯泡）重复 1）内容，验证 U_R 相量轨迹。

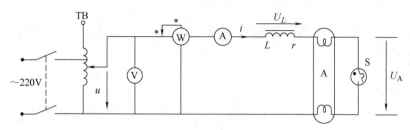

图 11-14　荧光灯测量电路

2. 荧光灯电路的接线与测量

将自耦调压器输出调至 220V，按图 11-14 电路接线。经指导教师检查后，接 220V 电源，启动荧光灯，测量有关参数，并将数据填入表 11-18。

表 11-18　荧光灯电路的测量

测量项目	P/W	$\cos\varphi$	I/A	U/V	U_L/V	U_A/V
数据						

3. 荧光灯电路的功率因数提高

将自耦调压器的输出调至 220V，按图 11-15 电路接线，经指导教师检查后，接 220V 电源，荧光灯亮，记录功率表、电压表读数，通过一只电流表和三个电流插座分别测量三条支路的电流，改变电容值，进行重复测量。并将数据填入表 11-19 中。

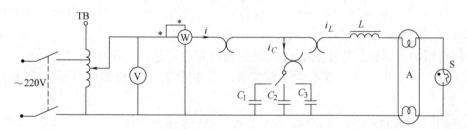

图 11-15　荧光灯的功率因数补偿电路

表 11-19　荧光灯的功率因数补偿结果

电容值(μF)	测量值						计算值
	P/W	U/V	I/A	I_L/A	I_C/A	$\cos\varphi$	$\cos\varphi$
0							
1							
2.2							
3.2							
4.7							
5.7							

第七节 三相交流电路电压、电流及功率测量

一、实验目的

1）掌握三相负载星形联结、三角形联结方法，验证这两种接法下的线电压和相电压，线电流和相电流之间的关系。

2）充分理解三相四线供电系统中中线的作用。

3）掌握用一瓦特表法和二瓦特表法测量三相电路有功功率及无功功率的方法。

二、实验原理

1）三相负载可接成星形（又称"Y"接）或三角形（又称"△"接），当三相对称负载作星形联结时，线电压 U_L 是相电压 U_P 的 $\sqrt{3}$ 倍。线电流 I_L 等于相电流 I_P 即

$$U_L = \sqrt{3} \, U_P, \ I_L = I_P$$

当采用三相四线制接法时，流过中线的电流 $I_0 = 0$，所以可以省去中线。

当对称三相负载作△形联结时，线电流 I_L 是相电流 I_P 的 $\sqrt{3}$ 倍。线电压 U_L 等于相电压 U_P 即

$$I_L = \sqrt{3} \, I_P, \ U_L = U_P$$

2）不对称三相负载作Y联结时，必须采用三相四线制接法，即Y₀ 接法。而且中线必须牢固连接，以保证三相不对称负载的每相电压维持对称不变。倘若中线开断，会导致三相负载电压的不对称，致使负载轻的那一相的相电压过高，使负载遭受损坏；负载重的一相相电压又过低，使负载不能正常工作。尤其是对于三相照明负载，必须采用Y₀ 接法。

3）对于不对称负载作△联结时，$I_L \neq \sqrt{3} \, I_P$，但只要电源的线电压 U_L 对称，加在三相负载上的电压仍是对称的，对各相负载工作没有影响。

4）对于三相四线制供电的三相星形联结的负载（即Y₀ 接法），可用一只功率表测量各相的有功功率 P_A、P_B、P_C，三相功率之和 $\sum P = P_A + P_B + P_C$ 即为三相负载的总有功功率（一瓦特表法就是用一只单相功率表分别测量各相的有功功率）。实验电路如图 11-16 所示。若三相负载是对称的，则只需测量一相的功率即可，该相功率乘以 3 即可得到三相负载总的有功功率。

5）三相三线制供电系统中，不论三相负载是否对称，也不论负载是Y接法还是△接法，都可用二瓦特表法测量三相负载的总有功功率，将两功率表读数相加，即可得到三相电路总有功功率。测量电路如图 11-17 所示。

若负载为感性或容性，且当相位差 $\Phi > 60°$ 时，电路中的一只功率表指针将反偏（对于数字式功率表将出现负读数），这时应将功率表电流线圈的两个端子调换（不能调换电压线圈端子），而读数应记为负值。

图 11-17 中二瓦特法两只功率表的接法是（i_A、u_{AC}）与（i_B、u_{BC}），此外，还有另外两种连接方法，（i_B、u_{BA}）与（i_C、u_{CA}）及（i_A、u_{AB}）与（i_C、u_{CB}）。

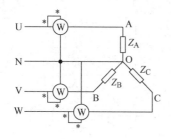

图 11-16　三相四线制电路一瓦特法测量电路

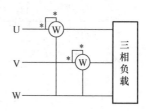

图 11-17　三相三线制电路二瓦特法测量电路

6）对于三相三线制供电的三相对称负载，可用一瓦特表法测得三相负载的总功功率 Q，测试原理电路如图 11-18 所示。

图示功率表读数的 $\sqrt{3}$ 倍，等于对称三相电路总的无功功率，除了上图给出的一种连接方法（i_A、u_{BC}）外，还有另外两种连接法，（i_B、u_{AC}）或（i_C、u_{AB}）。

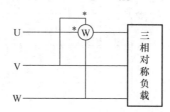

图 11-18　三相三线制供电的三相对称负载一瓦特法测量电路

三、实验设备

实验设备见表 11-20。

表 11-20　实验设备

序号	名称	型号与规格	数量	备注
1	三相自耦调压器	3ϕ 0～380V	1	
2	三相交流电源	3ϕ 380V	1	
3	交流电压表		1	
4	交流电流表		1	
5	三相灯组负载	25W/220V 白炽灯	9	LM－02
6	电门插座		4	LM－02
7	三相电容负载	1μF、2.2μF、4.7μF/450V		
8				

四、实验内容

1. 负载星形联结

按图 11-19 电路进行实验接线，将三相灯组负载经三相自耦调压器接通三相对称电源，并将三相调压器的旋柄置于三相电压输出为起始的位置，经指导教师检查后，方可合上三相电源开关，然后调节调压器的输出，使输出的三相线电压为 220V，按数据表格所列各项要求分别测量三相负载的线电压、相电压、线电流、相电流、中性线电流、电源与负载中点间的电压，并将数据填入表 11-21 中。并观察各相灯组亮暗的变化程度，特别注意中性线的作用。

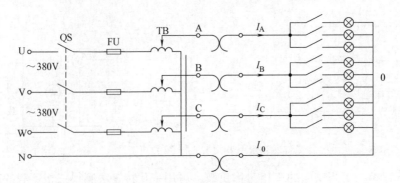

图 11-19　负载星形联结电路

表 11-21　负载星形联结的测量值

测量数据 负载情况	开灯盏数			线电流/A			线电压/V			相电压/V			中性线电流 I_0/A	中点电压 U_{N0}/V
	A 相	B 相	C 相	I_A	I_B	I_C	U_{AB}	U_{BC}	U_{CA}	U_{A0}	U_{B0}	U_{C0}		
Y_0 联结 平衡负载	1	1	1											
Y 联结 平衡负载	1	1	1											
Y_0 联结 不平衡负载	1	2	1											
Y 联结 不平衡负载	1	2	1											
Y_0 联结 B 相断开	1	断	2											
Y 联结 B 相断开	1	断	2											
Y 联结 B 相短路	1	断	2											

2. 负载三角形联结

按图 11-20 电路接线，调节三相调压器，使其输出线电压为 220V，接通三相电源，按表格的内容进行测量，并将数据填入表 11-22 中。

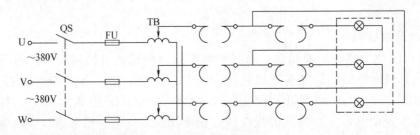

图 11-20　负载三角形联结电路

表 11-22　负载三角形联结的测量值

测量数据 负载情况	开 灯 盏 数			线电压＝相电压/V			线电流/A			相电流/A		
	A 相	B 相	C 相	U_{AB}	U_{BC}	U_{CA}	I_A	I_B	I_C	I_{AB}	I_{BC}	I_{CA}
△联结 三相平衡负载	2	2	2									
△联结 三相不平衡负载	1	2	1									

3. 用一瓦特表法测定三相对称Y₀接以及不对称Y₀接负载的总功率ΣP

按图 11-21 接线。线路中的电流表和电压表用以监视三相电流和电压，不得超过功率表电压和电流的量程。

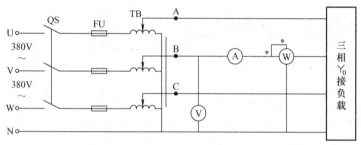

图 11-21　三相对称Y₀接法电路功率测量电路

经指导教师检查后，接通三相电源，调节调压器输出，使输出线电压为 220V，测量时首先将三表按图 11-23 接入某一相（如 A 相）进行测量，然后分别将三个表换接到 B 相和 C 相，再进行测量，记录到表 11-23 并进行计算。

表 11-23　负载三相Y₀连接的功率测量值

负载情况	开 灯 盏 数			测量数据			计 算 值
	A 相	B 相	C 相	P_A/W	P_B/W	P_C/W	ΣP/W
Y₀接对称负载	2	2	2				
Y₀接不对称负载	1	2	2				

4. 用二瓦特表法测定三相负载的总功率

（1）按图 11-22 接线，将三相灯组负载接成Y接法。

经指导教师检查后，接通三相电源，调节调压器的输出线电压为 220V 按表格 11-24 要

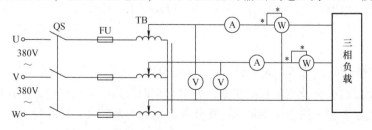

图 11-22　二瓦特表法测定三相负载的总功率测量电路

求进行测量及计算。

表 11-24　负载三相Y_0连接的功率测量值

负载情况	开灯盏数			测量数据		计算值
	A 相	B 相	C 相	P_1/W	P_2/W	$\Sigma P/W$
Y接平衡负载	1	1	1			
Y接不平衡负载	2	2	1			
△接平衡负载	1	1	1			
△接不平衡负载	2	2	1			

（2）将三相灯组负载改接成△接法，按表格要求进行测量及计算。

5. 用一瓦特表法测定三相对称星形负载的无功功率

按图 11-23 所示的电路接线。

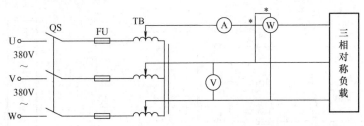

图 11-23　一瓦特表法测定三相对称星形负载的无功功率测量电路

每相负载由三盏白炽灯和 $4.7\mu F$ 电容器并联而成，将三相容性负载接成Y形接法。检查接线无误后，接通三相电源，将调压器的输出线电压调到 220V，读取三表的读数，并计算无功功率 ΣQ，记入表 11-25 中。

表 11-25　一瓦特表法测定三相对称星形负载的无功功率

负载情况	测量数据			计算值
	U/V	I/A	Q/var	$\Sigma Q/var$
三相对称灯组（每相开 2 盏）				
三相对称电容器（每相 $2.2\mu F$）				
每相灯组和电容器并联负载				

五、实验注意事项

1）每次实验完毕，均需将三相调压器旋柄调回零位。

2）每次改变电路前，均需断开三相电源，以确保人身安全。

六、实验报告

1）根据实验数据，总结负载Y联结和△联结时线、相电压和线、相电流关系。

2）用实验数据验证及观察到的现象，总结三相四线供电系统中中线的作用。

3）完成数据表格中的各项测量和计算任务，比较一瓦特表和二瓦特表法的测量结果。

第八节　异步电动机的点动和自锁控制

一、实验目的

1）了解交流接触器、热继电器、按钮及开关等控制电气元件的结构，工作原理及使用方法。

2）掌握三相异步电动机的点动控制、自锁控制的工作原理及实际连线。

二、实验原理

三相异步电动机的点动控制，自锁控制电路，因其连线简单，维修方便而广泛应用小容量电动机控制，整个电路分主电路及控制电路两大部分，主电路是指直接给电动机绕组供电的电路，控制电路是指对主电路的动作实施控制的电路。

在控制回路中常采用接触器的辅助触头来实现自锁控制。自锁是指接触器线圈得电后能自动保持动作后的状态，通常用接触器自身的常开触头与起动按钮相并联，使电动机的长期运行，这一常开触头称为"自锁触头"。

在电气控制线路中，最常见的故障发生在接触器上。接触器线圈的电压等级通常有220V 和 380V 等，使用时必须认清，切勿疏忽，否则，电压过高易烧坏线圈，电压过低，吸力不够，不易吸合或吸合频繁，这不但会产生很大的噪声，也因磁路气隙增大，致使电流过大，易烧坏线圈。此外，在接触器铁心的部分端面嵌装有短路铜环，其作用是为了使铁心吸合牢靠，消除颤动与噪声，若发现短路环脱落或断裂现象，接触器将会产生很大的振动与噪声。

三、实验设备

实验设备见表 11-26。

表 11-26　实验设备

序　号	名　称	型号与规格	数　量	备　注
1	三相交流电源	380V	1	
2	三相笼型异步电动机		1	
3	熔断器		3	
4	交流接触器		1	
5	按钮		2	
6	热继电器		1	

四、实验内容

1）认识各电器的结构图形，掌握接线方法；抄录电动机及各电器铭牌数据；将三相异步电动机接成Y联结。

2）点动控制。按图 11-24 点动控制电路进行安装接线，接线时，先接主电路，从380V三相交流电源的输出端 U、V、W 开始，经接触器 KM 的主触头，热继电器 FR 的热元件到电动机的三个线端 A、B、C 的电路，用导线按顺序串联起来。

主电路连接完整无误后，连接控制电路，从380V三相交流电源某相（如V）开始，经过按钮SB$_1$、接触器KM的线圈、热继电器FR的常闭触头到三相交流电源另一相（如W），控制电路是对接触器KM线圈供电的电路。

接好线路，经指导教师检查后，方可进行通电操作。

① 合上电源总开关QS$_1$，接通三相交流电源。

② 按下起动按钮SB$_1$，观察电动机进行运行情况，比较按下SB$_1$与松开SB$_1$电动机和接触器的运行情况。

③ 实验完毕，拉开控制屏电源总开关QS$_1$，切断实验电路三相交流电源。

3）自锁控制电路。按图11-25所示自锁控制电路进行接线，它与图11-24的不同点在于控制电路中多串联一只按钮SB$_2$，同时在SB$_1$上并联接触器KM$_1$的常开触头，它起自锁作用。

接好电路经指导教师检查后，方可进行通电操作。

① 开启控制屏电源总开关QS$_1$，接通三相交流电源。

② 按下起动按钮SB$_1$，松手后观察电动机是否继续运转。

③ 按停止按钮SB$_2$，松手后观察电动机是否停止运转。

实验完毕，拉开控制屏电源总开关QS$_1$，切断实验电路三相交流电源。

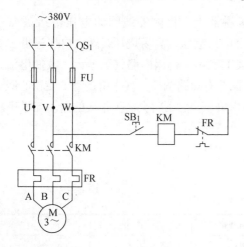

图11-24 点动控制电路

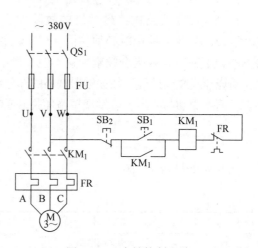

图11-25 自锁控制电路

五、实验思考题

1）比较点动控制电路与自锁控制电路从结构上看主要区别是什么？从功能上看主要区别是什么？

2）图11-25电路中有几种类型保护？分别由哪些元件实现？

第九节 异步电动机正反转控制

一、实验目的

1）掌握三相笼型异步电动机正反转控制电路的实际接线及操作。

2）加深理解电气控制系统各种保护、自锁及互锁等环节的作用。

二、实验原理

由电动机的工作原理知，只要改变电动机三相交流电源的相序(即三根电源线任意对调两根)就能改变转向，现用两只交流接触器在主回路中连接不同的相序电源，而用按钮控制交流接触器的通、断，即可实现三相笼型异步电动机正反转运行，既可就地操作，也可远程控制，广泛应用于工程生产中。

三、实验设备

实验设备见表11-27。

表 11-27　实验设备

序　　号	名　　称	型号与规格	数　　量	备　　注
1	三相交流电源	380V	1	
2	三相笼型异步电动机		1	
3	熔断器		3	
4	交流接触器		2	
5	按钮		3	
6	热继电器		1	
7	交流电压表		1	
8	万用表		1	

四、实验内容

1) 认识各电器的结构、图形，掌握接线方法；三相异步电动机接成Y接法；实验电路接三相380V电压电源。

2) (接触器)联锁正反转控制电路的接线及试验。按图11-26接线，经指导教师检查后，方可进行通电操作。

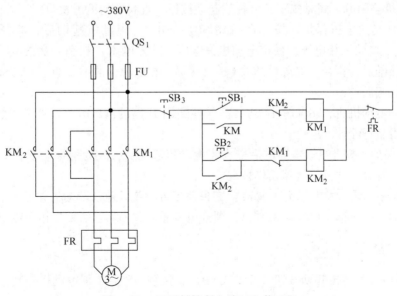

图 11-26　正反转控制电路(正-停-反)

① 合上电源总开关 QS_1，接通三相电源。

② 按正向起动按钮 SB_1，观察并记录电动机的转向和接触器的运行情况。

③ 按反向起动按钮 SB_2，观察并记录电动机和接触器的运行情况。

④ 按停止按钮 SB_3，观察并记录电动机的转向和接触器的运行情况。

⑤ 再按反向起动按钮 SB_2，观察并记录电动机的转向和接触器的运行情况。

实验完毕，断开电源总开关 QS_1，切断三相交流电源。

3）双重联锁（按钮、接触器）正反转控制电路的接线及实验。按图 11-27 接线，经指导教师检查后，方可进行通电操作。

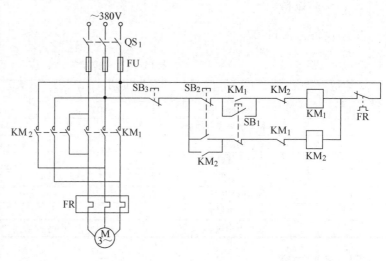

图 11-27　正反转控制电路（正-反-停）

① 开启电源总开关 QS_1，接通三相电源。

② 按正向起动按钮 SB_1，电动机正向起动，观察电动机的转向及接触器的动作情况。按停止按钮 SB_3，使电动机停转。

③ 按反向起动按钮 SB_1，电动机反向起动，观察电动机的转向及接触器的动作情况。按停止按钮 SB_3，使电动机停转。

④ 按正向（或反向）起动按钮，电动机起动后，再去按反向（或正向）起动按钮，观察有何情况发生？

⑤ 电动机停稳后，同时按正、反两只起动按钮，观察有何情况发生？

⑥ 失电压与欠电压保护。按起动按钮 SB_1（SB_2），电动机起动后，断开电源总开关 QS_1，断开实验电路三相电源，模拟电动机失电压（或零电压）状态，观察电动机与接触器的动作情况，随后，再合上电源总开关 QS_1，接通三相电源，但不按 SB_1（或 SB_2），观察电动机能否自行起动？

重新起动电动机后，逐渐减小实验台三相自耦调压器的输出电压，直至接触器释放，观察电动机是否自行停转。

⑦ 过载保护。打开热继电器的后盖，当电动机起动后，人为地拨动双金属片模拟电动机过载情况，观察电动机、电器动作情况。

注意：此项内容，较难操作且危险，有条件可由指导教师做示范操作。

实验完毕，将自耦调压器调回零位，断开电源总开关 QS_1，切断三相交流电源。

五、实验报告

1）接通电源后，按起动按钮（SB_1 或 SB_2），接触器吸合，但电动机不转，且发出"嗡嗡"声响或电动机能起动，但转速很慢，分析故障产生的原因。

2）接通电源后，按起动按钮（SB$_1$或SB$_2$），若接触器通断频繁，且发出连续的噼啪声或吸合不牢，发出颤动声，分析故障产生的原因。

本　章　小　结

电工仪表按被测量的种类分类可分为电流表、电压表、电度表、欧姆表、绝缘电阻表、功率表及功率因数表等。按被测电流的种类分为直流仪表、交流仪表和交直流两用仪表。电工仪表的准确度是根据仪表的最大引用误差来分级的。仪表标注的准确度数值越大，引用误差就越大，该仪表的精度就越低。在选用仪表的是量程时，一般应使被测量的值超过仪表量程的2/3以上。

万用表是一种多用途的仪表，可以实现多量程、多种电量的测量，可以测量直流电流、直流电压、交流电压、电阻、电容、电感、电频率以及晶体管的放大倍数等。

验证基尔霍夫电流、电压定律和叠加原理。掌握荧光灯电路接线，功率表的使用及提高电路功率因数的方法。

一瓦特表法是指用一只单相功率表分别测量各相的有功功率，若三相负载是对称的，则只需测量一相的功率，该相功率乘以3即可得三相总的有功功率。三相三线制供电系统中，不论三相负载是否对称，也不论负载是Y联结还是△联结，都可用二瓦特表法测量三相负载的总有功功率，将两功率表读数相加，即可测得三相电路总有功功率。

通过三相笼型异步电动机点动、自锁、正反转控制电路的接线及通电运行实验，掌握交流接触器、热继电器、按钮及开关等控制电气元件的结构，工作原理及使用方法。

思 考 题 与 习 题

1. 电工仪表如何确定准确度等级？

2. 某电流表准确度为1.0级，具有5A、10A两个量程，现在测量4A的电流，应选用哪个量程？为什么？

3. 使用万用表时有哪些注意事项？如何正确选择万用表的测量档位？

4. 荧光灯并联电容时为什么总电流会减小？电容器并联的数量超过一定数值后，此时总电流又上升了，为什么？

5. 提高电路功率因数的实际意义何在？

6. 三相负载根据什么条件作星形或三角形连接？

7. 三相星形联结不对称负载在无中性线的情况下，当某相负载开路或者短路时会出现什么情况？如果接上中性线，情况又如何？

8. 用两表法测量功率时，什么情况下会出现负功率？

9. 在电动机正、反转控制电路中，为什么必须确保两个接触器不能同时工作？采用哪些措施可解决此问题？这些方法有何利弊，最佳方案是什么？

10. 比较图11-26及图11-27，两种电动机正、反转控制电路的功能有何不同？

11. 在控制电路中，短路、过载、失电压及欠电压保护等功能是如何实现的？在实际运行过程中，这几种保护有何意义？

参 考 文 献

[1]　周定颐. 电机及电力拖动[M]. 北京：机械工业出版社，1987.

[2]　任志锦. 电机与电气控制[M]. 北京：机械工业出版社，2002.

[3]　顾绳谷. 电机及拖动基础[M]. 2 版. 北京：机械工业出版社，1998.

[4]　李发海，王岩. 电机与拖动基础[M]. 北京：清华大学出版社，1994.

[5]　周顺荣. 电机学[M]. 北京：科学出版社，2002.

[6]　冯兆纯. 电机与控制[M]. 北京：机械工业出版社，1980.

[7]　付植桐. 电工技术[M]. 北京：清华大学出版社，2001.

[8]　吕砚山. 电工技术基础[M]. 北京：科学技术文献出版社，1983.

[9]　杨振坤，等. 电工技术[M]. 西安：西安交通大学出版社，2002.

[10]　席时达. 电工技术[M]. 北京：高等教育出版社，2000.

[11]　杨振坤，等. 电工技术[M]. 西安：西安交通大学出版社，2002.

[12]　林平勇，等. 电工电子技术[M]. 北京：高等教育出版社，2000.

[13]　张学庄，廖翊希. 电子测量与仪器[M]. 长沙：湖南科学技术出版社，1997.

[14]　张占松，杨宜民，许立梓. 现代电工手册[M]. 广州：广东科技出版社，1999.

[15]　薛涛. 电工技术[M]. 北京：机械工业出版社，2002.

[16]　俞大光. 电路及磁路[M]. 北京：高等教育出版社，1987.

[17]　王离久. 电力拖动自动控制系统[M]. 武汉：华中理工大学出版社，1991.

[18]　江泽佳. 电路原理[M]. 北京：高等教育出版社，1992.

[19]　周孔章. 电路原理[M]. 北京：高等教育出版社，1983.

[20]　叶国恭. 电工基础[M]. 北京：机械工业出版社，1991.

[21]　高希和. 电路基础[M]. 北京：冶金工业出版社，1987.

[22]　蔡元宇. 电路与磁路[M]. 北京：高等教育出版社，1991.

[23]　黄冠斌. 电路基础[M]. 武汉：华中理工大学出版社，1993.

[24]　李清新. 伺服系统与机床电气控制[M]. 北京：机械工业出版社，1997.

[25]　方承远，等. 工厂电气控制技术[M]. 2 版. 北京：机械工业出版社，2002.

[26]　谢文乔，秦光培. 建筑电工技术[M]. 重庆：重庆大学出版社，1998.

[27]　赵明. 工厂电气控制设备[M]. 北京：机械工业出版社，1985.

[28]　王炳勋. 电工实习教程[M]. 北京：机械工业出版社，1998.

[29]　宋书中，等. 交流调速系统[M]. 北京：机械工业出版社，1999.

[30]　张琛. 直流无刷电动机原理及应用[M]. 北京：机械工业出版社，1996.

[31]　曲家骐，王季秩. 伺服控制系统中的传感器[M]. 北京：机械工业出版社，1997.